高等学校数字媒体专业规划教材

数字视频与音频技术

黎洪松　陈冬梅　编著

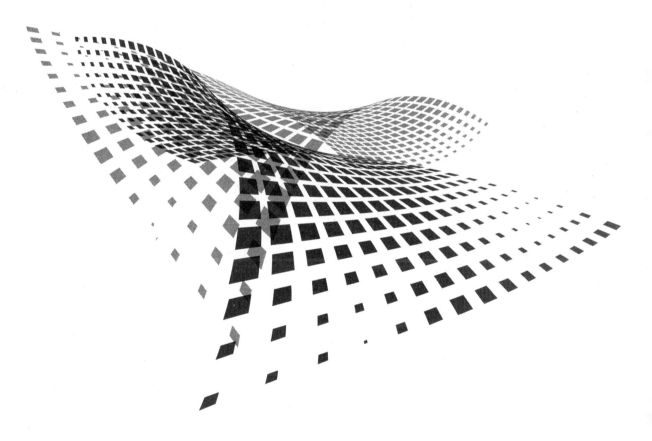

清华大学出版社
北京

内 容 简 介

本书从数字视频和音频处理的基本理论出发,以"理论到实用"为主线,论述了国际上最新、最前沿的数字视频与音频技术。全书共6章。主要内容包括数字视频基础、数字视频处理、数字视频系统、数字音频基础、数字音频处理和数字音频系统等。

本书可作为高等学校数字媒体、通信工程、电子工程、信息工程、计算机应用等相关专业的教材,也可供从事通信、广播电视、电子、信息、计算机和自动控制等相关专业的科研人员和工程技术人员参考。

本书封面贴有清华大学出版社防伪标签,无标签者不得销售。
版权所有,侵权必究。举报:010-62782989,beiqinquan@tup.tsinghua.edu.cn。

图书在版编目(CIP)数据

数字视频与音频技术/黎洪松,陈冬梅编著. —北京:清华大学出版社,2011.11(2022.1重印)
(高等学校数字媒体专业规划教材)
ISBN 978-7-302-24764-7

Ⅰ.①数… Ⅱ.①黎… ②陈… Ⅲ.①视频信号—数字技术 ②数字技术—应用—音频设备 Ⅳ.TN941.3 ②TN912.271

中国版本图书馆 CIP 数据核字(2011)第 026140 号

责任编辑:焦 虹　徐跃进
责任校对:李建庄
责任印制:朱雨萌

出版发行:清华大学出版社
网　　址:http://www.tup.com.cn, http://www.wqbook.com
地　　址:北京清华大学学研大厦 A 座　　　邮　编:100084
社 总 机:010-62770175　　　　　　　　　　邮　购:010-62786544
投稿与读者服务:010-62776969,c-service@tup.tsinghua.edu.cn
质量反馈:010-62772015,zhiliang@tup.tsinghua.edu.cn

印 装 者:三河市铭诚印务有限公司
经　　销:全国新华书店
开　　本:185mm×260mm　印 张:15　　　字　数:373 千字
版　　次:2011 年 11 月第 1 版　　　　　　　印　次:2022 年 1 月第 15 次印刷
定　　价:49.50 元

产品编号:039834-04

前　言

在人类所获取的信息中,通过视觉和听觉获取的信息约占外界信息的 90% 以上。"见其人,闻其声"是人类最直接、最直观、最生动和最有效的信息交流方式。视频通信和音频通信能实现人们在任何时候、任何地方、以任何方式与对方相"见"和知"音"的美好愿望。

以视频信息和音频信息为主的多媒体技术是 21 世纪最具时代特征和最富有活力的研究和应用领域之一。一方面,人们对获取视频信息和音频信息的执著,对视频信息和音频信息的需求将会越来越强烈;另一方面,通信、计算机、广播电视和因特网技术的发展,特别是微电子技术的进步,为视频与音频信息的处理和通信提供了实现的可能。同时,针对不同应用,目前国际上已经规范了十多种视频与音频压缩编码和通信国际标准,这有力地促进了音视频技术的普及和音视频信息的传播。

本书定名为《数字视频与音频技术》,内容主要有两部分组成,主要论述视频信息和音频信息的获取、处理、编码、传输、存储和播放等。

第 1 部分是数字视频技术,主要包括数字视频基础、数字视频处理和数字视频系统。第 1 章数字视频基础,主要介绍人类视觉系统、彩色模型、视频模型、视频表示、运动视觉、立体视觉、数字视频质量评价、视频节目源和数字电视基础等;第 2 章数字视频处理,主要介绍视频信号的数字化、运动估计基础、数字图像压缩编码原理、静止图像压缩编码标准、视频压缩编码标准、数字视频传输、数字视频水印和视频与音频的同步等;第 3 章数字视频系统,主要介绍卫星电视广播系统、有线电视系统、数字电视系统等。

第 2 部分是数字音频技术,主要包括数字音频基础、数字音频处理和数字音频系统。第 4 章数字音频基础,主要介绍音频基本概念、音频声学基础、人耳听觉特性、室内声学、电声器件、音频放大器、数字音频质量评价、音频节目源等;第 5 章数字音频处理,主要介绍数字音频技术、数字音频编码、频率均衡、音频处理设备、音频控制设备和数字音频多声道环绕声等;第 6 章数字音频系统,主要介绍扩音系统、语言学习系统、数字音频广播系统(DAB)、高保真重放系统、家庭影院系统、无线音频传输系统和多声道环绕声系统等。

数字视频与音频处理需要用到大量与电子、通信、信息理论、信号处理和生理心理等相关的基础理论,为此,本书选编了一些习题,供读者理解、巩固和拓展知识。

本书可作为大专院校数字媒体技术、通信工程、电子工程、信息工程、计算机等相关专业的教材,也可供从事通信、广播电视、电子、信息、计算机和自动控制等相关专业的科研人员和工程技术人员参考。

本书既是作者十多年从事音视频处理研究和教学工作的小结,也包括了很多人的贡献。全书由黎洪松统稿并负责第 1 章至第 3 章,陈冬梅负责第 4 章至第 6 章。刘俊、陈颖光参加了部分编写工作。作者感谢所在单位同事们的大力支持。在此,还要向本书附录参考文献的作者一并致谢。

由于音视频技术发展很快,限于作者的视野和水平,书中难免会存在错误和不足,真诚欢迎广大读者予以批评指正。电子邮箱:hongsongli@yahoo.cn,cdm2000@guet.edu.cn。

作 者

2011 年 9 月

目 录

第1章 数字视频基础 1
  1.1 人类视觉系统 1
    1.1.1 人眼构造 1
    1.1.2 可见光谱与视觉 2
    1.1.3 亮度、颜色与立体视觉 3
    1.1.4 视觉特性 4
    1.1.5 视觉系统模型 7
  1.2 彩色模型 9
    1.2.1 三基色原理与相加混色 9
    1.2.2 彩色色度学模型 10
    1.2.3 工业彩色模型 15
    1.2.4 HSI 模型 17
  1.3 视频 18
    1.3.1 视频表示 18
    1.3.2 视频信息和视频信号特点 18
    1.3.3 模拟视频 19
    1.3.4 数字视频 23
  1.4 数字视频质量评价 26
    1.4.1 视频图像主观评价 27
    1.4.2 视频图像客观评价 27
  1.5 视频模型 28
    1.5.1 照明模型 28
    1.5.2 摄像机模型 29
    1.5.3 物体模型 31
  1.6 视频信号记录 32
    1.6.1 模拟磁带录像机 33
    1.6.2 数字录像机 33
    1.6.3 硬盘录像机 33
    1.6.4 VCD 光盘机 33
    1.6.5 DVD 光盘机 33
    1.6.6 DVD 光盘录像机 34
  习题 1 34

第2章 数字视频处理 ... 35

2.1 视频信号数字化 ... 35
2.1.1 模拟视频数字化模型 ... 35
2.1.2 视频信号取样 ... 36
2.1.3 图像量化 ... 39

2.2 视频编码基础 ... 45
2.2.1 概述 ... 45
2.2.2 视频编码理论基础 ... 46
2.2.3 视频压缩的途径 ... 50
2.2.4 离散信源的无失真编码 ... 51
2.2.5 视频编码系统组成 ... 55
2.2.6 数字视频编码 ... 56

2.3 视频压缩编码标准 ... 83
2.3.1 概述 ... 83
2.3.2 视频编码标准化组织 ... 84
2.3.3 JPEG ... 85
2.3.4 JPEG 2000 ... 91
2.3.5 H.261 ... 95
2.3.6 H.263 ... 98
2.3.7 H.264 ... 102
2.3.8 MPEG-1 ... 107
2.3.9 MPEG-2 ... 111
2.3.10 MPEG-4 ... 117

习题2 ... 128

第3章 数字视频系统 ... 130

3.1 卫星电视广播系统 ... 130
3.1.1 概述 ... 130
3.1.2 卫星电视广播系统组成 ... 130
3.1.3 卫星电视接收系统 ... 132
3.1.4 数字卫星电视 ... 135

3.2 有线电视系统 ... 135
3.2.1 概述 ... 135
3.2.2 CATV系统的主要特点 ... 136
3.2.3 CATV系统分类 ... 136
3.2.4 有线电视系统频道段和频道 ... 137
3.2.5 有线电视系统组成 ... 138
3.2.6 前端 ... 140
3.2.7 同轴电缆传输 ... 143

  3.2.8 光缆传输 ·· 145
 3.3 数字电视系统 ··· 155
  3.3.1 概述 ·· 155
  3.3.2 数字电视系统组成 ·· 156
  3.3.3 信道编码技术 ·· 157
  3.3.4 调制技术 ·· 165
  3.3.5 数字电视传输方式 ·· 176
  3.3.6 数字电视传输标准 ·· 176
 习题 3 ··· 177

第 4 章 数字音频基础 ·· 178
 4.1 声学基础 ·· 178
  4.1.1 声学的概念 ·· 178
  4.1.2 声音的传播 ·· 179
  4.1.3 声波的度量 ·· 180
  4.1.4 室内声学 ·· 181
 4.2 人类听觉系统 ··· 182
  4.2.1 人耳的构造 ·· 182
  4.2.2 听觉特性 ·· 183
  4.2.3 立体声的听觉机理 ·· 186
 4.3 电声器件 ·· 188
  4.3.1 传声器 ··· 188
  4.3.2 扬声器 ··· 189
  4.3.3 音频放大器 ·· 190
 4.4 音质评价 ·· 191
  4.4.1 客观评价与主观评价 ·· 191
  4.4.2 主观评价的基本方法 ·· 191
 4.5 音频节目源 ·· 193
  4.5.1 概述 ·· 193
  4.5.2 调谐器 ··· 193
  4.5.3 电唱机 ··· 194
  4.5.4 模拟磁带录音机 ·· 194
  4.5.5 CD 唱机 ··· 194
  4.5.6 数字磁带录音机 ·· 194
  4.5.7 MP3 ·· 194
  4.5.8 磁光碟 ··· 195
  4.5.9 数码录音笔 ·· 195
  4.5.10 激光视唱机 ·· 195
 习题 4 ··· 195

第5章 数字音频处理 196
5.1 数字音频技术 196
5.1.1 音频信号数字化 196
5.1.2 数字音频格式 197
5.1.3 数字音频接口 198
5.1.4 数字音频存储 199
5.2 数字音频编码 200
5.2.1 音频压缩编码的必要性 200
5.2.2 数字音频编码的基本方法 201
5.2.3 数字音频编码的基本原理 201
5.2.4 常用的音频编码方法 202
5.2.5 MPEG-1 音频标准 203
5.2.6 MPEG-2 音频标准 204
5.2.7 AC-3 环绕立体声编码 206
5.3 音频信号处理与控制 208
5.3.1 滤波器 208
5.3.2 分频器 208
5.3.3 频率均衡器 209
5.3.4 调音台 209
5.3.5 其他音频信号处理设备 211
习题 5 212

第6章 数字音频系统 213
6.1 扩声音响系统 213
6.1.1 概述 213
6.1.2 扩声音响系统的基本组成 213
6.1.3 扩声音响系统的分类 213
6.1.4 典型扩声音响系统 214
6.2 立体声系统 215
6.2.1 双声道立体声系统 215
6.2.2 多声道环绕声系统 217
6.2.3 家庭影院系统 217
6.3 无线音频传输系统 218
6.4 会议系统 219
6.4.1 概述 219
6.4.2 会议同声传译系统 219
6.4.3 会议讨论系统 220
6.4.4 会议表决系统 221
6.5 公共广播系统 221

6.6 音频节目制作播出系统 ·· 223
　　6.6.1 节目信号录制系统 ·· 223
　　6.6.2 节目信号播出系统 ·· 223
　　6.6.3 数字音频工作站 ·· 224
6.7 数字音频广播系统 ·· 225
　　6.7.1 概述 ··· 225
　　6.7.2 Eurcka-147 DAB ·· 225
　　6.7.3 IBOC DAB ··· 226
　　6.7.4 世广卫星多媒体广播系统 ·· 226
习题 6 ·· 227

参考文献 ··· 228

第1章 数字视频基础

1.1 人类视觉系统

人类视觉系统(Human Vision System,HVS)是人类获取外界图像视频信息的工具。光辐射刺激人眼时,将会引起复杂的生理和心理变化,这种感觉就是视觉。视觉是人类最重要、同时也是最完美的感知手段。人类视觉机理非常复杂,研究人类视觉特性对于图像视频处理具有重要的指导意义。人类视觉特性的研究包括光学、色度学、视频生理学、视觉心理学、解剖学、神经科学和认知科学等许多科学领域。目前在视觉生理学方面研究相对成熟,而视觉心理学仍然是一个有待探索的课题。

通常,视觉包括感觉(perception)和知觉(cognition)。感觉就是对视觉信息数据的传感、采集、转换和变换;知觉就是对视觉信息内容的处理(processing)和推理(reasoning),处理包括对感兴趣信息的提取和求解等,推理则主要是根据已有的和新获取的信息和知识所进行的高层次逻辑推理等智力活动。

1.1.1 人眼构造

光与人类的活动有着十分密切的联系。人类视觉离不开光,景物反射光作用于人眼后,经过复杂的生理心理过程,才能感觉到景物的存在。人眼是一个构造极其复杂、精密和高度智能的光学信息处理系统,如图1-1所示。

从解剖学看,人类视觉系统由眼球和视神经系统组成。巩膜是一种不透明的膜,它的主要作用是巩固和保护眼球。角膜是一种坚硬而透明的组织,它覆盖着眼睛的前表面,光线从这里进入眼内。角膜的后面是不透明的虹膜,虹膜随不同的种族有不同的颜色,例如黑色、蓝色和褐色等。虹膜中间有一小孔称为瞳孔,在虹膜环状肌的作用下,瞳孔的直径可在 2～8mm 间调节,从而控

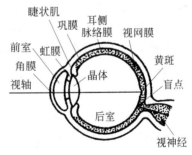

图1-1 人眼的构造

制进入人眼的光通量,类似照相机光圈调节的作用。瞳孔后面是扁球形的晶体,它的作用相当于照相机的镜头,它在睫状肌的作用下,可以调节曲率来改变焦距,使不同距离的景物可以在视网膜上成像。正常人在完全放松的自然状态下,可以将无限远的景物成像在视网膜上。在观察近距离景物时,人眼晶体两旁的睫状肌收缩,使晶体前表面半径减小、焦距变短、后焦点前移,从而使物体在视网膜上清晰成像。这种对观察距离的调节称为视度调节。视网膜由大量的光敏细胞(视细胞)和神经纤维组成,为人眼的感光部分。光敏细胞通过视神经纤维连接到大脑的视觉皮层。人们观察某一物体时,物体通过人眼的晶体在视网膜上形成一个清晰的图像,光敏细胞受到光的刺激引起了视觉,于是人们就看清了该物体。其中黄斑区是视网膜上视觉最敏感的区域,即视觉最清楚的区域。

光敏细胞按其形状分为锥状细胞和杆状细胞。锥状细胞分布在视网膜中心部分,它既能辨别光的强弱,又能辨别颜色。杆状细胞分布在视网膜的边缘部分,具有比锥状细胞更高的光灵敏度,在低照度时,主要依靠它来辨别明暗,只能产生灰度感觉,但它不能分辨彩色,这就是为什么人眼在夜晚看到的物体都是灰色的。人在观察明亮景物时,主要依靠锥状细胞工作。图1-2给出了锥状细胞光谱敏感曲线,锥状细胞有3种类型,它们具有不同的光谱特性,它们对光的吸收特性随光波长的变化而变化,将可见光谱划分为红、绿、蓝3个子频段,在每个子频段内有不同的峰值吸收点,如图1-2所示,它们为彩色视觉的三基色理论提供了视觉生理上的依据,红、绿、蓝也因此称为人类视觉的三基色。

1.1.2 可见光谱与视觉

色彩缤纷的自然界是通过可见光的传播映入人眼从而产生了视觉。光源可分为自然光源和人工光源。自然光源是物体依靠本身发光,例如太阳。人工光源的范围很广,例如蜡烛、电灯、发光管、激光器等都是人工光源。光源的一个重要特性是辐射功率波谱,即光谱分布。对于人类来说,太阳是最重要的自然光源,也是最大的自然光源,它的辐射范围很广。

自然界的不同景物,在太阳光(日光)的照射下,由于物体反射(或透射)了可见光谱中的不同成分而吸收其余部分,从而引起人眼的不同彩色感觉。实验发现,人眼对光的敏感程度与光的波长λ和光辐射功率有关。可见光的波长范围为380~780nm,超出这个范围,无论怎么增加光的辐射功率,人眼都感觉不到。为了衡量人眼对不同波长的光的敏感程度差别,可以用光谱光效率函数$V(\lambda)$来表征。明视觉也称为日间视觉,是指人眼白天对各种波长的光的敏感程度,即白天人眼视网膜的锥状细胞对光的响应,可用明视觉光谱效率函数$V(\lambda)$来描述。暗视觉也称为夜间视觉,是人眼在夜晚或微弱光线下对光的敏感程度,即人眼视网膜的杆状细胞对光的响应,可用暗视觉光谱效率函数$V'(\lambda)$来描述,图1-3分别给出了明视觉与暗视觉的光谱效率曲线$V(\lambda)$和$V'(\lambda)$。通过光谱效率函数就能比较两种不同波长的光对人眼产生的亮度感觉。

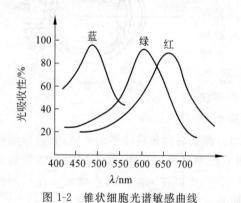

图1-2 锥状细胞光谱敏感曲线

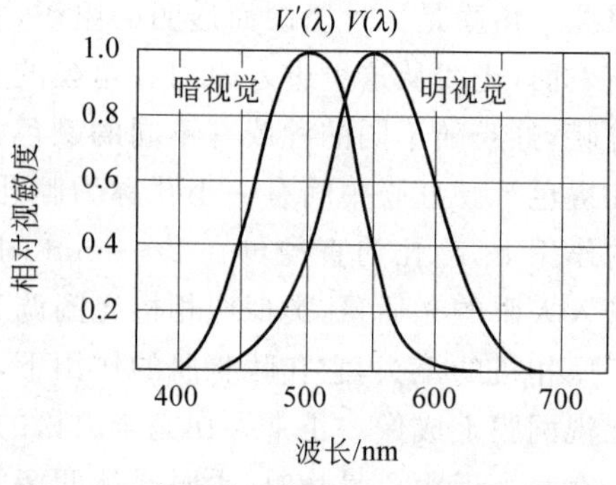

图1-3 明视觉与暗视觉的光谱效率曲线

在可见光范围内,不同波长的光产生不同的颜色感觉,如图1-4所示。随着波长的缩短,呈现的颜色依次为红、橙、黄、绿、青、蓝、紫。单一波长的光只有一种颜色,称为单色光,由两种或两种以上波长的光混合而成的光称为复合光,复合光给人眼的感觉是混合色。例如人们日常生活中看到的自然光,它的波长范围就是在可见光谱范围,它给人以白光的综合感觉。

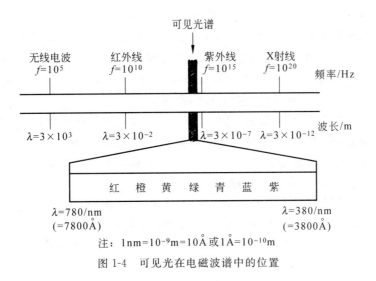

图 1-4 可见光在电磁波谱中的位置

1.1.3 亮度、颜色与立体视觉

1. 亮度视觉

亮度视觉也称为明暗视觉。辐射光或反射光的强度对应于光的能量,直接反映在人眼对辐射或反射光物体的亮度感受上,光的能量越大,感受到的亮度就越强。与人眼对不同波长的光的亮度感觉有关的几个主要参数有光强、光通量、发光效率、照度和亮度。

光强是发光强度的简称,是光度学中的一个基本的量,单位为 cd(坎[德拉]),它与光谱光效率函数 $V(\lambda)$ 有如下关系:

$$I_v = 683V(\lambda) \cdot I_e \qquad (1\text{-}1)$$

其中,I_e 为人眼观察方向上波长为 λ 的单色光的辐射强度,单位为 W/sr(瓦/球面度)。

光通量是用人眼的感觉来量度的光的辐射功率,即能为人眼所感受到的那部分光的辐射功率,单位为 lm(流明)。

发光效率定义为每瓦消耗功率所发出的光通量数。例如蜡烛火焰的发光效率约为 0.1~0.3lm/W,钨丝灯泡的发光效率大约为 12lm/W,而低压钠灯的发光效率可达 180lm/W 等。

照度表示被照明的物体表面单位面积上所接收的光通量,单位为 lx(勒[克斯])。1 勒[克斯]定义为 $1m^2$ 的面积上均匀分布 1lm 的光通量。例如一般阅读及书写明的照度为 50~75lx,而晴朗夏日采光良好的室内照度约为 100~500lx 等。

亮度表示发光面在不同位置和不同方向的发光特性,单位为 cd/m^2。

2. 彩色视觉

彩色是一种非常重要的视觉信息。彩色刺激与彩色感觉不是一种简单的因果关系,人眼彩色感觉取决于可见光谱中的不同成分和光照环境。若光照强度相同而波长不同,则引起的彩色视觉效果也就不同。改变光的波长,不仅颜色感觉不同,而且亮度也不相同。例如,人眼感到最暗的是红色,其次是蓝色和紫色,而最亮的是黄绿色。

在自然界中,物体的颜色与光的波长是密切相关的。物体的颜色通常是指在日光下物体所呈现的彩色。它与物体对光的反射特性、透射特性有关。表示人眼视觉对颜色感觉的参量主要有亮度(luminance)、色调(hue)和饱和度(saturation)。

亮度是指人眼对光的明亮程度感觉,光源的亮度正比于光通量,而物体的亮度不仅取决于物体反射(或透射)光的能力,也取决于照射该物体光源的辐射功率。反射(或透射)光的能力越强,即反射(或透射)系数越大,物体就越明亮;照射物体的光辐射功率越大,物体就明亮。通常彩色光越强,则感觉就越明亮;反之,则越暗。

色调表示颜色的类别,例如红色、蓝色和绿色等。彩色物体的色调取决于物体在光照下所反射的光谱成分,不同波长的反射光使物体呈现不同的色调。对于某些透光的物体(例如玻璃等),其色调取决于透射光的波长。彩色物体的色调既取决于物体的吸收特性和反射或透射特性,也与照明光源的光谱分布有关。

饱和度是指彩色光所呈现彩色的深浅程度(或浓度)。通常,对于同一色调的彩色光,其饱和度越高,它的颜色就越深,例如深绿色等;反之,它的颜色就越浅。

色度是指色调和饱和度的合称,它既反映了彩色光的颜色,也反映了颜色的深浅程度。用亮度、色调、饱和度这3个参量就能准确描述彩色光。

非彩色光由于没有色度,故只用亮度来描述,例如白、灰、黑,它们之间只有亮度的差别。灰色处于黑色、白色之间。

3. 立体视觉

人眼看到的自然界景物都是具有宽度、高度和深度的立体图像。当人们观察某一景物时,由于两眼球之间有一定距离(约为58～72mm),使得同一物体在左、右两眼视网膜上成像存在着一定的差异,这种差异形成了人眼的宽、高、深的立体视觉。

通常,立体视觉分为双眼立体视觉和单眼立体视觉。形成双眼立体视觉的主要因素是双眼视差和辐辏。当被观察景物未能在左、右两眼相应点上成像时,看到的会是二重像,此时眼球需要做旋转运动,即辐辏。由于辐辏时,眼外肌的运动使景物能在视网膜上将二重像变为单像,因此,辐辏也是产生立体视觉的重要因素之一。单眼立体视觉是指用单眼观察景物时可分辨景物深度信息所产生的立体感觉。产生单眼立体视觉的因素很多,例如,为了使不同距离的景物能在视网膜上清晰成像,需要适当调节睫状肌,以适应眼睛与景物之间的距离变化,从而产生不同的深度感觉等。

1.1.4 视觉特性

1. 亮度适应性

当人眼由光线很强的环境进入光线很暗的环境时,开始会感到一片漆黑,什么也看不见,但经过一段时间的适应后就能看清物体,这称为暗适应,暗适应过程大约需要30～45分钟。人眼由暗环境中进入亮环境时,视觉可以很快恢复,这称为亮适应性,该过程大约需要2～3分钟。

2. 人眼感知亮度变化的能力

人眼亮度感觉差别取决于相对亮度的变化,但人眼感知亮度变化的能力是有限的。人眼可分辨的最小亮度差别 ΔL_{min},称为可见度阈值。显然,低于可见度阈值的亮度变化是觉察不出来的。

在一个均匀背景亮度 L_0 下,$\Delta L_{min}/L_0$ 为一个常数。但大多数景物和图像的背景亮度是复杂而不均匀的,背景的亮度随时间和空间的变化而变化,此时可见度阈值将会增大,这种现象称为视觉掩盖效应。

可见度阈值和视觉掩盖效应对图像视频编码量化器的设计有重要作用。利用这一视觉特性,在图像的边缘区域可以容忍较大的量化误差,因而可减少量化级数,以降低数码率。

3. 色调对比效应

面积、色度和亮度相同的两个橘红色区域分别处于黄色和红色背景包围下,相比之下人眼会感觉黄色背景包围的橘红色偏红,而红色背景包围的橘红色偏黄,这种现象称为色调对比效应。

4. 饱和度对比效应

面积、色度和亮度相同的两个红色区域分别被亮度相同的灰色和红色背景包围,人眼会得到不同饱和度感觉,其中红色背景包围的区域饱和度较低,这种现象称为饱和度对比效应。

5. 面积对比效应

色度、亮度相同,不同面积的两个彩色区域,面积大的一块会给人以亮度和饱和度都较强的感觉,这种现象称为面积对比效应。

6. 马赫效应

人眼对于景物和图像上不同空间频率成分具有不同的灵敏度。实验表明,人眼对中频成分的响应较高,对高低频率的响应较低,这是由于侧抑制特性对图像边缘有增强作用,因此在观察亮度发生跃变时,会感觉到边缘侧更亮,暗侧更暗,这种现象称为马赫效应。所谓侧抑制是指相邻神经元之间的互相抑制的现象。

7. 视觉惰性

人眼的亮度感觉有一个短暂的过渡过程,当一定强度的光突然作用于视网膜时,不能在瞬间形成稳定的主观感觉,而需要一定的时间,主观亮度感觉由小到大,达到最大值后又降低到正常值。当重复的频率较低时,短暂的光刺激比较长时间的光刺激更明显。当光消失后,亮度感觉也不是立即消失,而是按指数函数的规律逐渐减小,这种现象称为视觉惰性。电视和电影充分利用了人眼这一特性,采用多帧连续图像序列(视频)在一定时间内的连续播放,就能给人以较好的连续运动景物的感觉。

8. 闪烁感觉

当人眼受到周期性光脉冲照射时,若重复的频率不太高,则会产生忽明忽暗的闪烁感觉。若将重复频率提高到某一定值以上,人眼就感觉不到闪烁了,而形成均匀的非闪烁光源的感觉。不引起闪烁感觉的光脉冲最低重复频率,称为临界闪烁频率。

影响临界闪烁频率的因素有很多,光脉冲的亮度越高临界闪烁频率也越高,亮度变化幅度越大临界闪烁频率也越高。此外,明亮时间的占空比、相继两幅画面本身的亮度分布和颜色、观看者到画面的距离以及环境等,也都对临界闪烁频率有影响。人眼的闪烁感觉特性是设计电视系统的重要依据。例如目前电视技术中广泛采用"隔行扫描"方式,是将一幅画面分成两场来传送,这既能有效克服大面积闪烁现象,也能显著节省传输频带宽度。

9. 视野与视觉

所谓视野是指头部不动、眼球转动时所能观察到的空间范围。人眼的综合视野可分解为水平视野和垂直视野。通常,正常人眼的最大范围约为左右35°和上下40°,最佳视野范围约为左右15°和上下15°,最大固定视野范围约为左右90°和上下70°,头部活动时视野可扩展到左右95°和上下90°。实验表明,色觉视野还受背景色彩的影响,例如黑色背景上的彩色视野范围小于白色背景上的彩色视野范围。

10. 人眼的分辨力

人眼的分辨力是指在观察景物时人眼对景物细节的分辨能力。人眼对被观察物体能分辨的相邻最近两点的视角 θ 的倒数称为人眼的分辨力，如图 1-5 所示。D 为人眼与画面之间的距离，d 为能分辨的相邻两点之间的距离，即

$$\frac{1}{\theta} = \frac{2\pi D}{360 \times 60 \times d} \qquad (1-2)$$

通常，具有正常视力的人，在中等亮度和中等相对对比度下观察静止景物时，视角 θ 约为 $1'\sim 1.5'$ 左右。

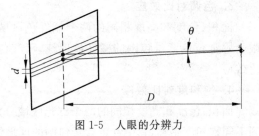

图 1-5　人眼的分辨力

影响人眼的分辨力的主要因素有环境照度、景物的相对对比度和被观察物体的距离及运动状态等。

当环境照度较低时，人眼的光敏细胞受到光的刺激的强度小，且只有杆状细胞起作用，分辨力就会下降。当照度太高时，人眼会因产生"眩目"而导致分辨力下降。

通常把景物和图像中的最大亮度 L_{max} 与最小亮度 L_{min} 的比值称为对比度，即 $C=L_{max}/L_{min}$。对比度是描述景物和图像特征的重要参数之一。景物的相对对比度定义为：

$$C_r = \frac{L - L_0}{L_0} \times 100\% \qquad (1-3)$$

其中，L 为景物亮度，L_0 为背景亮度。C_r 值越大，分辨力也就越高。

被观察景物的位置越近，其分辨力就越高。人眼对于静止物体的分辨力高，对运动物体的分辨力低。运动速度越快，分辨力就越低。对于水平方向的平移运动和垂直方向的平移运动，前者的分辨力高，这是因为眼球左右移动方便，容易跟踪物体的运动。对于物体的旋转运动，由于眼球不易跟踪，因此分辨力较低。

11. 人眼的彩色分辨力

1) 人眼对彩色细节的分辨力

人眼对彩色细节的分辨力要远比对黑白细节的分辨力低，例如用白粉笔在黑板上写字看得清楚，而用蓝粉笔在黑板上写字就看得不那么清楚。实验还表明，人眼对不同彩色细节的分辨力也不相同。若人眼对黑白细节的分辨力定为 100%，则对其他彩色细节的分辨力如表 1-1 所示。

表 1-1　人眼对彩色细节的分辨力

彩色细节	黑白	黑绿	黑红	绿红	黑蓝	红蓝	绿蓝
分辨力	100%	94%	90%	40%	26%	23%	19%

2) 人眼对彩色色调的分辨力

对不同色调，人眼的分辨力不同。通常，人眼能分辨 100 多种色调。人眼对色调细节的分辨能力可用色调分辨阈值来表征。所谓色调分辨阈值是指当人眼观察某一波长 λ 的彩色时，将波长改变为 $\lambda+\Delta\lambda$，这时人眼刚好能分辨出这两种彩色色调的差别，称 $\Delta\lambda$ 为色调分辨阈值。实验表明，在可见光范围内，对于不同的波长 λ，其 $\Delta\lambda$ 是不同的，如图 1-6 所示。例

如,当波长为 580~640nm 范围内,对应于红、黄之间的彩色,Δλ 较小,这说明在该波长之间内,人眼的色调分辨力最高。若彩色饱和度较低或亮度较低,则人眼的色调分辨力将下降。

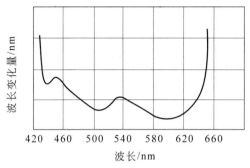

图 1-6 色调分辨阈值 Δλ 与波长 λ 的关系

3) 人眼对彩色饱和度的分辨力

人眼能分辨同一色调的不同饱和度的彩色。实验表明,人眼对不同色调的饱和度变化的敏感程度不同。例如,人眼对于黄光,能分辨出的饱和度变化只有 4 级,最不敏感。而对红光和蓝光,人眼能分辨的饱和度变化达 25 级。

1.1.5 视觉系统模型

人眼类似于一个光学信息处理系统,但由于它具有生物调节的自适应能力,因此,它不是一个普通的光学信息处理系统。人眼这种特殊的智能光学信息处理系统具有非常复杂的特性,根据视觉生理学的研究成果,可以建立视觉模型来模拟人类的某些视觉特性。建立视觉模型就是试图用光学系统的概念来模拟某些视觉特性。

1. 视觉信息处理模型

从物理结构看,人类视觉系统由光学系统、视网膜和视觉通路组成,图 1-7 给出了人类视觉系统的视觉信息处理模型,它简单模拟了人类视觉系统信息获取、传输和处理的基本过程。眼球包括屈光系统和感光系统,屈光系统由角膜、晶体和玻璃体等组成,感光系统即视网膜。视网膜可将输入的光信号转换为生物电脉冲信号,电脉冲信号沿着神经纤维传递到视神经中枢。由于各视细胞产生的电脉冲不同,从而使大脑形成了景象的感觉。

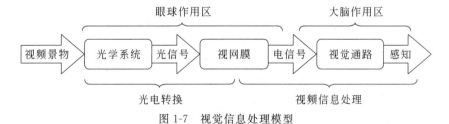

图 1-7 视觉信息处理模型

2. 黑白视觉模型

图 1-8 给出了黑白视觉模型。低通滤波器模拟人眼的光学系统,高通滤波器反映了侧抑制引起的马赫效应,对数运算器反映了视觉的亮度恒定现象,所谓亮度恒定现象是指当景物对背景的亮度和对比度保持一定时,即使景物和背景的亮度在很大的范围内变化,人眼对景物的亮度感觉也仍然保持不变。

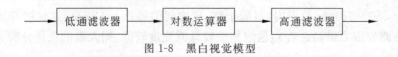

图 1-8　黑白视觉模型

3. 彩色视觉模型

图 1-9 是 O.D.F 于 1979 年提出的一个彩色视觉模型,其中 $I(x,y,\lambda)$ 为彩色图像,$S_R(\lambda)$、$S_G(\lambda)$、$S_B(\lambda)$ 为 3 个彩色滤波器,$R(x,y)$、$G(x,y)$、$B(x,y)$ 为输出的三种彩色。

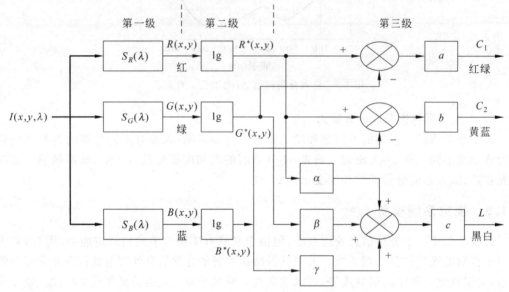

图 1-9　彩色视觉模型

该模型的第一级,反映了人类的三基色理论,即

$$\begin{cases} R(x,y) = \int_\lambda I(x,y,\lambda)S_R(\lambda)\mathrm{d}\lambda \\ G(x,y) = \int_\lambda I(x,y,\lambda)S_G(\lambda)\mathrm{d}\lambda \\ B(x,y) = \int_\lambda I(x,y,\lambda)S_B(\lambda)\mathrm{d}\lambda \end{cases} \quad (1\text{-}4)$$

第二级反映了视细胞对光强的非线性响应,即

$$\begin{cases} R^*(x,y) = \lg R(x,y) \\ G^*(x,y) = \lg G(x,y) \\ B^*(x,y) = \lg B(x,y) \end{cases} \quad (1\text{-}5)$$

3 对相互对立的彩色对分别为红-绿对、黄-蓝对和黑白对,反映了在视觉通路的响应,L 为亮度输出,C_1、C_2 为彩色输出,即

$$\begin{cases} C_1 = a[R^*(x,y) - G^*(x,y)] = a\lg\left[\dfrac{R(x,y)}{G(x,y)}\right] \\ C_2 = b[R^*(x,y) - B^*(x,y)] = b\lg\left[\dfrac{R(x,y)}{B(x,y)}\right] \\ L = c[\alpha R^*(x,y) + \beta G^*(x,y) + \gamma B^*(x,y)] = c[\alpha\lg R(x,y) + \beta\lg G(x,y) + \gamma\lg B(x,y)] \end{cases}$$

$$(1\text{-}6)$$

式中，a、b、c、α、β、γ 为常数。

1.2 彩色模型

人眼对彩色的观察和处理是一种非常复杂的生理心理过程，它的机理至今还没有完全搞清楚。各种彩色模型都是建立在实验基础上的。常用的彩色模型主要有彩色色度学模型、工业彩色模型和视觉彩色模型。

1.2.1 三基色原理与相加混色

1. 三基色原理

自然界的绝大多数彩色都可以由三种不同的基色按不同比例相加混合得到，合成彩色的亮度是这三个基色的亮度之和，色度（色调和饱和度）则由三个基色分量的比例决定，这就是著名的三基色原理。

对三种基色的要求是：三种基色必须是彼此独立的，即其中的任何一种基色都不能用其他两种基色混合得到。实验表明，采用红（R）、绿（G）、蓝（B）三种基色（简称 RGB 三基色）的混色效果最好。

2. 相加混色

人眼彩色视觉的研究也表明，人类视觉系统对不同彩色的感觉具有相加混色的能力，并产生一种合成的彩色感觉，即相加混色。彩色电视就是采用这种相加混色法，混色后的彩色亮度是增加的。例如，将红色光与绿色光相混合可得到黄色光；将红色光与蓝色光相混合可得到品红色光（或紫色光），如图 1-10 所示。混色的方法主要有时间混色法、空间混色法、生理混色法和全反射混色法。

图 1-10 相加混色

1) 时间混色法

时间混色法的基本原理是：按一定顺序轮流将三种基色光（红、绿、蓝）投射到同一平面上，由于人眼的视觉惰性和相加混色功能，因此人眼看到的不是基色，而是这三种基色的混合色。场顺序制彩色电视就是采用时间混色法以场顺序来传送三种基色信号的。

2) 空间混色法

空间混色法的基本原理是：将三种基色光同时分别投射到同一表面上的相邻 3 点，若 3 点相距足够近，由于人眼的分辨力有限和相加混色功能，因此人眼看到的不是基色，而是这三种基色的混合色。彩色显像管的现象就是利用了空间混色法。

3) 生理混色法

生理混色法的基本原理是：若左右两眼分别观察不同的颜色，则人眼感觉到的彩色不是两种单色光，而是这两种颜色的混合色。这就是立体彩色电视的显像原理。

4) 全反射混色法

全反射混色法的基本原理是：将三种基色光以不同比例同时投射到一块反射表面，三种基色光产生全反射而相加混色形成混合色，这就是投影电视（包括背投等）的基本原理法。

1.2.2 彩色色度学模型

1. CIE-RGB 彩色模型

色度学是研究彩色视觉(心理量)和光谱特性(物理量)的学科。1931年,国际照明委员会(CIE)制定了第一个彩色色度学模型 CIE-RGB 模型。CIE-RGB 模型以 R_{CIE}、G_{CIE}、B_{CIE} 为 3 个标准基色,其中 $\lambda_{R_{CIE}}=700\text{nm}$(红光波长),$\lambda_{G_{CIE}}=546.1\text{nm}$(绿光波长),$\lambda_{B_{CIE}}=435.8\text{nm}$(蓝光波长)。实验表明,配出等量白光的三个基色单位的光通量之比为 1∶4.5907∶0.0601。由于标准白光($E_白$)的三种基色光的光通量比例有效数字是 4 位小数,计算起来不方便,因此规定了基色单位,把光通量为 1lm 的红光作为 1 个红基色单位,记为 $1[R_{CIE}]$;4.5907lm 的绿光作为 1 个基色单位,记为 $1[G_{CIE}]$;0.0601lm 的蓝光作为 1 个基色单位,记为 $1[B_{CIE}]$,于是标准白光 $E_白$ 的配色关系可用下面方程式表示

$$F_{E_白} = 1[R_{CIE}] + 1[G_{CIE}] + 1[B_{CIE}] \tag{1-7}$$

对于任意给定的彩色光 F,其配色方程为

$$F = c_r[R_{CIE}] + c_g[G_{CIE}] + c_b[B_{CIE}] \tag{1-8}$$

式中,c_r、c_g、c_b 为三色系数,可通过配色实验测得。c_r、c_g、c_b 的比例关系决定了所配彩色光的色度,而 c_r、c_g、c_b 的值决定了所配彩色光的光通量。即彩色光 F 可由 c_r 个红基色单位、c_g 个绿基色单位、c_b 个蓝基色单位配出。当 $c_r=c_g=c_b$ 时,F 也表示 $E_白$。它与式(1-7)的区别在于光通量不同,即亮度改变了,但色度没有变。例如黄色=红色+绿色,其配色方程为

$$F_黄 = 1[R_{CIE}] + 1[G_{CIE}]$$

在明视觉和 2°视场观察条件下,为混配出单位辐射功率、波长为 λ 的单色光所需要的三基色的单位数,称为分布色系数,分别用 $\bar{r}$、$\bar{g}$、$\bar{b}$ 表示。于是,单位辐射功率的单色光的配色方程可写为

$$F = \bar{r}[R_{CIE}] + \bar{g}[G_{CIE}] + \bar{b}[B_{CIE}] \tag{1-9}$$

按"标准观察者"测定的分布色系数的标准数据如表 1-2 所示,相应的混色曲线(也称为光谱系数曲线)如图 1-11 所示。

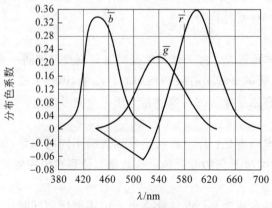

图 1-11 CIE-RGB 制混色曲线

表 1-2 CIE-RGB 制三色系数

相对色系数			波长/nm	分布色系数		
r	g	b		$\bar{r}$	$\bar{g}$	$\bar{b}$
0.0272	−0.0115	0.9843	380	0.000 03	−0.000 01	0.001 17
0.0263	−0.0114	0.9851	390	0.000 10	−0.000 04	0.003 59
0.0247	−0.0112	0.9865	400	0.000 30	−0.000 14	0.012 14
0.0225	−0.0109	0.9884	410	0.000 84	−0.000 41	0.037 07
0.0181	−0.0094	0.9913	420	0.002 11	−0.001 10	0.115 41
0.0088	−0.0048	0.9960	430	0.002 18	−0.001 19	0.247 69
−0.0084	0.0048	1.0036	440	−0.002 61	0.001 49	0.312 28
−0.0390	0.0218	1.0172	450	−0.012 13	0.006 78	0.316 70
−0.0909	0.0517	1.0392	460	−0.026 08	0.014 85	0.298 21
−0.1821	0.1175	1.0646	470	−0.039 33	0.025 38	0.229 91
−0.3667	0.2906	1.0761	480	−0.049 39	0.039 14	0.144 94
−0.7150	0.6996	1.0154	490	−0.058 14	0.056 89	0.082 57
−1.1685	1.3905	0.7780	500	−0.071 73	0.085 36	0.047 76
−1.3371	1.9318	0.4053	510	−0.089 01	0.128 60	0.026 98
−0.9830	1.8534	0.1296	520	−0.092 64	0.174 68	0.012 21
−0.5159	1.4761	0.0398	530	−0.071 01	0.203 17	0.005 49
−0.1707	1.1628	0.0079	540	−0.031 52	0.214 66	0.001 46
0.0974	0.9051	−0.0025	550	0.022 79	0.211 78	−0.000 58
0.3164	0.6881	−0.0045	560	0.090 60	0.197 02	−0.001 30
0.4973	0.5067	−0.0040	570	0.167 68	0.170 87	−0.001 35
0.6449	0.3579	−0.0028	580	0.245 26	0.136 10	−0.001 08
0.7617	0.2402	−0.0019	590	0.309 28	0.097 54	−0.000 79
0.8475	0.1537	−0.0012	600	0.344 29	0.062 46	−0.000 49
0.9059	0.0949	−0.0008	610	0.339 71	0.035 57	−0.000 30
0.9425	0.0580	−0.0005	620	0.297 08	0.018 28	−0.000 15
0.9649	0.0354	−0.0003	630	0.226 77	0.008 33	−0.000 08
0.9797	0.0205	−0.0002	640	0.159 68	0.003 34	−0.000 03
0.9888	0.0113	−0.0001	650	0.101 67	0.001 16	−0.000 01
0.9940	0.0061	−0.0001	660	0.059 32	0.000 37	0.000 00
0.9966	0.0035	0.0001	670	0.031 49	0.000 11	0.000 00

续表

相对色系数			波长/nm	分布色系数		
r	g	b		$\bar{r}$	$\bar{g}$	$\bar{b}$
0.9984	0.0016	0.0000	680	0.016 87	0.000 03	0.000 00
0.9996	0.0004	0.0000	690	0.008 19	0.000 00	0.000 00
1.0000	0.0000	0.0000	700	0.004 10	0.000 00	0.000 00
1.0000	0.0000	0.0000	710	0.002 10	0.000 00	0.000 00
1.0000	0.0000	0.0000	720	0.001 05	0.000 00	0.000 00
1.0000	0.0000	0.0000	730	0.000 52	0.000 00	0.000 00
1.0000	0.0000	0.0000	740	0.000 25	0.000 00	0.000 00
1.0000	0.0000	0.0000	750	0.000 12	0.000 00	0.000 00
1.0000	0.0000	0.0000	760	0.000 06	0.000 00	0.000 00
1.0000	0.0000	0.0000	770	0.000 03	0.000 00	0.000 00
1.0000	0.0000	0.0000	780	0.000 00	0.000 00	0.000 00
		代数和		1.890 88	1.891 07	1.889 42

在式(1-8)中,令 $m=c_r+c_g+c_b$,m 称为色模,它代表某彩色光所含三基色单位的总量(即彩色光的亮度)。再令

$$\begin{cases} r=\dfrac{c_r}{m} \\ g=\dfrac{c_g}{m} \\ b=\dfrac{c_b}{m} \end{cases} \quad (1\text{-}10)$$

其中,r、g、b 称为相对色系数或色度坐标,它们代表彩色光的色度,显然 $r+g+b=1$。将式(1-9)代入式(1-8)中得到

$$F=m\{r[R_{\text{CIE}}]+g[G_{\text{CIE}}]+b[B_{\text{CIE}}]\} \quad (1\text{-}11)$$

由此,可根据分布色系数 $\bar{r}$、$\bar{g}$、$\bar{b}$ 求出光谱中所有单色光的相对系数 r、g、b

$$\begin{cases} r=\dfrac{\bar{r}}{\bar{r}+\bar{g}+\bar{b}} \\ g=\dfrac{\bar{g}}{\bar{r}+\bar{g}+\bar{b}} \\ b=\dfrac{\bar{b}}{\bar{r}+\bar{g}+\bar{b}} \end{cases} \quad (1\text{-}12)$$

在式(1-8)中,分布色系数可通过查表 1-1 得到,色模 m 和相对色系数 r、g、b 可以计算出来,汇集于表 1-1 中。由式(1-8)可计算出光通量 F。

由于 $r+g+b=1$,因此只要知道两个相对色系数 r、g 就能确定彩色的色度,由此可得

到如图 1-12 所示的 CIE-RGB 色度图。其中，单位红基色的色度坐标为(1,0)，单位绿基色的色度坐标为(0,1)，单位蓝基色的色度坐标为(0,0)。$r=g=b=\frac{1}{3}$ 表示等能白光 $E_白$。在直角三角形[R]、[G]、[B]内，任意一点的 $r、g、b$ 均为正值。在此三角形外、闭合曲线内的点，由于 $r、g、b$ 中有一个为负值，因此它对应于高饱和度的彩色。曲线上的点所表示的彩色均有可见光谱中的一个给定的波长与之对应，这种彩色称为谱色。虚线上的点代表的彩色是红基色与蓝基色相加混色得到的。这种彩色没有一个单一波长与之对应，称为非谱色。越靠近谱色轨迹的彩色越纯，饱和度越高。越靠近 E 点的彩色，其白光成分就越多，饱和度就越低。

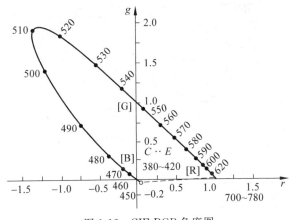

图 1-12 CIE-RGB 色度图

2. XYZ 彩色模型

CIE-RGB 彩色模型并不能产生所有的彩色。1956 年 CIE 提出了 XYZ 彩色模型。XYZ 彩色模型的配色方程为

$$F = X[X] + Y[Y] + Z[Z] \tag{1-13}$$

其中 $X、Y、Z$ 为三色系数，$[X]、[Y]、[Z]$ 为三色单位，$X[X]、Y[Y]、Z[Z]$ 为三色分量，当 $X=Y=Z$ 时，F 仍然代表等能白光 $E_白$。$X、Y、Z$ 并不代表真实的物理彩色，它与 CIE-RGB 物理三基色之间存在以下转换关系

$$\begin{bmatrix} X \\ Y \\ Z \end{bmatrix} = \begin{bmatrix} 0.4185 & -0.0912 & 0.0009 \\ -0.1580 & 0.2524 & -0.0025 \\ -0.0828 & 0.0157 & 0.1786 \end{bmatrix} \begin{bmatrix} R_{CIE} \\ G_{CIE} \\ B_{CIE} \end{bmatrix}$$

(1-14)

类似 CIE-RGB 彩色模型，也可得到 XYZ 彩色模型的混色曲线，如图 1-13 所示。其中 $\bar{x}、\bar{y}、\bar{z}$ 为分布系数，它们均为正值。注意，在 CIE-RGB 彩色模型中，$\bar{r}、\bar{g}、\bar{b}$ 可能会出现负值，其含义是：在配色实验中，要配出某待配色，无论怎样改变三种基色的比例都不能使两边的彩色感觉相同。$\bar{y}$ 曲线代表人眼对波长的光的亮度感觉。图 1-14

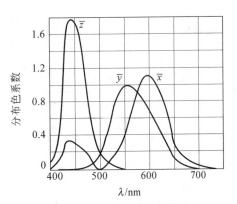

图 1-13 XYZ 的分布色系数曲线

为 XYZ 的色度图，可实现的彩色色度位于舌形封闭曲线内部。表 1-3 给出了 XYZ 的分布色系数和相对色系数。

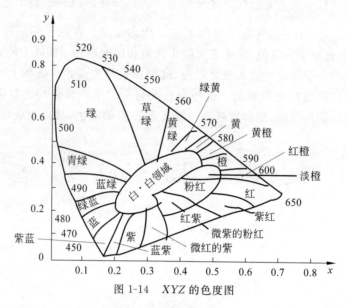

图 1-14 XYZ 的色度图

表 1-3 XYZ 色系数

相对色系数			波长/nm	分布色系数		
x	y	z		$\bar{x}$	$\bar{y}$	$\bar{z}$
0.1741	0.0050	0.8209	380	0.0014	0.0000	0.0065
0.1738	0.0049	0.8213	390	0.0042	0.0001	0.0201
0.1733	0.0048	0.8219	400	0.0143	0.0004	0.0679
0.1726	0.0048	0.8226	410	0.0435	0.0012	0.2074
0.1714	0.0051	0.8235	420	0.1344	0.0040	0.6456
0.1689	0.0069	0.8242	430	0.2839	0.0116	1.3856
0.1644	0.0109	0.8247	440	0.3483	0.0230	1.7471
0.1566	0.0177	0.8257	450	0.3362	0.0380	1.7721
0.1440	0.0297	0.8263	460	0.2908	0.0600	1.6692
0.1241	0.0578	0.8181	470	0.1954	0.0910	1.2876
0.0913	0.1327	0.7760	480	0.0956	0.1390	0.8130
0.0454	0.2950	0.6596	490	0.0320	0.2080	0.4652
0.0082	0.5384	0.4534	500	0.0049	0.3230	0.2720
0.0139	0.7502	0.2359	510	0.0093	0.5030	0.1582
0.0743	0.8338	0.0919	520	0.0633	0.7100	0.0782
0.1547	0.8059	0.0394	530	0.1655	0.8620	0.0422

续表

相对色系数			波长/nm	分布色系数		
x	y	z		$\bar{x}$	$\bar{y}$	$\bar{z}$
0.2296	0.7543	0.0161	540	0.2904	0.9540	0.0203
0.3016	0.6923	0.0061	550	0.4334	0.9950	0.0087
0.3731	0.6245	0.0024	560	0.5945	0.9950	0.0039
0.4441	0.5547	0.0012	570	0.7621	0.9520	0.0021
0.5125	0.4866	0.0009	580	0.9163	0.8700	0.0017
0.5752	0.4242	0.0006	590	1.0263	0.7570	0.0011
0.6270	0.3725	0.0005	600	1.0622	0.6310	0.0008
0.6658	0.3340	0.0002	610	1.0026	0.5030	0.0003
0.6915	0.3083	0.0002	620	0.8544	0.3810	0.0002
0.7079	0.2920	0.0001	630	0.6424	0.2650	0.0000
0.7190	0.2809	0.0001	640	0.4479	0.1750	0.0000
0.7260	0.2740	0.0000	650	0.2835	0.1070	0.0000
0.7300	0.2700	0.0000	660	0.1649	0.0610	0.0000
0.7320	0.2680	0.0000	670	0.0874	0.0320	0.0000
0.7334	0.2666	0.0000	680	0.0468	0.0170	0.0000
0.7344	0.2656	0.0000	690	0.0227	0.0082	0.0000
0.7347	0.2653	0.0000	700	0.0114	0.0041	0.0000
0.7347	0.2653	0.0000	710	0.0058	0.0021	0.0000
0.7347	0.2653	0.0000	720	0.0029	0.0010	0.0000
0.7347	0.2653	0.0000	730	0.0014	0.0005	0.0000
0.7347	0.2653	0.0000	740	0.0007	0.0003	0.0000
0.7347	0.2653	0.0000	750	0.0003	0.0001	0.0000
0.7347	0.2653	0.0000	760	0.0002	0.0001	0.0000
0.7347	0.2653	0.0000	770	0.0001	0.0000	0.0000
0.7347	0.2653	0.0000	780	0.0000	0.0000	0.0000
总和				10.6836	10.6857	10.6770

1.2.3 工业彩色模型

1. RGB 彩色显示模型

美国国家电视委员会(NTSC)提出了用于 CRT 上显示彩色图像的 RGB 工业彩色模型,它是目前应用最广泛的一种彩色模型,如图 1-15 所示。彩色立方体中有三个角(1,0,

0)、(0,1,0)、(0,0,1)分别对应于红、绿、蓝三种基色,另外三个角(1,1,0)、(0,1,1)、(1,0,1)对应于三基色的补色(称为二次色)——黄色、青色、品红色。从立方体的原点(黑色)到白色顶点的主对角线称为灰度线,线上所有点都具有相等三分量,产生灰度影调。NTSC-RGB彩色模型主要用于 CRT 显示器、数字扫描仪、数码摄像机等成像和显示设备。

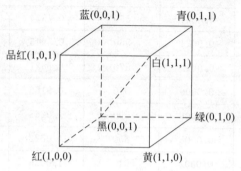

图 1-15 NTSC-RGB 彩色模型

NTSC-RGB 彩色模型与 CIE-RGB 彩色模型之间有如下转换关系

$$\begin{bmatrix} R_{CIE} \\ G_{CIE} \\ B_{CIE} \end{bmatrix} = \begin{bmatrix} 1.167 & -0.146 & -0.151 \\ 0.144 & 0.753 & 0.159 \\ -0.007 & 0.059 & 1.128 \end{bmatrix} \begin{bmatrix} R \\ G \\ B \end{bmatrix} \tag{1-15}$$

$$\begin{bmatrix} X \\ Y \\ Z \end{bmatrix} = \begin{bmatrix} 0.607 & 0.174 & 0.201 \\ 0.299 & 0.587 & 0.114 \\ 0.000 & 0.066 & 0.117 \end{bmatrix} \begin{bmatrix} R \\ G \\ B \end{bmatrix} \tag{1-16}$$

2. CMYK 彩色模型

1) 相减混色

在印刷、彩色胶片和绘画中,通常采用相减混色法,如图 1-16 所示。在相减混色法中,采用的是青色(C)、品红(M)和黄(Y)三种基色(简称 CMY 三基色),混色后的彩色的亮度是减少的。即彩色印刷等应用中任一颜色是由白光减去某种色光得到的,例如,青色是从白光中减去红色得到的,将黄色颜料与蓝色颜料相混合得到的颜色是绿色而不是白色。CMY 与 RGB 的转换公式为

$$\begin{cases} C = 1 - R \\ M = 1 - G \\ Y = 1 - B \end{cases} \tag{1-17}$$

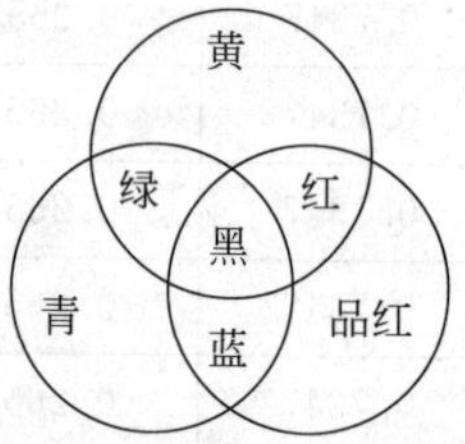

图 1-16 相减混色

2) CMYK 模型

为了使颜料颜色或打印的彩色更加逼真和鲜艳,并能生成更多的颜色,可在 CMY 三基色中再增加黑色(K),从而构成 CMYK 四种基色,CMY 模型修改为 CMYK 模型。

$$\begin{cases} K = \min(R, G, B) \\ C = 1 - R \\ M = 1 - G \\ Y = 1 - B \end{cases} \tag{1-18}$$

3. 彩色传输模型

彩色传输模型主要有 YUV、YIQ 和 YC_bC_r 模型，其中 Y 分量均代表黑白亮度信息，其余分量代表彩色信息。彩色传输模型主要用于彩色电视信号传输标准，它们的特点是都能向下兼容黑白显示器。

1) YUV 彩色模型

在 YUV 彩色模型中，Y 是亮度分量，U、V 是彩色分量。对于黑白显示器，只需用 Y 分量进行黑白图像显示。YUV 彩色模型与 RGB 工业彩色模型之间的转换关系为

$$\begin{bmatrix} Y \\ U \\ V \end{bmatrix} = \begin{bmatrix} 0.299 & 0.587 & 0.114 \\ -0.147 & -0.287 & 0.436 \\ 0.615 & -0.515 & -0.100 \end{bmatrix} \begin{bmatrix} R \\ G \\ B \end{bmatrix} \quad (1\text{-}19)$$

在传输、处理后进行彩色显示时，需要将 YUV 转化为 RGB 表示，即

$$\begin{bmatrix} R \\ G \\ B \end{bmatrix} = \begin{bmatrix} 1.000 & 0.000 & 1.140 \\ 1.000 & -0.395 & -0.581 \\ 1.000 & 2.032 & 0.001 \end{bmatrix} \begin{bmatrix} Y \\ U \\ V \end{bmatrix} \quad (1\text{-}20)$$

2) YIQ 彩色模型

YIQ 是 NTSC 制式电视信号的彩色模型，YIQ 彩色模型与 RGB 工业彩色模型之间的转换关系为

$$\begin{bmatrix} Y \\ I \\ Q \end{bmatrix} = \begin{bmatrix} 0.299 & 0.587 & 0.114 \\ 0.596 & -0.275 & -0.321 \\ 0.212 & -0.523 & 0.311 \end{bmatrix} \begin{bmatrix} R \\ G \\ B \end{bmatrix} \quad (1\text{-}21)$$

$$\begin{bmatrix} R \\ G \\ B \end{bmatrix} = \begin{bmatrix} 1.000 & 0.956 & 0.620 \\ 1.000 & -0.272 & -0.647 \\ 1.000 & -1.108 & 1.700 \end{bmatrix} \begin{bmatrix} Y \\ I \\ Q \end{bmatrix} \quad (1\text{-}22)$$

1.2.4 HSI 模型

在艺术上经常采用 HSI 模型，它反映了人的视觉系统观察彩色的方式。在 HSI 模型中，H 表示色调(hue)，S 表示饱和度(saturation)，H 和 S 分量与人感受颜色的方式密切相关；I 表示亮度(intensity)，I 与彩色信息无关。

HSI 模型是一种柱状彩色空间，它与 RGB 模型之间的转换关系为

$$\begin{bmatrix} I \\ V_1 \\ V_2 \end{bmatrix} = \begin{bmatrix} \frac{\sqrt{3}}{3} & \frac{\sqrt{3}}{3} & \frac{\sqrt{3}}{3} \\ 0 & \frac{1}{\sqrt{2}} & \frac{1}{\sqrt{2}} \\ \frac{2}{\sqrt{6}} & \frac{-1}{\sqrt{6}} & \frac{-1}{\sqrt{6}} \end{bmatrix} \begin{bmatrix} R \\ G \\ B \end{bmatrix} \quad (1\text{-}23)$$

其中，$H = \arctan\left(\dfrac{V_2}{V_1}\right)$，$S = \sqrt{V_1^2 + V_2^2}$。

1.3 视 频

1.3.1 视频表示

图像按其灰度等级不同,可分为二值图像和多灰度级黑白图像;按图像的色调划分,可分为黑白图像和彩色图像;按图像所占空间维数划分,可分为二维图像、三维图像和多维图像;按图像内容的变化性质划分,可分为静止图像和活动图像,活动图像也称为序列图像或视频。

视频由许许多多幅按时间序列构成的连续图像组成,每一幅图像称为一帧,即帧图像是视频信号的基本单元。由于每一帧图像的内容不同,整个图像序列看起来就是活动图像了。例如电视就是一种最常见的视频信号。视频内容可以是活动的,也可以是静止的;可以是彩色的,也可以是黑白的;有时变化大,有时变化小;有时变化快,有时变化慢。

1. 活动图像

三维立体活动图像所包含的信息首先表现为光的强度 I(或灰度),它随三维坐标 (x,y,z)、光的波长 (λ) 和时间 (t) 而变化,可表示为

$$I = f(x,y,z,\lambda,t) \tag{1-24}$$

三维视频或动画是时域离散的帧图像序列 $f(x,y,z,\lambda,t_n), n=1,2,\cdots$ 连续播放人眼的主观感觉,可表示为

$$I = V[f(x,y,z,\lambda,t_n)] \tag{1-25}$$

式中 $V[\cdots]$ 表示人眼的视觉效应。

最常见的视频是电视、电影,这是本书研究的重点,它们都是二维平面活动图像,可表示为光的强度 I(或灰度)随平面坐标 (x,y)、光的波长 (λ) 和时间 (t) 而变化,即

$$I = f(x,y,\lambda,t) \tag{1-26}$$

二维黑白活动图像是指图像在视觉效果上只有黑白深浅之分,而无色彩变化,可表示为

$$I = f(x,y,t) \tag{1-27}$$

根据三基色原理,二维彩色活动图像可表示为

$$I = \{f_R(x,y,\lambda,t), f_G(x,y,\lambda,t), f_B(x,y,\lambda,t)\} \tag{1-28}$$

2. 静止图像

静止图像是指图像内容不随时间而变化,可分为黑白静止图像和彩色静止图像。二维黑白静止图像可表示为

$$I = f(x,y) \tag{1-29}$$

式中,平面坐标 x 和 y 的取值范围为 $0 \leqslant x \leqslant L_x, 0 \leqslant y \leqslant L_x$,其中 L_x、L_y 为平面矩形区域的长和宽;亮度为 $0 \leqslant I \leqslant B_m$,$B_m$ 为最大亮度。

二维彩色静止图像可表示为

$$I = f(x,y,\lambda) \tag{1-30}$$

1.3.2 视频信息和视频信号特点

1. 直观性

与语音信息相比,视频信息具有直观的特点,视频信息给人的印象更生动、更深刻、更具

体、更直接,视频信息交流也就更好。这是视频通信的魅力所在,例如电视、电影。

2. 确定性

"百闻不如一见",即视频信息是确定无疑的,是什么就是什么,不易与其他内容相混淆,能保证信息传递的准确性。而语音则由于方言等原因可能会导致不同含义。

3. 高效性

由于人眼视觉是一个高度复杂的并行信息处理系统,它能并行快速地观察一幅幅图像的细节,因此,它获取视频信息的效率要比语音信息高得多。

4. 广泛性

人类接受的信息,约70%来自视觉,即人们每天获得的信息大部分是视觉信息。通常人眼接收的客观世界称为景物。

5. 高带宽性

视频信息的信息量大,视频信号的带宽高,使得对它的产生、处理、传输、存储和显示都提出了更高的要求。例如,一路 PCM 数字电话所需的带宽为 64Kb/s,而一路压缩后的 VCD 质量的数字电视要求 1.5Mb/s,而一路高清晰度电视未压缩的信息传输速率约为 1Gb/s,压缩后也要 20Mb/s。显然,这是为了获得视频信息的直观性、确定性和高效性所需要付出了代价。

1.3.3 模拟视频

1. 模拟视频信号

普通广播电视信号是一种典型的模拟视频信号。电视摄像机通过电子扫描将时间、空间函数所描述的景物进行光电转换后,得到单一的时间函数的电信号,其电平的高低对应于景物亮度的大小,即用一个电信号来表示光学景物。这种电视信号称为模拟电视信号。其特点是信号在时间和幅度上都是连续变化的,对模拟电视信号进行的视频处理技术(如校正、调制、滤波、录制、编辑、合成等)称为模拟视频技术。在接收机中,通过显示器进行电光转换,产生为人眼所接受的"模拟"信号的光图像。

2. 视频光栅扫描

模拟电视系统通常采用光栅扫描方式,所谓光栅扫描是指在一定的时间间隔内电子束(或光束)以从左到右、从上到下的方式扫描采集荧光屏表面(或感光表面)。若时间间隔为一帧图像的时间,则获得或显示的是一帧图像;若时间间隔为一场图像的时间,则获得或显示的是一场图像;在电视系统中,两场图像为一帧。扫描方式通常有逐行扫描和隔行扫描。

1) 逐行扫描

逐行扫描如图 1-17 所示,在图 1-17(a)中,实线为行扫描正程,电子束从左到右扫过的轨迹;虚线是行扫描逆程,电子束从右到左扫过的轨迹。行扫描周期为 $T_h = T_{ht} + T_{hr}$,其中 T_{ht} 为电子束在屏幕上从从左到右扫完一行正程所需的时间,T_{hr} 为从右返到左所需的时间。

逐行扫描的优点有:可以减少屏幕大面积闪烁和边缘闪烁,分解力高,图像更清晰和稳定等。

2) 隔行扫描

隔行扫描如图 1-18 所示。在隔行扫描中,一幅图像由奇数场(场正程)和偶数场(场逆程)组成。场扫描周期为 $T_v = T_{vt} + T_{vr}$,其中 T_{vt} 为场扫描正程的时间,T_{vr} 为场扫描逆程的时间。

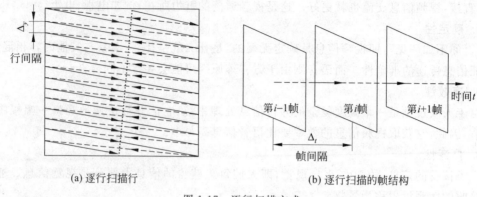

(a) 逐行扫描行　　　　　　　　(b) 逐行扫描的帧结构

图 1-17　逐行扫描方式

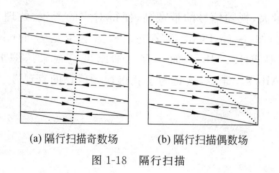

(a) 隔行扫描奇数场　　　(b) 隔行扫描偶数场

图 1-18　隔行扫描

采用隔行扫描的目的是为了压缩光电转换后所产生的视频信号的频带。例如在电视中采用一帧图像隔行后分两场顺序传输，可以压缩一半频带而不明显降低图像质量。但这是牺牲系统性能为代价的。例如，行间闪烁效应会使人眼产生视觉疲劳，垂直分解力下降导致图像质量下降等。

3) 光栅特性

光栅扫描的基本参数是帧频 f_p（每秒取样的帧数）和每帧扫描行数 n，它们分别对应于光栅扫描的时间分辨率和空间垂直方向分辨率，若图像的高度为 H，则有：$f_p = \dfrac{1}{\Delta t}, n = \dfrac{H}{\Delta y}$，其中，$\Delta y$ 为行间隔（或垂直取样间隔），Δt 为帧间隔时间。视频就是由许许多多相隔为 Δt 的帧组成的。根据人眼视频惰性，低于一定阈值的帧频时人眼感觉到图像动作的跳跃和闪烁，提高帧频能有效地改善画面的连续性和稳定性。每帧扫描行数越多，图像就越清晰。电影的帧频为 24 帧/秒，电视系统通常采用 25～30 帧/秒（50～60 场/秒）的隔行扫描方式，而计算机显示器通常大于 72 帧/秒；模拟电视的行数为 525～625 行/帧，在计算机显示器中 VGA 为 600 行/帧，SVGA 为 1024 行/帧。

3. 模拟视频信号表示

经行场扫描得到的一维连续时间行场信号如图 1-19 所示。它包括图像信号、行同步信号、行消隐信号、场同步信号、场消隐信号、槽脉冲和前后均衡脉冲。在图 1-19 中，横坐标表示时间，纵坐标表示信号电平，12.5% 以下为白电平，12.5%～75% 之间为灰度电平，75% 以上为黑电平。消隐信号确保回扫轨迹不可见，同步脉冲确保扫描过程同步，槽脉冲确保同步的连续性。

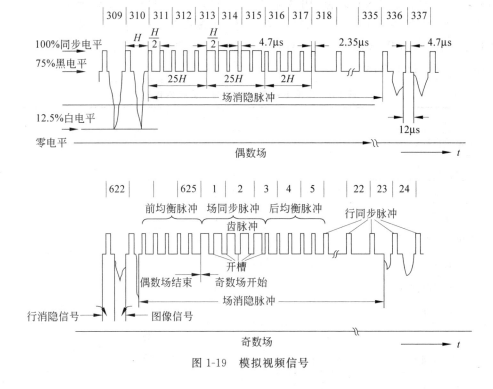

图 1-19 模拟视频信号

模拟视频信号是行周期和场周期的双周期信号,可近似按傅立叶级数表示为

$$E(t) = \sum_{m=-\infty}^{+\infty} \sum_{n=-\infty}^{+\infty} C_{mn} \exp[j(m\omega_h + n\omega_v)] \quad (1\text{-}31)$$

式中,C_{mn} 为二维傅立叶级数系数;$\omega_h = 2\pi f_h = 2\pi/T_h$;$\omega_v = 2\pi f_v = 2\pi/T_v$;$f_h$、$f_v$ 分别为行同步频率(行频)和场同步频率(场频)。

设垂直空间频率为有效扫描线乘以 Kell 系数 K,扫描线数为 n,最高垂直和水平空间频率分别为 $f_{mv} = \frac{1}{2} \cdot K \cdot n$,$f_{mh} = f_{mv} \frac{w}{h}$。其中,通常取 $K = 0.7$;$\frac{w}{h}$ 为图像的宽高比。可得模拟视频信号的最高频率为:$f_{max} = n \cdot f_p \cdot f_{mh} = \frac{1}{2} K n^2 f_p \frac{w}{h}$,其中,$f_p$ 为帧频率。例如当 $n = 525$ 线,$\frac{w}{h} = \frac{4}{3}$,$f_p = 30 \text{Hz}$,$K = 0.7$ 时,$f_{max} \approx 4.3 \text{Hz}$。

视频信号的基本参数主要有:清晰度、分解力、宽高比、行频、场频、帧频等。图像的清晰度是人眼感觉到的图像细节的清晰程度,它与每帧的扫描行数、电视系统传输图像细节的能力、观察者的视力和图像的对比度等有关。图像的分解力是系统本身分解像素的能力。电视系统的分解力分为垂直分解力和水平分解力。垂直分解力定义为沿图像垂直方向上能分解像素的能力,水平分解力定义为沿图像水平方向上能分解像素的能力。宽高比是一帧图像的宽度和高度之比。帧频越高,图像闪烁就越小,但传输所需的带宽就越大。

4. 模拟电视系统

1) 模拟电视系统标准

在模拟电视信号中,模拟视频信号用于传送活动图像,模拟音频信号用于传送声音。模拟电视系统标准主要有 NTSC 制、PLA 制和 SECAM 制。NTSC 制主要用于北美和日本，PLA 制主要用于欧洲和中国，SECAM 制主要用于前苏联和东欧国家。从技术上讲，NTSC 制的频带最经济，而 PLA 制和 SECAM 制对传输线路的要求较低。表 1-4 给出了三种模拟视频标准的主要技术指标。

表 1-4 模拟电视系统标准的主要技术指标

相关参数	PAL	NTSC	SECAM
帧频/帧/秒	25	29.97	25
场频/场/秒	50	59.94	50
每帧行数/行/帧	625	525	625
有效行数/行/帧	576	480	576
行频/行/秒	15 625	15 750	15 625
行周期/μs	64	63.5	64
有效扫描时间/μs	52	53.5	52
行消隐时间/μs	12	10	12
场周期/ms	20	16.7	20
场消隐时间/ms	1612	1333	1568
图像宽高比	4∶3	4∶3	4∶3
彩色分量	YUV	YIQ	YUV
亮度带宽/MHz	5.0,5.5	4.2	6.0
色度带宽/MHz	1.3(U,V)	1.6(I),0.6(Q)	1.0(U,V)
复合信号带宽/MHz	8.0	6.0	8.0
彩色副载波/MHz	4.43	3.58	4.25(Db),4.41(Dr)
音频副载波/MHz	5.5,6.0	4.5	6.5
色度调制方式	QAM	QAM	FM

2) 复合视频信号

通常彩色视频获取和显示都采用 RGB 三基色方式，但由于 RGB 信号不能直接用在黑白电视机，与黑白电视系统不兼容；同时，RGB 视频信号的带宽很大，对传输或存储容量提出了很高的要求。因此，在彩色电视系统中通常采用复合视频信号来传输。

PAL 制彩色电视复合信号的带宽为 8MHz，NTSC 为 6MHz，亮度信号和色度信号在该带宽内传输。图 1-20 给出了复合视频信号的频谱。

3) PAL 制复合信号

经调制后的两个色度信号 $U(t),V(t)$ 分别为

$$\begin{cases} u(t) = U(t)\sin(\omega_{sc}t)) \\ v(t) = V(t)P(t)\cos(\omega_{sc}t) \end{cases} \quad (1\text{-}32)$$

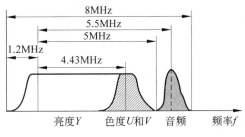
(a) PAL制视频复合信号频谱示意图

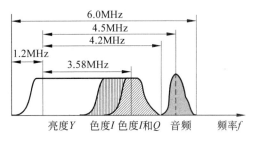
(b) NTSC制视频(+)复合信号频谱示意图

图 1-20　模拟电视系统复合视频信号频谱示意图

式中，$\omega_{sc}=2\pi f_{sc}$ 为色度信号的副载波角频率，$P(t)$ 为开关信号。所产生的正交幅度调制的色度信号为

$$c(t)=u(t)+v(t)=C(t)\sin[\omega_{sc}t+\theta(t)] \tag{1-33}$$

式中，$\theta(t)=P(t)\arctan[V(t)/U(t)]$，$C(t)=\sqrt{U^2(t)+V^2(t)}$。若 $P(t)=+1$（偶数场），$P(t)=-1$（奇数场），则可表示彩色副载波逐行倒相的 PAL 制色度信号。

在 PAL 制中，为了简化滤波器的设计，亮度信号采用残留单边带调制，残留带宽为 1.2MHz。色度信号的副载波频率 $f_{sc}=4.43$MHz，由于色度副载波处亮度分量的能量很低，因此色度信号的副载波放在亮度信号频谱的高频端，即在亮度信号的高频端插入经过正交调制的两个色度分量，从而形成彩色电视的复合视频信号

$$e(t)=Y(t)+c(t)=Y(t)+C(t)\sin[\omega_{sc}t+\theta(t)] \tag{1-34}$$

$C(t)=0$ 就是黑白电视信号，可视为彩色电视信号的特殊情况。

4）NTSC 制复合视频信号

在 NTSC 中，采用 YIQ 彩色模型，亮度信号采用残留单边带调制，色度信号采用正交平衡调幅。经调制后的两个色度信号 $I(t)$、$Q(t)$ 分别为

$$\begin{cases} i(t)=I(t)\sin(\omega_{sc}t) \\ q(t)=Q(t)\cos(\omega_{sc}t) \end{cases} \tag{1-35}$$

式中，$\omega_{sc}=2\pi f_{sc}$ 为色度信号的副载波角频率。所产生的色度信号为

$$c(t)=i(t)+q(t)=C(t)\sin[\omega_{sc}t+\theta(t)] \tag{1-36}$$

式中，$\theta(t)=\arctan[I(t)/Q(t)]$，$C(t)=\sqrt{I^2(t)+Q^2(t)}$。

1.3.4　数字视频

1. 模拟视频信号数字化

数字视频是指用二进制数字表示的视频信号，数字视频既可直接来源于数字摄像机（例如 CCD 摄像机等），也可将模拟视频信号经过数字化处理变成数字视频信号。

彩色视频数字化分为复合编码和分量编码。复合编码是直接对彩色全电视信号进行 PCM 编码，分量编码是对亮度分量 Y 和色差分量 C_B、C_R（或三基色 R、G、B）分别进行 PCM 编码，如图 1-21 所示。由于分量编码的图像质量高，且分量编码后的信号便于三种电视制式（NTSC、PLA、SECAM）之间节目交换，因此，分量编码得到了广泛的应用。这是目前几乎所有的数字视频系统均采用分量编码的原因。

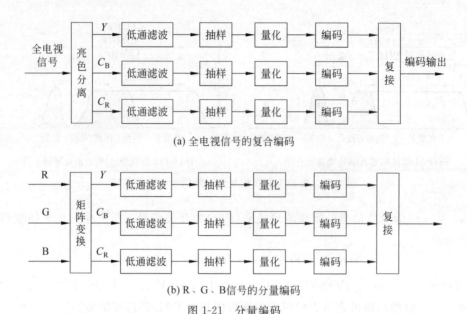

(a) 全电视信号的复合编码

(b) R、G、B信号的分量编码

图 1-21 分量编码

在图 1-21(b) 中，RGB 到 YC_BC_R 的转换关系为

$$\begin{bmatrix} Y \\ C_B - 128 \\ C_R - 128 \end{bmatrix} = \begin{bmatrix} \dfrac{77}{256} & \dfrac{150}{256} & \dfrac{29}{256} \\ -\dfrac{44}{256} & -\dfrac{87}{256} & \dfrac{131}{256} \\ \dfrac{131}{256} & -\dfrac{110}{256} & -\dfrac{21}{256} \end{bmatrix} \begin{bmatrix} R \\ G \\ B \end{bmatrix} \qquad (1-37)$$

YC_BC_R 到 RGB 的转换关系为

$$\begin{bmatrix} R \\ G \\ B \end{bmatrix} = \begin{bmatrix} 1.0000 & 1.4020 & 0.0000 \\ 1.0000 & 0.0000 & 1.7720 \\ 1.0000 & -0.7140 & -0.3441 \end{bmatrix} \begin{bmatrix} Y \\ C_B - 128 \\ C_R - 128 \end{bmatrix} \qquad (1-38)$$

2. 数字视频表示

模拟视频信号经过数字化处理后，就变成由一帧帧数字图像组成的图像序列，即数字视频信号。每帧图像由 N 行、每行 M 个像素组成，即每帧图像共有 $M \times N$ 个像素。利用人眼的视觉惰性，每秒连续播放 30 帧(帧频 f_p)以上，就能给人以较好的连续运动景物的感觉。每像素 N_b 用比特表示，数字视频信号的信息传输速率为 $M \times N \times f_p \times N_b$。

例如 PAL 制彩色数字视频信号用 RGB 分量($N_b = 3 \times 8 = 24$ 比特)表示时，帧频 $f_p = 25$(每秒 25 帧)，$M = 576$(每帧 576 行)，$N = 720$(每行 720 像素点)，其信息传输速率为 $720 \times 576 \times 25 \times 24 \approx 249 \text{Mb/s}$。

3. 数字视频特点

由于模拟视频的特性，它在传输、存储和交互等方面具有很大的局限性。例如在 SDTV 电视中，只有频道选择等简单功能；在盒式磁带录像机(VCR)中，只能进行快速搜索和慢速重放等操作；模拟视频的录制、存储非常不方便，且多次录制、存储时噪声积累严重；传输时所叠加的噪声(即使很小)，很难消除和分开。对信道的线性特性要求较高，放大器的非线性会产生波形畸变。随着传输距离的增加,噪声积累越来越大,使模拟视频信号的传输质量恶化。微分增益、微分相位失真会带来彩色失真等。

与模拟视频相比,数字视频具有很多优点:便于传输和交换,便于多媒体通信,便于存储、处理和加密,无噪声积累,差错可控制,可通过压缩编码来降低数码率,便于设备的小型化,具有信噪比高、稳定好、可靠性高、交互性能力强等特点。

随着数字电路和微电子技术的进步,特别是超大规模集成电路的快速发展,使得数字视频的优点变得越来越突出,应用越来越广泛。例如,高清晰度电视(HDTV)、多媒体、视频会议、移动视频、监视控制、医疗设备、航空航天、军事、教育、电影等。

目前,数字视频用于桌面和掌上技术已经成熟,也已成为消费电子产业的支柱,例如数字电视、数码照相机和数码摄像机等。数字视频将会给计算机、通信和电子产业的发展带来革命性的变化。

4. ITU-T BT.601 数字视频标准

为了便于国际节目交换以及 625 行 PLA 制系统与 NTSC 制系统之间的兼容,1982 年 CCIR(国际无线电咨询委员会)制定了 CCIR 601 数字视频标准,1993 年变更为国际电信联盟无线电通信部门 ITU-T BT.601 建议,定义了对应于 525 行和 625 行电视演播室的数字编码参数,如表 1-5 所示。三个分量信号 Y、R-Y、B-Y 的抽样频率分别为 13.5MHz、6.75MHz、6.75MHz,三个分量在一行中的抽样点数的比例为 4:2:2,且每帧的行数相同,故简称为 4:2:2 标准。

表 1-5 ITU-T BT.601 建议的 4:2:2 标准

参 量		NTSC 制(525 行,60 场)	PAL 制(625 行,50 场)
编码信号		\multicolumn{2}{c}{Y/R-Y/B-Y}	
全行采样点数	亮度 Y	858	864
	色度 R-Y/B-Y	429	432
采样结构		正交,按行/场/帧重复,每行中的 R-Y/B-Y 取样与奇数(1,3,5,…)点 Y 采样同位	
采样频率/MHz	亮度 Y	13.5	
	色度 R-Y/B-Y	6.75	
编码方式		亮度信号和色差信号均为 PCM 8 bit	
每行有效采样点数	亮度 Y	720	
	色度 R-Y/B-Y	360	
有效图像尺寸	亮度 Y	720×480	720×576
	色度 R-Y/B-Y	360×480	360×576

4:2:2 标准是为演播室制定的对图像质量要求较高的分量编码标准。对图像质量要求更高的应用场合,可采用 4:4:4 标准;对图像质量要求较低的应用场合,例如信号源本身的分辨率就低(如家用录像机等、新闻采访摄像机信号等),可采用 4:1:1 标准或 4:2:0 标准,其抽样结构如图 1-22 所示。

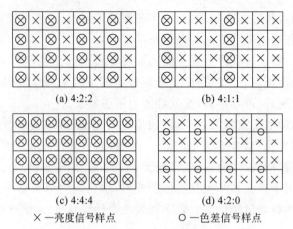

图 1-22 ITU-T BT.601 建议的取样点结构

5. ITU-T BT.1203 数字视频标准

ITU-T BT.1203 建议定义了高清晰度数字视频标准,如表 1-6 所示。

表 1-6 ITU-T BT.1203 建议

	50Hz		60Hz	
HDTV (16∶9)	1920×1152 1440×1152	In In	1920×1035 1920×1080 1920×1080 1440×1080 1280×720	In Se In In Se
EDTV (16∶9)	960×576 960×576 720×576	Se In In	960×483* 960×483* 720×483*	Se In In
SDTV (4∶3)	720×576	In	720×483*	In

注:① HDTV 为高清晰度电视;EDTV 为改良清晰度电视;SDTV 为标准清晰度电视。
② In 为隔行扫描;Se 为逐行扫描。
③ *号表示用于发射和二次分配时,编码图像信号的行数可能是 480 行,但宽高比应该规定采用 483 有效行。

6. ITU-T BT.1201 数字视频标准

ITU-T BT.1201 建议定义了超高清晰度数字视频标准,如表 1-7 所示。

表 1-7 ITU-T BT.1203 建议

	HRI-0	HRI-1	HRI-2	HRI-3
空间抽样点数	1920×1080	3840×2160	5760×3240	7680×4230

1.4 数字视频质量评价

在视频处理过程中必然会引入失真(误差),即有必要定义一个能测量原始视频信号与处理后视频信号之间差异的主观和客观准则。视频质量的含义包括逼真度和可懂度。所谓逼真度是指被评价视频图像与原标准视频图像的偏离程度。可懂度是指视频图像向人或机器提供信息的能力。

1.4.1 视频图像主观评价

主观评价目前用得较多,也是最具权威性视频图像质量评价方法。所谓视频图像主观评价是通过人在给定的观察条件下观察视频图像,对视频图像的优劣作主观评定,然后对评分进行统计平均所得出的评价结果。视频图像主观评价与观察者的个性和观察条件等因素有关。

视频图像的主观评价通常采用平均判分(MOS)方法,如表 1-8 所示。主观测试可分为以下三种类型:

(1) 质量测试,观察者评定视频图像的质量等级;
(2) 损伤测试,观察者评定视频图像的损伤程度;
(3) 比较测试,观察者对一个给定视频图像序列与另一个视频图像序列进行质量比较。

表 1-8 主观测试 5 级标准

质 量 测 试	损 伤 测 试	比 较 测 试
5—不能察觉	A—优	+2—好得多
4—刚能察觉,不讨厌	B—良	+1—好
3—有点讨厌	C—中	0—相同
2—很讨厌	D—次	-1—坏
1—不能用	E—劣	-2—坏得多

1.4.2 视频图像客观评价

评价视频图像的客观方法有多种,常用的方法主要有均方误差(MSE)、峰值信噪比(PSNR)等。MSE 定义为原视频图像序列 $f_1(m,n,k)$ 与处理后的视频图像序列 $f_2(m,n,k)$ 之间的均方误差,即

$$\text{MSE} = \frac{1}{KMN} \sum_{k=1}^{K} \sum_{m=1}^{M} \sum_{n=1}^{N} [f_1(m,n,k) - f_2(m,n,k)]^2 \tag{1-39}$$

式中,K 为视频图像序列帧数,$M \times N$ 为帧图像大小,KMN 为每个序列中的总像素数。对于彩色视频,每个彩色分量的 MSE 是分别计算的。

另一种更常用的视频图像客观评价方法是 PSNR,定义为

$$\text{PSNR} = 10\lg \frac{f_{\max}^2}{\text{MSE}} \tag{1-40}$$

式中,$f_{\max}$ 为视频信号的峰值。对每个彩色分量通常 $f_{\max}=255$。对于峰值信噪比准则,通常 PSNR 高于 40dB 的亮度分量就意味着视频图像质量非常好(即与原始视频图像很接近);30~40dB 意味着有比较好的视频图像质量(即失真可察觉,但可以接受);20~30dB 的视频图像质量则是相当差的;而 PSNR 低于 20dB 则是不可接受的。

有时为了减少计算量,可使用平均绝对误差(MAD)方法,定义为

$$\mathrm{MSE} = \frac{1}{KMN} \sum_{k=1}^{K} \sum_{m=1}^{M} \sum_{n=1}^{N} |f_1(m,n,k) - f_2(m,n,k)| \tag{1-41}$$

1.5 视频模型

视频记录了从摄像机所观测的场景中物体运动的状态及其变化方式。视频信号是从动态的三维景物投影到视频摄像机图像平面上的一个二维图像序列。即视频是一个三维信号，具有两个空间维（水平和垂直所构成的图像平面）和一个时间维。由于真实世界景物的运动状态及其变化方式非常复杂，为了有效地描述真实世界的变化，就需要建立一系列视频模型，例如照明模型、摄像机模型、物体模型和场景模型等。

场景模型用于描述包括照明光源、物体和摄像机的世界，即描述运动物体与一个三维场景的摄像机是如何相互定位的。在视频编码中，通常假定物体与摄像机的成像平面平行运动，即使用二维场景模型。三维场景模型能更有效地描述真实世界。根据不同的照明模型、摄像机模型和物体模型可得到不同的场景模型。下面介绍照明模型、摄像机模型和物体模型。

1.5.1 照明模型

为了能观测物体，就需要照明所观测的场景。照明模型主要用于描述照明变化引起的视频信号在时间上的变化。照明模型可分为光谱模型和几何模型。光谱模型适用于多种彩色光源（或由不同彩色物体反射的间接光源），几何模型适用于环境光源（照射物体时不会产生阴影）和点光源（例如聚光灯）。对每一种类型的光源，也可以分为局部照明模型和总体照明模型。局部照明模型假定照明光源与物体的位置无关，总体照明模型要考虑物体间的影响（例如阴影等）。

光源有两种：照明光源和反射光源。照明光源包括太阳、灯泡等，照明光源的色彩感觉取决于光的波长范围，照明光源遵循相加规则。反射光源指能反射入射光的光源。当一束光照射到物体上时，一部分光被吸收，另一部分光被反射。反射光源的色彩感觉取决于入射光的光谱成分和被吸收的波长范围。反射光源遵循相减规则。在反射光中，镜面反射可以用发亮的表面和镜子观察到，它只能显示入射光的颜色，而不能显示物体的颜色。漫反射在所有方向上都具有相同的光强分布。通常的表面既有漫反射也有镜面反射，但只有漫反射才能显示物体表面的颜色。

反射光的辐射强度的分布与入射光的光强 $f_i(\boldsymbol{L},\boldsymbol{V},\boldsymbol{N},\boldsymbol{P},t,\lambda)$ 和物体表面的反射系数 $r(\boldsymbol{L},\boldsymbol{V},\boldsymbol{N},\boldsymbol{P},t,\lambda)$ 有关，即

$$f_r(\boldsymbol{L},\boldsymbol{V},\boldsymbol{N},\boldsymbol{P},t,\lambda) = r(\boldsymbol{L},\boldsymbol{V},\boldsymbol{N},\boldsymbol{P},t,\lambda) \cdot f_i(\boldsymbol{L},\boldsymbol{V},\boldsymbol{N},\boldsymbol{P},t,\lambda) \tag{1-42}$$

其中，$\boldsymbol{P}$ 为物体表面的位置，$\boldsymbol{L}$ 为照明方向，$\boldsymbol{V}$ 为 $\boldsymbol{P}$ 点与摄像机焦点的观测方向，$\boldsymbol{N}$ 为 $\boldsymbol{P}$ 处的表面法线矢量，λ 为光的波长。反射系数 $r(\boldsymbol{L},\boldsymbol{V},\boldsymbol{N},\boldsymbol{P},t,\lambda)$ 为反射光的强度与入射光的强度之比。例如假定照明方向 $\boldsymbol{L}$ 和观测方向 $\boldsymbol{V}$ 固定不变，则式（1-42）可简化为

$$f_r(\boldsymbol{N},\boldsymbol{P},t,\lambda) = r(\boldsymbol{N},\boldsymbol{P},t,\lambda) \cdot f_i(\boldsymbol{N},\boldsymbol{P},t,\lambda) \tag{1-43}$$

当只有环境光源，且物体表面为漫反射时，其反射光强度的分布为

$$f_r(\boldsymbol{P},t,\lambda) = r(\boldsymbol{P},t,\lambda) \cdot f_a(t,\lambda) \tag{1-44}$$

当只有点光源时,对于局部照明模型和漫反射表面,物体表面上任意点 P 处的反射光强度取决于入射光方向 L 与该点处的表面法线 N 之间的夹角 θ,即

$$f_r(\boldsymbol{P}, t, \lambda) = r(\boldsymbol{P}, t, \lambda) \cdot f_p(t, \lambda) \cdot \cos\theta \tag{1-45}$$

其中,$f_p(t,\lambda)$ 为点光源的最大光强,即光垂直于表面时的光强。

当多个环境光源和点光源都存在时,任意一点的反射光强度的分布是每个光源反射光强的叠加。

1.5.2 摄像机模型

摄像机模型描述真实场景中物体在摄像机成像图像平面上的投影,即实现四维空间 (X,Y,Z,t) 到三维空间 (x,y,t) 的映射,

$$\begin{aligned} f: \quad & R^4 \to R^3 \\ & (X,Y,Z,t) \to (x,y,t) \end{aligned} \tag{1-46}$$

这里,(X,Y,Z) 为三维空间坐标系(也称为世界坐标系);(x,y) 为二维投影图像平面。

1. 透视投影

透视投影也称为中心投影。以摄像机(例如针孔摄像机)为中心,观察空间中的物体,可以获得物体在二维图像平面上的投影图像,如图 1-23 所示。其中,原点 o 为观察点(或透视中心),$oO'=F$ 为焦距,表示观察者与投影图像平面之间的距离。从观测点 o 观测空间中物体上一特征点 $p(X,Y,Z)$,在投影图像平面上有一投影点 $p(x,y)$。观测点 o、物体上点 $P(X,Y,Z)$ 和投影点 $p(x,y)$ 在一条直线上。我们把满足 $\dfrac{x}{F}=\dfrac{X}{Z}$,$\dfrac{y}{F}=\dfrac{Y}{Z}$(或 $x=F\dfrac{X}{Z}, y=F\dfrac{Y}{Z}$)的结构称为透视投影(或中心投影),即以观察者为中心的投影模型。

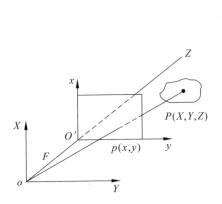
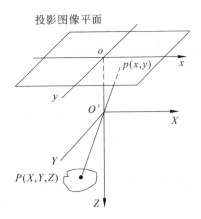

(a) 摄像机在观测物体和成像图像平面的一侧　　(b) 摄像机在观测物体和成像图像平面之间

图 1-23 透视投影

2. 正交投影

当物体距离摄像机很远时,中心投影可用正交投影(也称为平行投影)来近似,即

$$x = X, \quad y = Y$$

或

$$\begin{bmatrix} x \\ y \end{bmatrix} = \begin{bmatrix} 1 & 0 & 0 \\ 0 & 1 & 0 \end{bmatrix} \begin{bmatrix} X \\ Y \\ Z \end{bmatrix} \tag{1-47}$$

这里，x、y 为投影图像平面坐标。

3. 摄像机运动

摄像机的典型运动形式有：跟(track，摄像机沿成像图像平面的水平轴平移，包括左跟、右跟)，吊(boom，摄像机沿成像图像平面的垂直轴平移，包括上吊、下吊)，推(dolly，沿摄像机光轴方向上的平移包括前推、后推)，摇(pan，摄像机绕垂直轴旋转，包括左摇、右摇)，倾(tilt，摄像机绕水平轴旋转，包括上倾、下倾)，滚(roll，摄像机绕光轴旋转)，变焦(摄像机改变其焦距)。

1) 跟和吊

跟和吊是指摄像机沿世界坐标系 (X,Y,Z) 的 X 轴和 Y 轴的平移，设摄像机的实际平移为 T_X 和 T_Y，原摄像机坐标中任意一点 (X,Y,Z) 的三维空间位置将变化到 (X',Y',Z')，有

$$\begin{bmatrix} X' \\ Y' \\ Z' \end{bmatrix} = \begin{bmatrix} X \\ Y \\ Z \end{bmatrix} + \begin{bmatrix} T_X \\ T_Y \\ 0 \end{bmatrix} \tag{1-48}$$

利用 $x = F\dfrac{X}{Z}$，$y = F\dfrac{Y}{Z}$，可得到摄像机在成像图像平面 (x,y) 的二维空间位置变化，即

$$\begin{bmatrix} x' \\ y' \end{bmatrix} = \begin{bmatrix} x \\ y \end{bmatrix} + \begin{bmatrix} \dfrac{FT_X}{Z} \\ \dfrac{FT_Y}{Z} \end{bmatrix} \tag{1-49}$$

或

$$\begin{bmatrix} d_x(x,y) \\ d_y(x,y) \end{bmatrix} = \begin{bmatrix} \dfrac{FT_X}{Z} \\ \dfrac{FT_Y}{Z} \end{bmatrix} \tag{1-50}$$

其中，$d_x(x,y)$、$d_y(x,y)$ 称为二维运动场。显然，成像图像平面中点 (x,y) 的平移取决于它所对应的三维空间点的 Z 坐标。

2) 倾和摇

摇和倾是指摄像机绕世界坐标系 (X,Y,Z) 的 X 轴和 Y 轴旋转，设摄像机绕 X 轴和 Y 轴旋转角分别为 θ_X 和 θ_Y，摄像机的新旧坐标之间的变化关系为

$$\begin{bmatrix} X' \\ Y' \\ Z' \end{bmatrix} = \boldsymbol{R}_X \boldsymbol{R}_Y \begin{bmatrix} X \\ Y \\ Z \end{bmatrix} \tag{1-51}$$

其中，$\boldsymbol{R}_X$ 和 $\boldsymbol{R}_Y$ 分别为摄像机绕 X 轴和 Y 轴的旋转矩阵，即

$$\boldsymbol{R}_X = \begin{bmatrix} 1 & 0 & 0 \\ 0 & \cos\theta_X & -\sin\theta_X \\ 0 & \sin\theta_X & \cos\theta_X \end{bmatrix} \tag{1-52}$$

$$\boldsymbol{R}_Y = \begin{bmatrix} \cos\theta_Y & 0 & \sin\theta_Y \\ 0 & 1 & 0 \\ -\sin\theta_Y & 0 & \cos\theta_Y \end{bmatrix} \quad (1\text{-}53)$$

当旋转角 θ_X 和 θ_Y 均很小时，有

$$\boldsymbol{R}_X\boldsymbol{R}_Y = \begin{bmatrix} 1 & 0 & \theta_Y \\ 0 & 1 & -\theta_X \\ -\theta_Y & \theta_X & 1 \end{bmatrix} \quad (1\text{-}54)$$

若 $Y\theta_X \ll Z, X\theta_Y \ll Z$，则 $Z' \approx Z$。利用 $x = F\dfrac{X}{Z}, y = F\dfrac{Y}{Z}$，可得到摄像机在成像图像平面 (x,y) 的二维空间位置变化，即

$$\begin{bmatrix} x' \\ y' \end{bmatrix} = \begin{bmatrix} x \\ y \end{bmatrix} + \begin{bmatrix} F\theta_Y \\ -F\theta_X \end{bmatrix} \quad (1\text{-}55)$$

或

$$\begin{bmatrix} d_x(x,y) \\ d_y(x,y) \end{bmatrix} = \begin{bmatrix} F\theta_Y \\ -F\theta_X \end{bmatrix} \quad (1\text{-}56)$$

3) 变焦

设 F 为摄像机变焦前的焦距，F' 为摄像机变焦后的焦距，由 $x = F\dfrac{X}{Z}, y = F\dfrac{Y}{Z}$ 可得

$$\begin{bmatrix} x' \\ y' \end{bmatrix} = \begin{bmatrix} \mu x \\ \mu y \end{bmatrix} \quad (1\text{-}57)$$

其中 $\mu = \dfrac{F'}{F}$，称为变焦系数。其二维运动场为

$$\begin{bmatrix} d_x(x,y) \\ d_y(x,y) \end{bmatrix} = \begin{bmatrix} (1-\mu)x \\ (1-\mu)y \end{bmatrix} \quad (1\text{-}58)$$

4) 滚

滚是指摄像机绕 Z 轴旋转，即

$$\begin{bmatrix} x' \\ y' \end{bmatrix} = \begin{bmatrix} \cos\theta_z & -\sin\theta_z \\ \sin\theta_z & \cos\theta_z \end{bmatrix} \begin{bmatrix} x \\ y \end{bmatrix} \quad (1\text{-}59)$$

当摄像机绕 Z 轴得旋转角 θ_z 很小时，有

$$\begin{bmatrix} x' \\ y' \end{bmatrix} \approx \begin{bmatrix} 1 & -\theta_z \\ \theta_z & 1 \end{bmatrix} \begin{bmatrix} x \\ y \end{bmatrix} \quad (1\text{-}60)$$

或

$$\begin{bmatrix} d_x(x,y) \\ d_y(x,y) \end{bmatrix} = \begin{bmatrix} -\theta_z x \\ \theta_z y \end{bmatrix} \quad (1\text{-}61)$$

1.5.3 物体模型

物体模型是关于真实物体的假设。所谓物体是指在一个场景中可以分离的实体，例如一辆车、一台电视、一个人等。一个物体可用形状、运动和纹理等来描述。其中，纹理模型用于描述一个物体表面的特性。下面简要介绍形状模型和运动模型。

1. 形状模型

一个三维物体的形状由它(一)所占据的三维空间来描述。通常由于我们不太关注物体的内部,因此可用物体的表面来描述它的形状。通常可采用三角形网格(即线框)方法,即三角形网格是用位于物体表面控制点的顶点来构建的。控制点的数量和位置取决于物体的形状和三角形网格模型对物体形状描述的精度。图 1-24 给出了一个三角形网格的例子,其中 $P_i = P_i(X_i, Y_i, Z_i)$,其控制点表和索引面集表分别为:

控制点表	索引面集表
1 X_1 Y_1 Z_1	1 2 3,
2 X_2 Y_2 Z_2	2 4 3,
3 X_3 Y_3 Z_3	4 5 3
4 X_4 Y_4 Z_4	
5 X_5 Y_5 Z_5	

2. 刚体运动模型

当控制点不能被独立地移动和不能改变物体的形状时,该物体就是刚性的。否则,就是柔性的。一个物体可以是刚性的或柔性的。

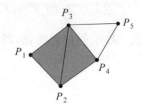

图 1-24 表示物体表面的三角形网格

刚性物体的运动在三维空间中的运动可以分解为围绕通过原点的一个轴的旋转和平移。在三维空间中,物体的旋转可用一个 3×3 矩阵 R 来描述,平移可用一个 3×1 的列向量 T 来描述。R 和 T 是描述刚性物体三维空间运动的重要参数。

假设在三维空间中一运动物体上的特征点 p,运动前(在 t_1 时刻)的坐标为 $p(x, y, z)$;运动后(在 t_2 时刻)与相对应的点 p' 的坐标为 $p'(x', y', z')$,运动前后应满足 $\begin{bmatrix} x' \\ y' \\ z' \end{bmatrix} = R \begin{bmatrix} x \\ y \\ z \end{bmatrix} + T$,其中,$R$ 为旋转矩阵,定义为 $R = \begin{bmatrix} r_{11} & r_{12} & r_{13} \\ r_{21} & r_{22} & r_{23} \\ r_{31} & r_{32} & r_{33} \end{bmatrix}$;$T$ 为平移向量,定义为 $T = \begin{bmatrix} \Delta x \\ \Delta y \\ \Delta z \end{bmatrix}$,$\Delta x, \Delta y, \Delta z$ 分别为运动物体在 x, y, z 三个方向上的平移量。

例如若一个物体绕三维空间的原点转动,则它的旋转矩阵为

$$
\begin{aligned}
R &= R_x R_y R_z = \begin{bmatrix} 1 & 0 & 0 \\ 0 & \cos\theta_x & -\sin\theta_x \\ 0 & \sin\theta_x & \cos\theta_x \end{bmatrix} \begin{bmatrix} \cos\theta_y & 0 & \sin\theta_y \\ 0 & 1 & 0 \\ -\sin\theta_y & 0 & \cos\theta_y \end{bmatrix} \begin{bmatrix} \cos\theta_z & -\sin\theta_z & 0 \\ \sin\theta_z & \cos\theta_z & 0 \\ 0 & 0 & 1 \end{bmatrix} \\
&= \begin{bmatrix} \cos\theta_y \cos\theta_z & \sin\theta_x \sin\theta_y \cos\theta_z - \cos\theta_x \sin\theta_z & \cos\theta_x \sin\theta_y \cos\theta_z + \sin\theta_x \sin\theta_z \\ \cos\theta_y \sin\theta_z & \sin\theta_x \sin\theta_y \sin\theta_z + \cos\theta_x \cos\theta_z & \cos\theta_x \sin\theta_y \sin\theta_z - \sin\theta_x \cos\theta_z \\ -\sin\theta_y & \sin\theta_x \cos\theta_y & \cos\theta_x \cos\theta_y \end{bmatrix}
\end{aligned} \quad (1\text{-}62)
$$

显然,该矩阵 R 是一个正交矩阵。

1.6 视频信号记录

目前,录像技术已经得到了非常广泛的应用,录像设备是电视中心不可缺少的设施之一,它可以随时录制各种节目,利用视频编辑机很方便地对节目进行修改和编辑,可节省大量的时间、人力和财力。应用在教学中,可节省师资,提高教学质量;应用在体育训练中,可

分析各种动作特点,提高运动成绩;应用在产品检验中,可记录现场状态,提高产品质量;应用在城市交通中,可记录和处罚各种肇事行为,改善道路交通状态;应用在医疗诊断中,可记录人体器官的活动情况,达到准确诊断疾病的目的,等等。

1.6.1 模拟磁带录像机

目前,模拟视频信号记录广泛采用磁性录像技术,例如磁带录像机是利用磁带来记录视频信号的,简称 VTR(Video Tape Recorder)。通常,磁带录像机包括磁记录部分、走带机构、伺服系统、信号处理系统和操作控制系统。磁记录部分包括磁带和磁头,其作用是记录视频信号和伴音信号;走带机构是比较精密的机械构件,其作用是控制磁带的传动;伺服系统用于稳定走带的各种状态;操作控制系统用于控制设备的操作。

1.6.2 数字录像机

与模拟录像机相比,数字录像机不仅频响好、信噪比高,而且具有 CD 质量级别的伴音,同时具有复制性好的优点,这是模拟录像机所无法比拟的。

1.6.3 硬盘录像机

所谓硬盘录像机,即采用硬盘来记录数字视频。随着计算机技术、数字压缩技术和超大规模集成电路技术的发展,基于计算机硬盘存储的硬盘录像机得到了广泛的应用,其主要优点如下:

(1) 没有机械传动和伺服机构,可靠性高;
(2) 硬盘采用非接触式磁头读取,寿命长;
(3) 记录信息按扇区分布,能进行非线性随机检索,没有倒带时间,且记录检索可同时进行;
(4) 可实现大容量存储,无须额外的空间;
(5) 由 CPU 控制,人机交互方便直观。

1.6.4 VCD 光盘机

VCD(Video Compact Disc)是在 CD(Compact Disc)基础上发展起来的一种数字视频记录播放设备,它采用与 CD 相同的媒体和尺寸,可记录 1 个多小时的数字视频和两路立体声数字音频(伴音)。VCD 采用 MPEG-1 视频编码标准,图像的分辨率为 360×288(PAL 电视制式),图像质量与 VHS 家用磁带机相当,略低于模拟 LD 激光影碟机。VCD 的优点是性价比高、盘片尺寸小、图像质量稳定、节目源丰富。

1.6.5 DVD 光盘机

DVD 是数字视盘(Digital Video Disc)的英文缩写。与 VCD 相比,DVD 使用短波长激光器,盘片的存储容量大大提高;DVD 采用 MPEG-2 标准,图像的分辨率为 720×576(PAL),伴音质量接近杜比 AC-3 系统。

DVD 不仅可用来存储数字电视节目,也可用来存储其他数据。DVD 的标准格式有:DVD-ROM(只读存储器)、DVD-Video(视盘)、DVD-Audio(声盘)、DVD-R(可擦写一次)、

DVD-RAM(随机存储器)、DVD-RW(可重复擦写)。

1.6.6 DVD 光盘录像机

DVD 光盘录像机通常采用 MPGE-2 编解码技术,能兼容 DVD+R/RW,可刻录 AV、TV 信号,图像清晰,声音细腻,刻录寿命长,刻录质量可靠;具有强大的电视接收和电视频道管理功能;具有定时录像功能;集 DVD 播放、电视接收、光盘存储等功能于一体,广泛应用家庭及娱乐场所。可用来刻录通过摄像机记录下的家庭聚会、生日晚会、婚庆录像、宝宝成长过程、外出旅游、毕业典礼、会议过程、公司简介等内容,可通过另外一台具有卡拉 OK 功能的 DVD 制作个人演唱会专辑,可刻录一系列优秀的电视连续剧或者电影大片,还可以用图片的方式记录下珍贵的相册等。

习 题 1

1-1 对于低通模拟信号而言,为了无失真地恢复信号,取样频率与带宽有什么关系?发生频谱混叠的原因是什么?

1-2 何谓量化噪声?用什么方法可减小(或消除)它?

1-3 若一个信号为 $s(t)=\cos(314t)/314t$,试问最小取样频率为多少才能保证其无失真地恢复信号?在用最小取样频率对其取样时,要保存 10 分钟的取样,需要保存多少个取样值?

1-4 假设黑白电视信号的带宽为 5MHz,若按 256 级量化,试计算按无失真取样准则取样时的数据速率。若电视节目按 25 帧/秒发送,则存储一帧黑白电视图像数据需要多大的存储容量。

1-5 简述数字视频信息和信号的特点。

1-6 简述人眼感觉彩色的机理。

1-7 分别简述分量编码和复合编码的优缺点。

1-8 比较逐行扫描和隔行扫描的优缺点。对于相同行数的帧,逐行扫描光栅的最大时间频率与将每帧分成两场的隔行扫描的最大时间频率之间有什么关系?最大垂直频率之间又有什么关系?

1-9 简述为什么计算机监视器要采用比普通电视机更高的帧频和行数。

第 2 章 数字视频处理

2.1 视频信号数字化

2.1.1 模拟视频数字化模型

连续模拟视频信号是无法用计算机进行处理的,也无法进行数字传输或存储,必须经过数字化。数字化处理包括两个方面:取样和量化。数字化过程既可以通过数字摄像机直接对连续场景数字化输出数字视频信号,也可以通过对模拟摄像机得到的连续模拟视频信号进行取样和量化得到。

通常,摄像机获得的外部景物是一个连续的时变图像信号 $f(x,y,\lambda,t)$,即模拟视频信号,为了获得数字序列图像信号(数字视频),需要在时间(t)和空间(x,y)上进行时-空取样和量化,如图 2-1 所示。

图 2-1 模拟视频信号数字化模型

模拟视频信号数字化过程包括:

(1) 对连续时变图像 $f(x,y,\lambda,t)$ 在垂直方向 y(列)和时间方向 t 上进行二维取样(即扫描),得到 x 方向(行)的一维时间函数的模拟视频信号。

(2) 对该模拟信号在水平方向 x 上沿行扫描线取样,得到离散化的三维时-空数字视频信号,如图 2-2 给出了模拟视频信号逐行扫描的三维取样过程。当采用隔行扫描时,每帧图像被分成两场,每帧图像相邻两行的扫描时间间隔为 $\Delta t/2$,每场图像相邻两行相距为 $2\Delta y$,水平取样间隔仍为 Δx,每行的取样点垂直对齐,如图 2-3 所示。

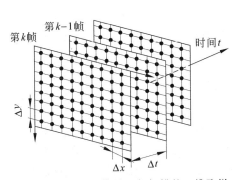

图 2-2 模拟视频信号逐行扫描的三维取样

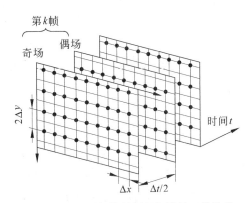

图 2-3 模拟视频信号隔行扫描的三维取样

(3) 对离散化的三维时-空数字视频信号进行量化编码,从而可得到数字化的视频信号。

2.1.2 视频信号取样

模拟视频信号在时空上的离散化称为取样,即将连续模拟视频信号转化为离散的数字信号,以便进行量化处理。为了满足不同的应用需求,需要寻求最佳的取样模式,以实现无失真(或失真很小)地恢复原视频信号。由于一维取样是二维取样的基础,因此下面首先介绍一维取样。

1. 一维取样

1) 一维取样定理

所谓取样,就是在一系列离散点上对连续模拟信号抽取样值的过程,输出的取样信号(取样序列)$f_T(t)$可以表示为原始模拟信号$f(t)$与一个周期性的取样脉冲$s_T(t)$相乘的积,即

$$f_T(t) = f(t) \cdot s_T(t) \tag{2-1}$$

取样定理是模拟信号数字化的理论基础。一维取样定理指出:一个随时间变化的模拟信号的频率为$|f| \leqslant f_m$,f_m为低通模拟信号的最高频率。如果取样频率满足$f_s \geqslant f_m$,则$f(t)$可以由取样序列唯一确定。即可通过截止频率为f_m的理想低通滤波器由取样信号准确地恢复出原始模拟信号。$T_s = 1/f_s$为取样的最大间隔,称为奈奎斯特间隔。

2) 理想取样

理想情况下,取样脉冲$s_T(t)$是周期为T_s的单位冲激序列$\delta_T(t)$,即$\delta_T(t) = \sum_{n=-\infty}^{\infty} \delta(t - nT_s)$。取样信号为

$$f_T(t) = f(t) \cdot s_T(t) = f(t) \cdot \delta_T(t) = \sum_{n=-\infty}^{\infty} f(t)\delta(t - nT_s) = \sum_{n=-\infty}^{\infty} f(nT_s)\delta(t - nT_s) \tag{2-2}$$

根据傅里叶变换的频域卷积性质,有$f(t) \cdot \delta_T(t) \xrightarrow{FT} F(f) * \Delta_T(f)$,$f_T(t)$的傅里叶变换$F_T(f)$为

$$F_T(f) = F(f) * \Delta_T(f) \tag{2-3}$$

式中,$F(f)$为$f(t)$的傅里叶变换;$\Delta_T(f)$为$\delta_T(t)$的傅里叶变换,即$\Delta_T(f) = \frac{1}{T_s}\sum_{n=-\infty}^{\infty}\delta(f - nf_s)$。

$$F_T(f) = F(f) * \frac{1}{T_s}\sum_{n=-\infty}^{\infty}\delta(f - nf_s) = \frac{1}{T_s}\sum_{n=-\infty}^{\infty}F(f - nf_s) \tag{2-4}$$

其中,$F(f - nf_s)$为$F(f)$平移nf_s的结果。式(2-4)表明:

(1) 取样信号$f_T(t)$的频谱$F_T(f)$与原信号$f(t)$的频谱$F(f)$只差一个常数因子$1/T_s$;

(2) 取样信号$f_T(t)$的频谱$F_T(f)$是无数个频率间隔为f_s的原信号$f(t)$频谱$F(f)$的叠加;

(3) 如果取样频率间隔$f_s \geqslant 2f_m$,则$F_T(f)$中包含的每个原信号频谱$F(f)$之间互不重叠,这样就能采用理想低通滤波器无失真地从$F_T(f)$中分离出原信号$f(t)$的频谱$F(f)$,并

能容易地从 $F(f)$ 中得到 $f(t)$，即能从取样信号中完全恢复原信号；

（4）理想低通滤波器的传输函数为

$$H(f) = \begin{cases} T_s & |f| < f_m \\ 0 & \text{其他} \end{cases} \tag{2-5}$$

上述取样过程如图 2-4 所示。

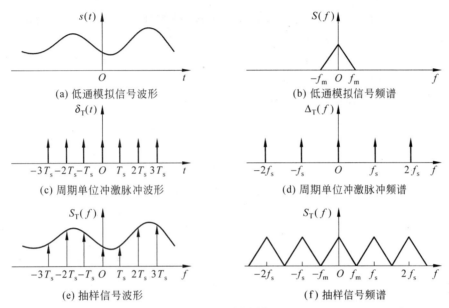

图 2-4 理想取样

3) 取样频率选取

如果取样频率间隔 $f_s < 2f_m$，则 $F_T(f)$ 中包含的每个原信号频谱 $F(f)$ 之间相互重叠，如图 2-5 所示，此时不可能无失真恢复原信号。

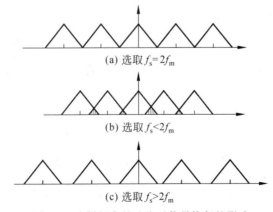

图 2-5 取样频率的选取对信号恢复的影响

2. 二维取样

1) 二维取样定理

在矩形坐标上进行均匀取样（简称矩形取样）（如图 2-6 所示），可得到二维取样定理：

若二维连续信号 $f(x,y)$ 的空间频率 u 和 v 分别限制在 $|u|\leqslant U_m$、$|v|\leqslant V_m$，U_m、V_m 为最高空间频率，则只要取样周期 Δx、Δy 满足 $\Delta x\leqslant \dfrac{1}{2U_m}$ 和 $\Delta y\leqslant \dfrac{1}{2V_m}$，就可以准确地由取样信号恢复原始信号。

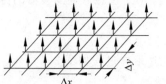

图 2-6 二维取样

2) 取样函数

对于二维取样来说，取样函数的选取能有效地减少取样点数。目前，常用的取样函数有正方形、菱形和六边形网格。正方形和菱形网格取样函数比较简单，应用广；六边形网格取样函数可在相同恢复效果下减少约 13.4% 的取样点数。

用狄拉克函数表示的正方形和菱形网格取样函数分别为

$$s(x,y)=\sum_m\sum_n\delta(x-m\Delta x,y-n\Delta y) \tag{2-6}$$

$$s(x,y)=\sum_m\sum_n\delta(x-m\Delta x-\frac{1}{2}m\Delta x,y-n\Delta y) \tag{2-7}$$

式中，Δx、Δy 分别表示水平方向和垂直方向的取样间隔。对应的冲激取样函数如图 2-7 所示。

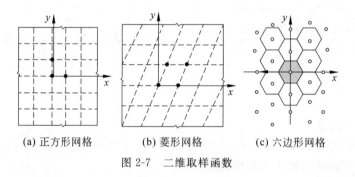

(a) 正方形网格　　(b) 菱形网格　　(c) 六边形网格

图 2-7 二维取样函数

3) 二维取样

假定一个二维模拟信号 $f(x,y)$，其中 $x\in[0,X]$，$y\in[0,Y]$，取样间隔为 Δx、Δy，则沿 x 方向和 y 方向取样可得到一个 $M\times N$ 的实数矩阵，其中 $M=\dfrac{X}{\Delta x}$，$N=\dfrac{Y}{\Delta y}$。假定取样函数为正方形网格，则取样信号为

$$\begin{aligned}f_s(x,y)&=f(x,y)\cdot\sum_m\sum_n\delta(x-m\Delta x,y-n\Delta y)\\&=\sum_m\sum_n f(m\Delta x,n\Delta y)\delta(x-m\Delta x,y-n\Delta y)\end{aligned} \tag{2-8}$$

二维取样函数 $s(x,y)=\sum_m\sum_n\delta(x-m\Delta x,y-n\Delta y)$ 的傅里叶变换 $S(u,v)$ 为

$$S(u,v)=\frac{1}{\Delta x}\frac{1}{\Delta y}\sum_m\sum_n\delta\left(u-m\frac{1}{\Delta x},v-n\frac{1}{\Delta y}\right) \tag{2-9}$$

根据傅里叶变换性质，有 $f_s(x,y)=f(x,y)\cdot s(x,y)\xrightarrow{\text{FT}}F(u,v)*S(u,v)$，取样信号 $f_s(x,y)$ 的傅里叶变换 $F_s(u,v)$ 为

$$F_s(u,v) = \frac{1}{\Delta x}\frac{1}{\Delta y}\sum_m\sum_n F\left(u - m\frac{1}{\Delta x}, v - n\frac{1}{\Delta y}\right) \qquad (2\text{-}10)$$

式中，$F(u,v)$ 是 $f(x,y)$ 的傅里叶变换。式(2-10)表明：取样信号 $f_s(x,y)$ 傅里叶变换 $F_s(u,v)$ 的空间频谱是 $F(u,v)$ 沿 u,v 方向以 $m\frac{1}{\Delta x}, n\frac{1}{\Delta y}$ 周期延拓而得到的。

若取样周期 Δx、Δy 满足 $\Delta x \leqslant \frac{1}{2U_m}$ 和 $\Delta y \leqslant \frac{1}{2V_m}$，就可以使用一个理想低通滤波器准确地由取样信号 $f_s(x,y)$ 无失真地恢复出原始信号 $f(x,y)$。理想低通滤波器的传输函数为

$$H(u,v) = \begin{cases} \Delta x \Delta y & u \leqslant U_m, v \leqslant V_m \\ 0 & \text{其他} \end{cases} \qquad (2\text{-}11)$$

3. 取样失真

1）混叠失真

若取样周期 Δx、Δy 不满足 $\Delta x \leqslant \frac{1}{2U_m}$ 和 $\Delta y \leqslant \frac{1}{2V_m}$（即欠取样）时，则相邻周期的频谱将会发生重叠，称为混叠，从而会丢失一部分频率分量，恢复信号时就会产生混叠失真。

混叠失真是模拟信号取样中一个应注意的重要问题。理论上讲，如果已知模拟信号的最高频率，则可以采用过取样或奈奎斯特取样来防止出现混叠。如果不知道模拟信号的最高频率，则需要先用一个已知截止频率的低通滤波器进行预滤波，限制其高频成分，然后再进行过取样或奈奎斯特取样。

2）孔径失真

在实际取样过程中，理想的狄拉克函数是不可能获得的，通常取样脉冲总是存在一定的脉冲宽度，从而使信号的某些高频成分损失，导致信号恢复产生误差和模糊，这种现象称为孔径失真。孔径效应对信号的影响相当于一个低通滤波器的作用，尽管会产生信号模糊，但对防止混叠失真是有好处的。

3）其他噪声

取样过程中会产生多种噪声，例如由滤波器传输特性并非理想陡峭而产生的插入噪声，由同步时钟相位抖动引起的抖动噪声等。

2.1.3 图像量化

1. 概述

通常，量化有两种用途。一是将模拟信号转换为数字信号，以便进行数字处理和传输；二是用于数据压缩，例如矢量量化等。

经过取样后得到的取样信号是在幅度上仍然是连续变化的。取样值（简称样值）有无限多种可能的幅度值，必须经过量化将其转换成幅度离散的数字信号，即量化就是将无限级的信号幅度变换为有限级的数码表示，用某个特定的量化电平值代替取样信号的幅度值。

量化器的功能是按照一定的量化规则对取样信号的幅度值作近似表示，使量化器输出的幅度值的大小为有限个数。由于以有限个离散值近似表示无限个连续值，因此模拟信号经过量化后会产生量化误差，由此产生的失真称为量化失真（或量化噪声）。在数字信号压缩编码中，量化失真是失真的主要来源。由于量化器输入的模拟随机图像，因此量化误差也是一个随机信号。

按量化时考虑取样点量化相互间的相关性分,量化器可分为无记忆量化和有记忆量化。无记忆量化是指对各取样点独立地进行量化,而有记忆量化则要考虑前面的取样点;按量化级步长是否均匀,量化器可分为均匀量化和非均匀量化。均匀量化的量化步长保持一致,非均匀量化的量化步长不一致;按量化对称性可分为对称量化和非对称量化;按量化是对一个取样点还是多个取样点,量化器可分为标量量化和矢量量化,标量量化每次只对一个取样点独立地进行量化,矢量量化则是以 k 个取样点为一组(或一个矢量),用 n 个比特来表示矢量。与标量量化相比,矢量量化充分地利用了各个取样点之间相关性,能有效地压缩视频信号。

2. 标量量化

设 f 为时间离散、幅度连续的取样信号,其最小值为 $f_{\min}$,最大值为 $f_{\max}$,将动态变化范围 $[f_{\min}, f_{\max}]$ 分成 L 个间隔,分割点为 $z_i(i=0,1,2,\cdots,L)$ 称为判决电平。位于 $[z_i, z_{i+1}]$ 的任何值 f 都用量化电平 g_i 代替,如图 2-8 所示,即量化器可表示为

$$Q(f) = g_i \quad i=0,1,2,\cdots,L-1, \quad f \in [z_i, z_{i+1}] \tag{2-12}$$

显然,L 个量化电平需要用 $R = \log_2 L$ 个比特表示,量化层数为 $L = 2^R$。

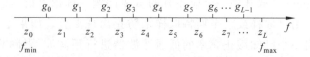

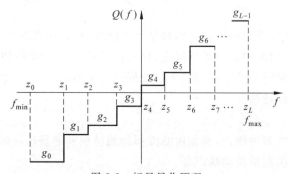

图 2-8 标量量化原理

根据量化失真测度不同,量化器有:均方误差量化器、绝对值误差量化器、加权绝对误差量化器等。目前,最常用的均方误差量化器,即

$$\sigma_q^2 = E\{|f - Q(f)|^2\} = \sum_{i=0}^{L-1} \int_{z_i}^{z_{i+1}} (f - g_i)^2 p(f) df \tag{2-13}$$

3. 均匀量化

均匀量化器是一种标量量化器,也称为线性量化器,它包含如下两个性质:①量化间隔相等,即 $\Delta = z_i - z_{i-1} = g_i - g_{i-1}$;②量化电平对应于判决电平区间 $[x_i - x_{i-1}]$ 的中值,即 $g_i = (z_i + z_{i-1})/2$。显然有:$g_i = z_{i-1} + \Delta/2, g_i = z_i - \Delta/2$。

设随机变量 f 的概率密度函数为均匀分布,即

$$p(f) = \begin{cases} 1/B & f \in (f_{\min}, f_{\max}) \\ 0 & 其他 \end{cases}$$

式中，$B = f_{\max} - f_{\min}$。则当量化层数足够多或量化间隔足够小时，均匀量化器的均方误差为

$$\sigma_q^2 = E\{|f - Q(f)|^2\} = \sum_{i=0}^{L-1} \int_{z_i}^{z_{i+1}} (f - g_i)^2 p(f) \mathrm{d}f = \frac{\Delta^2}{12} = \frac{1}{12} \frac{B^2}{L^2} = \frac{1}{12} B^2 \cdot 2^{-2R}$$

(2-14)

式(2-14)表明，均匀量化的量化分层数 L 越多(或量化比特数 R 越大)，则量化误差就越小，但编码所需的比特数就越多。

4. 最佳量化

在量化过程中，使量化误差最小的量化器称为最佳量化器。为此可对式 $\sigma_q^2 = E\{|f - Q(f)|^2\} = \sum_{i=0}^{L-1} \int_{z_i}^{z_{i+1}} (f - g_i)^2 p(f) \mathrm{d}f$ 通过求极值的方法来得到最佳量化的判决电平和量化电平。

$$\frac{\partial \sigma_q^2}{\partial z_i} = \frac{\partial}{\partial z_i} \left[\int_{z_{i-1}}^{z_i} (f - g_{i-1})^2 p(f) \mathrm{d}f + \int_{z_i}^{z_{i+1}} (f - g_i) p(f) \mathrm{d}f \right] = 0 \quad (2\text{-}15)$$

当量化层数足够大(即量化间隔很小)时，每个判决层中的概率密度函数 $p(f)$ 可以认为是一个常数，即上式可简化为

$$\frac{\partial \sigma_q^2}{\partial z_i} = (z_i - g_{i-1})^2 p(z_i) - (z_i - g_i) p(z_i) = 0 \quad (2\text{-}16)$$

$$\frac{\partial \sigma_q^2}{\partial g_i} = \frac{\partial}{\partial g_i} \left[\int_{z_i}^{z_{i+1}} (f - g_i)^2 p(f) \mathrm{d}f \right] = -\int_{z_i}^{z_{i+1}} 2(f - g_i) p(f) \mathrm{d}f = 0 \quad (2\text{-}17)$$

由上面二式，可得到最佳量化的判决电平和量化电平为

$$z_i = \frac{g_{i-1} + g_i}{2} \quad i = 1, 2, \cdots, L-1 \quad (2\text{-}18)$$

$$g_i = \frac{\int_{z_i}^{z_{i+1}} f p(f) \mathrm{d}f}{\int_{z_i}^{z_{i+1}} p(f) \mathrm{d}f} \quad i = 1, 2, \cdots, L-1 \quad (2\text{-}19)$$

上面二式表明，最佳量化的判决电平位于两量化电平的中心(中值)，量化电平位于两判决电平的质心。显然，当 $p(f)$ 为常数(即均匀量化)时，有：$g_i = (z_i + z_{i+1})/2$，$z_i = (g_{i-1} + g_i)/2$，可见均匀量化是最佳量化的特例。

显然，求解最佳量化判决电平和量化电平的过程并不简单，通常采用迭代计算来得到近似解。迭代计算思想如下：

(1) 先任选一 g_0，代入到式(2-18)求出 z_1；

(2) 根据式(2-19)求出 $g_1 = (2z_1 - g_0)$；

(3) 以此类推，求出其他电平；

(4) 检验最后求出的 z_L 是否与原先的一致，如果不一致，则重新设定一个新的 g_0，再次尝试求解。

5. 矢量量化

1) 基本原理

矢量量化(VQ)既有将时间离散、幅度连续的取样信号转化为时间离散、幅度离散的数字信号的功能，即将一组 K 个取样点(矢量维数为 K)用 $\log_2 N$ 个比特的码矢(也称为码矢)

索引来表示，N 为码书大小；更能实现数据的高效压缩编码，即矢量量化器输出的数据比特数（$\log_2 N$）要少于标量量化器输出的数据比特数（$K \times R$），R 为标量量化时每个取样值的比特数，也就是 $\log_2 N$ 小于 $K \times R$。同时，矢量量化的思想和方法对模式识别的研究具有重要的意义。

矢量量化器包括编码器和解码器，如图 2-9 所示。矢量量化主要过程是：

（1）在发送端，对于一个输入矢量 X，矢量量化编码器根据一定的失真测度在码书中搜索出与输入矢量最匹配的码矢 Y_i；

（2）该码矢的索引 i（码矢地址）通过信道传送到接收端；

（3）在接收端，假定信道无误码，根据接收到的码索引 i 在码书（与发送端相同）中查找该码矢 Y_i，并将它作为输入矢量 X 的重构矢量 X'。显然，信道无误码时有 $X' = Y_i$。

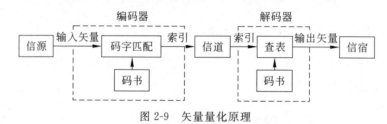

图 2-9 矢量量化原理

矢量量化的理论基础是香农的率失真理论。香农的信道容量定理指出：只要率失真函数 $R(D)$ 不超过信道容量就能保证接收端的失真不超过给定值 D。$R(D)$ 定义为给定失真 D 的条件下所能达到的最小编码速率。根据香农的率失真理论，利用矢量量化来代替标量量化，在理论上可以得到更好的编码性能（即更高的压缩比和更小的量化失真）。实现的途径是增大码矢的数量和矢量的维数。

2）失真测度

矢量量化编码过程实质上是输入矢量与码书码矢的匹配过程，即 $Y = Q(X)$。模式匹配是在一定失真测度下进行的。失真测度 $d(X, Y)$ 表征输入矢量 X 与重构矢量 Y 之间的失真（差异）。假定 X, Y 为 K 维欧几里得空间中的二个矢量，则失真测度 $d(X, Y)$ 应满足下面的性质。

- 正定性：$0 \leq d(X, Y) < \infty$；当且仅当 $X = Y$ 时 $d(X, Y) = 0$。
- 对称性：$d(X, Y) = d(Y, X)$。

矢量量化常用的失真测度主要有：平方误差测度、均方误差测度和加权平方误差测度等。

（1）平方误差测度也称为平方欧几里得距离，定义为

$$d(X, Y) = \| X - Y \|^2 = \sum_{i=0}^{K-1}(x_i - y_i)^2 \tag{2-20}$$

（2）均方误差测度是一种比较常用的失真测度，定义为

$$d(X, Y) = E[d(X, Y)] = E\left[\sum_{i=0}^{K-1}(x_i - y_i)^2\right] \tag{2-21}$$

（3）加权平方误差测度也称为二次型失真测度，定义为

$$d(\boldsymbol{X},\boldsymbol{Y}) = (\boldsymbol{X}-\boldsymbol{Y})^T \boldsymbol{W}(\boldsymbol{X}-\boldsymbol{Y}) = \sum_{j=0}^{K-1}\sum_{i=0}^{K-1} w_{ij}(x_i - y_i)(x_j - y_j) \quad (2\text{-}22)$$

式中,$\boldsymbol{W}=\{w_{ij}\}$ 为正定对称矩阵。当 $\boldsymbol{W}$ 为单位矩阵 $\boldsymbol{I}$ 时,加权平方误差测度就变为平方误差测度。当 $\boldsymbol{W}$ 为对角矩阵且 $w_{ij}>0$ 时,可得广义的平方误差测度,即

$$d(\boldsymbol{X},\boldsymbol{Y}) = \sum_{i=0}^{K-1} w_{ii}(x_i - y_i)^2 \quad (2\text{-}23)$$

3) LBG 算法

矢量量化的核心问题是如何设计出性能好的码书。码书设计就是通过对样本矢量集(也称为训练矢量集)进行训练来获得一个与信源匹配的码矢集(即码书)。假定码书大小为 N 个码矢,训练矢量数为 M,矢量量化的目的是生成 $N(N<M)$ 个码矢的码书。码书设计过程包括:最佳划分(最近邻条件)和最佳码书(质心条件)。目前,码书设计算法是一个需要进一步探索的课题。1980 年,Linde、Buzo 和 Gray 将最佳标量量化算法推广到矢量量化,提出了第一个矢量量化码书算法——LBG 算法。

设训练矢量集 $X=\{\boldsymbol{X}_0, \boldsymbol{X}_1, \cdots, \boldsymbol{X}_{M-1}\}$,LBG 算法步骤如下:

步骤 1:采用随机选择法或分裂法得到初始码书 $C^{(0)}=\{\boldsymbol{Y}_0^{(0)}, \boldsymbol{Y}_1^{(0)}, \cdots, \boldsymbol{Y}_{N-1}^{(0)}\}$,设置迭代次数 $n=0$,平均失真 $D^{(-1)} \to \infty$,给定相对误差门限 $\varepsilon(0<\varepsilon<1)$。

步骤 2:用码书 $C^{(n)}=\{\boldsymbol{Y}_0^{(n)}, \boldsymbol{Y}_1^{(n)}, \cdots, \boldsymbol{Y}_{N-1}^{(n)}\}$ 中的各码矢作为质心,把训练矢量集 X 划分为 N 个胞腔 $\{\boldsymbol{R}_0^{(n)}, \boldsymbol{R}_1^{(n)}, \cdots, \boldsymbol{R}_{N-1}^{(n)}\}$,其中 $\boldsymbol{R}_i$ 满足

$$\boldsymbol{R}_i = \{\boldsymbol{V} \mid d(\boldsymbol{V},\boldsymbol{Y}) = \min_{0 \leqslant j \leqslant N-1} d(\boldsymbol{V},\boldsymbol{Y}_j), \boldsymbol{V} \in X\} \quad (2\text{-}24)$$

步骤 3:计算平均失真

$$D^{(n)} = \frac{1}{M}\sum_{i=0}^{M-1} \min_{0 \leqslant j \leqslant N-1} d(\boldsymbol{X}_i, \boldsymbol{Y}_j^{(n)}) \quad (2\text{-}25)$$

若 $\dfrac{D^{(n-1)} - D^{(n)}}{D^{(n)}} \leqslant \varepsilon$,则停止算法,码书 $C^{(n)}=\{\boldsymbol{Y}_0^{(n)}, \boldsymbol{Y}_1^{(n)}, \cdots, \boldsymbol{Y}_{N-1}^{(n)}\}$ 就是所求的码书;否则执行步骤 4。

步骤 4:计算各胞腔的质心,即

$$\boldsymbol{Y}_i^{(n+1)} = \frac{1}{\|\boldsymbol{R}_i^{(n)}\|} \sum_{\boldsymbol{V} \in \boldsymbol{R}_i^{(n)}} \boldsymbol{V} \quad (2\text{-}26)$$

由此 N 个新质心 $\boldsymbol{Y}_i^{(n+1)}, i=0,1,\cdots,N-1$ 形成新码书 $C^{(n+1)}=\{\boldsymbol{Y}_0^{(n+1)}, \boldsymbol{Y}_1^{(n+1)}, \cdots, \boldsymbol{Y}_{N-1}^{(n+1)}\}$;设置 $n=n+1$,转到步骤 2。

4) SOM 算法

LBG 算法存在三个主要缺点:

(1) 最佳划分计算繁琐,运算量大;

(2) 初始码书的选择对码书性能和收敛速度影响较大;

(3) 码书的自适应能力不强。为此,近年来人们利用神经网络理论和模糊理论,对码书的设计算法进行了深入的研究,提出了一些比 LBG 算法性能更优的算法,例如自组织特征映射(SOM)算法、竞争学习算法、模糊竞争学习算法等。SOM 算法步骤如下:

步骤 1:设置自组织神经网络大小为 (N,K),其中,N 为码书大小,K 为每个码矢的大小。选定训练矢量集 $\{\boldsymbol{X}_i, i=0,1,\cdots,M-1\}$,其中 M 为训练矢量个数,$\boldsymbol{X}_i$ 也为 K 维矢量个

数;设置初始化码书$\{Y_0^{(0)}, Y_1^{(0)}, \cdots, Y_{N-1}^{(0)}\}$;设置每个码矢的初始邻域 $NE_j^{(n)} = 0, 1, \cdots, N-1$。设置迭代次数 $n=0$。

步骤 2:输入一个新的训练矢量 X_i。

步骤 3:按某种失真准则,分别计算训练矢量与码书中各码矢的失真 $D_j^{(n)}$,选择具有最小失真的码矢 j^*,即

$$D_{j^*}^{(n)} = \min_{0 \leqslant j \leqslant N-1} D_j^{(n)} \tag{2-27}$$

步骤 4:按下式调整码矢 j^* 及 j^* 的拓扑邻域 $NE_{j^*}^{(n)}$ 内的码矢,即

$$Y_j^{(n+1)} = \begin{cases} Y_j^{(n)} + \alpha(n)[X_i - Y_j^{(n)}] & j \in j^*, NE_{j^*}^{(n)} \\ Y_j^{(n)} & \text{其他} \end{cases} \tag{2-28}$$

式中 n 为迭代次数,$NE_{j^*}^{(n)}$ 为整数,其大小由

$$NE_{j^*}^{(n)} = A_0 + A_1 e^{-n/T_1} \tag{2-29}$$

确定。其中 A_0 为码矢 j^* 的最小邻域,A_1 为码矢 j^* 的最大邻域;T_1 为衰减常数,即邻域 $NE_j^{(n)}$ 大小随迭代次数(即训练时间)的增大而减小。

$\alpha(n)$ 为学习速度,它反映了码矢分量变化调整的幅度。理论上讲,$\alpha(n)$ 越小,经过长时间的训练学习后,系统平均误差函数能够达到极小值,此时得到的码书称为最佳码书。显然,$\alpha(n)$ 越小,收敛速度就越慢,学习训练所需的时间越长。$\alpha(n)$ 通常可采用

$$\alpha(n) = A_2 e^{-n/T_2} \tag{2-30}$$

式中 A_2 为训练开始时的最大学习速度,T_2 为衰减常数。

步骤 5:返回步骤 2,直到训练完所有的训练矢量。

5) 初始码书

常用的初始码书算法有随机选择法和分裂法。

所谓随机选择法是直接从训练矢量集中随机选择 N 个训练矢量作为初始码矢来构成初始码书。随机选择法的优点是不需要进行复杂的初始化计算,缺点是可能会选择到一些非典型的训练矢量作码矢,导致码书中的有些码矢得不到充分利用,码书的性能可能比较差。

分裂法也由 Linde、Buzo 和 Gray 提出,其具体步骤如下:

步骤 1:计算所有训练矢量的质心 $Y_0^{(0)} = \frac{1}{M} \sum_{j=0}^{M-1} X_j$。

步骤 2:选用合适的参数 A 乘以码矢 $Y_0^{(0)}$,得到第 2 个码矢 $Y_1^{(0)}$。

步骤 3:以 $Y_0^{(0)}$ 和 $Y_1^{(0)}$ 为初始码矢,使用 LBG 算法设计仅含 2 个码矢的码书 $C_2^{(n)} = \{Y_0^{(n)}, Y_1^{(n)}\}$。

步骤 4:选定合适的参数 B 分别乘以 $C_2^{(n)}$ 中的 $Y_0^{(n)}$ 和 $Y_1^{(n)}$,得到 4 个码矢 $Y_0^{(n)}$、$Y_1^{(n)}$、$BY_0^{(n)}$、$BY_1^{(n)}$。

步骤 5:以 $Y_0^{(n)}$、$Y_1^{(n)}$、$BY_0^{(n)}$、$BY_1^{(n)}$ 为初始码矢,使用 LBG 算法设计仅含 4 个码矢的码书,再对设计好的 4 个码矢乘以合适的系数,进一步扩大码矢数目。如此反复,经过 $\log_2 N$ 设计,就能得到所要求的含 N 个码矢的初始码书。

6) 码矢搜索

矢量量化码矢搜索算法是指在给定码书情况下,在码书中搜索与输入码矢之间失真最小

(即匹配)的码矢。假定包含 N 个码矢的码书为 $C=\{Y_0,Y_1,\cdots,Y_{N-1}\}$，失真测度为 $d(X,Y_i)$，则码矢搜索算法就是从码书中找到码矢 Y_p，使 $d(X,Y_P)=\min\limits_{0\leqslant j\leqslant N-1} d(X,Y_i)$。

码矢搜索算法主要有全搜索算法及其改进算法。全搜索算法是计算输入矢量与码书中所有码矢之间的失真，通过比较找到最小失真的码矢作为输入矢量的重构矢量。采用码矢搜索算法的矢量量化器称为标准量化器。若采用平方误差测度，对于 K 维矢量，每次矢量计算需要 K 次乘法、$2K-1$ 次加法。对矢量 X 进行全搜索需要 NK 乘法、$N(2K-1)$ 加法和 $N-1$ 次比较。显然，计算复杂度由码书大小 N 和矢量维数 K 决定。当 N、K 很大时，计算复杂度将会很大。因此，需要研究快速搜索算法来减少计算复杂度，以便于硬件实现。

2.2 视频编码基础

2.2.1 概述

数字视频既可以由对模拟视频信号(由模拟摄像机获取)进行数字化处理得到，也可以直接由数字摄像机获取。一方面，数字视频的数据量非常大，例如一路 NTSC 制的数字电视(DTV)的信息速率高达 216Mbps，1GB 容量的存储器也只能存储不到 10 秒钟的数字视频图像。如果不进行压缩，要进行传输(特别是实时传输)和存储几乎是不可能的，因此视频压缩编码无论在视频通信还是视频存储中都有着极其重要的意义。视频编码的目的就是在确保视频质量的前提下，尽可能地减少视频序列的数据量，以便更经济地在给定的信道上传输实时视频信息或者在给定的存储容量中存放更多的视频图像。

另一方面，研究表明，原始视频数据表示存在着大量的冗余，这使得我们可以通过特定的编码方法去除冗余信息达到压缩视频数据量的目的。原始视频数据中的冗余主要有空间冗余、时间冗余、结构冗余、知识冗余和视觉冗余等。

视频编码器可以看作是一个通过对视频信源模型参数编码来描述视频信源的系统，编码过程可以分为两步：

(1) 把原始视频数据变成视频信源模型的参数；

(2) 把码字分配给这些参数。显然，信源模型的建立决定了编码器使用的方法和性能。

近年来，视频编码理论和技术发展很快。第一代视频编码方法(也称为基于波形的编码方法)把视频信源看作样点存在时间和空间相关性的图像序列，其信源模型参数就是图像帧的亮度、色度数据。第一代编码的主要方法有：预测编码、变换编码和基于块的混合编码等，利用了视频数据存在的时间冗余、空间冗余和少部分的视觉冗余。这是相当成熟的方法，目前国际上流行的视频编码标准主要采用第一代编码方法。第二代方法(也称之为基于内容的编码方法)把信源看作是由不同的物体组合而成的图像序列，其模型参数是这些物体的形状、纹理、运动和颜色。第二代视频编码方法主要采用分析合成编码、基于知识的编码、模式编码、视觉编码和语义编码等。与第一代视频编码方法相比，第二代视频编码方法能最大限度地利用视频数据存在的冗余，获取更好的编码性能。这是当前视频编码的研究热点和难点。由此可见，第一代视频编码方法的注意力主要集中于编码过程的第二步(即码字分配)，而第二代视频编码方法则主要研究编码过程的第一步(即如何建立信源模型)。

根据恢复视频的保真度，可以把视频编码方法分成无失真编码和限失真编码两类。无失真编码能够精确的恢复原始视频数据,其编码方法主要有:霍夫曼编码、算术编码和游程编码等。限失真编码方法则会引入失真,但只要失真对人眼来说不明显即可,其编码方法主要有:变换编码、预测编码和基于内容的编码等。

本章将介绍视频编码的理论基础、视频系统的组成、视频编码系统的性能评价以及无失真压缩编码的方法。

2.2.2 视频编码理论基础

视频数据之所以能被压缩,是因为在视频数据中存在着大量的冗余信息。视频数据主要存在下列冗余:

(1) 空间冗余,同一帧图像中相邻的像素具有很强的相关性。

(2) 时间冗余,图像序列中相邻帧的对应像素具有很强的相关性。

(3) 结构冗余,在视频图像的纹理区,像素的亮、色度信息存在着明显的分布模式,如果知道了分布模式,就可以通过某种算法来生成图像。即存在结构冗余。

(4) 知识冗余,指视频图像中所包含的某些信息与人们的一些先验知识有关,例如在头肩图像中,头、眼、鼻和嘴的相对位置等信息就是人类的共性知识。

(5) 视觉冗余,研究发现人眼的视觉特性是非均匀和非线性的。例如人眼对视频图像色度的敏感性远低于对亮度的敏感性,对低频信息的敏感度高于对高频信息的敏感度等。在很多场合,人眼是视频信息的最终接收者,因此,可以对人眼不敏感的信息少编码甚至不编码以压缩数据量。

数据压缩的理论基础是香农的信息论,它一方面给出了数据压缩的理论极限,另一方面给出了数据压缩的技术途径。

1. 无失真编码理论基础

在信息论中,信息由一系列随机变量所代表,它们可用随机出现的符号来表示,称输出这些符号的源为信源。如果信源输出的符号取值于一连续区间,则称该信源为连续信源;如果其输出符号取值于一离散集合,则称为离散信源。这里仅讨论离散信源。

如果信源当前输出符号与以前输出的符号没有关系,即信源输出的各个随机变量相互独立,则称该信源为无记忆信源,否则为有记忆信源。

1) 离散随机变量的熵

设一个离散随机变量 X,其取值集合为有限符号集合 $\{S_n\}$,符号集中符号 S_i 出现的概率为 P_i,则符号 S_i 的自信息量定义为

$$I(S_i) = -\log_2 P_i \tag{2-31}$$

所谓自信息量,就是该符号取值不确定所携带的信息量。符号出现的概率越大,其自信息量越小,符号出现的概率越小,其自信息量越大。这是符合逻辑的,越是罕见的事情,能带来的信息量越大,必然发生的事情则不能带来任何信息。

离散随机变量 X 的熵定义为其符号集中每个符号自信息量的概率平均值:

$$H(X) = -\sum_i P_i \log_2(P_i) \tag{2-32}$$

$H(X)$ 总是非负的,这是因为 $0 \leqslant P_i \leqslant 1$;当所有符号等概(均为 $1/n$)时,其熵为 $H(X)_{max} = \log_2 n$。

熵是随机变量不确定性的测度。它取决于随机变量的概率分布,与具体符号是什么无关。当符号集中所有符号概率相等时,此随机变量的不确定性最大。熵表征了离散随机变量 X 的平均信息量。

设有两个离散随机变量 X、Y,X 取自符号集 $A = \{a_1, a_2, \cdots, a_m\}$,$Y$ 取自符号集 $B = \{b_1, b_2, \cdots, b_n\}$,则 X、Y 的联合熵定义为

$$H(X,Y) = -\sum_{i=1}^{m}\sum_{j=1}^{n} P(a_i,b_j)\log_2 P(a_i,b_j) \tag{2-33}$$

显然,$H(X,Y)$ 代表一组符号 (a_i, b_j) 所含的平均信息量。

而在给定 b_j 的条件下,X 的条件熵定义为

$$H(X/b_j) = -\sum_{i=1}^{m} P(a_i/b_j)\log_2 P(a_i/b_j) \tag{2-34}$$

在给定 Y 的条件下,X 的条件熵定义为

$$H(X/Y) = \sum_{j=1}^{n} P(b_j) H(X/b_j) = -\sum_{i=1}^{m}\sum_{j=1}^{n} P(b_j) P(a_i/b_j)\log_2 P(a_i/b_j)$$

$$= -\sum_{i=1}^{m}\sum_{j=1}^{n} P(a_i,b_j)\log_2 P(a_i/b_j) \tag{2-35}$$

条件熵 $H(X/Y)$ 给出了在已知 Y 的情况下,X 所含的平均自信息量。类似可以给出 $H(Y/X)$ 的定义。

互信息的定义为

$$I(X,Y) = -\sum_{i=1}^{m}\sum_{j=1}^{n} P(a_i,b_j)\log_2 \frac{P(a_i,b_j)}{P(a_i)P(b_j)} \tag{2-36}$$

在编解码系统中,若发端(编码器)的符号是 X,而接端的符号是 Y,互信息量 $I(X,Y)$ 就是接收端(解码器)收到 Y 后所能获得的 X 的信息。若干扰(或失真)很大,Y 基本上与 X 无关,或说 X 和 Y 相互独立,此时就收不到任何关于 X 的信息(或解码器不能正确解码);反之,若没有干扰,Y 是 X 的确知一一对应函数,即能完全地收到 X 的信息 $H(X)$。$I(X,Y)$ 表示在有扰(或失真)离散信道(或编码信道)上能传输的平均信息量。

熵、联合熵、条件熵、互信息之间的关系为

$$H(X,Y) = H(X) + H(Y/X) = H(Y) + H(X/Y) \tag{2-37}$$

$$I(X,Y) = I(Y,X) \geqslant 0 \tag{2-38}$$

$$I(X,Y) = H(X) - H(X/Y) = H(Y) - H(Y/X) \tag{2-39}$$

$$I(X,Y) = H(X) + H(Y) - H(X,Y) \tag{2-40}$$

$$I(X,X) = H(X) = H(X,X) \tag{2-41}$$

其中,$H(X)$ 为符号集合 X 的熵(或不确定度);$H(X/Y)$ 为当 Y 已知时 X 的条件熵(或不确定度);$H(Y/X)$ 为当 Y 已知时 X 的条件熵(或不确定度)。

2) 信源熵

信源输出的信息由一系列的随机变量所代表,随机变量组成的随机序列的特征代表了信源的特征。

离散信源的 N 阶熵定义为信源输出的相继 N 个随机变量的联合熵,即

$$H_N(S) = H(X_1, X_2, \cdots, X_N) \tag{2-42}$$

当信源为无记忆时，$H_N(S) = NH_1(S)$。

离散信源 S 的 N 阶条件熵定义为给定随机变量 X_{N+1} 前 N 个随机变量取值条件下随机变量 X_{N+1} 的条件熵：

$$H_{C,N}(S) = H(X_{N+1}/X_N, X_{N-1}, \cdots, X_1) \tag{2-43}$$

$\frac{1}{N}H_N(S), H_{C,N}(S)$ 均为 N 的非递增函数，且 $\frac{1}{N}\lim_{N\to\infty}H_N(S)$ 和 $\lim_{N\to\infty}H_{C,N}(S)$ 均存在且相等，信源的极限熵为

$$H_\infty(S) = \frac{1}{N}\lim_{N\to\infty}H_N(S) = \lim_{N\to\infty}H_{C,N}(S) \tag{2-44}$$

极限熵是无损编码所能达到的比特率下限，只有在无穷多个符号一起编码时才可以达到。

两个离散信源 X, Y 之间的 N 阶互信息定义为两个信源各自相继 N 个随机变量组成的两个随机矢量 A, B 的互信息：

$$I_N(X,Y) = -\sum_{i=1}^{m}\sum_{j=1}^{n}P(A_i, B_j)\log_2\frac{P(A_i, B_j)}{P(A_i)P(B_j)} \tag{2-45}$$

在实际应用中，许多信源是多个信源组成联合信源，譬如彩色视频图像信源其实是三个基色信源的联合信源，互信息是联合信源编码的重要理论基础。显然，两个信源之间的互信息越大，二者的相关度就越大；当两个信源的互信息为零时，二者相互独立。考虑到实现的可行性，通常总是先将联合信源的各个信源进行某些处理使之变成互相独立的信源后，再对各个信源的输出进行编码。

3）冗余度

冗余度也称多余度（或剩余度）。顾名思义，冗余度表示给定信源在实际发出消息时所包含的多余信息。冗余度用来衡量信源可压缩特性，其定义为

$$R = L - H(S) \tag{2-46}$$

其中，L 为信源符号平均编码长度，$H(S)$ 为信源的极限熵。冗余度主要来自两个方面，一是信源输出随机序列前后符号间的相关性，相关程度越大，信源的实际熵越小；另一方面是随机变量取值概率的不均匀性，当等概率分布时信源熵最大。而实际应用中的大多数信源都是非均匀分布，使得实际熵减小。当信源输出符号间彼此不存在依赖关系且为等概率分布时，信源实际熵趋于最大熵 $H_0(S)$。

对于一般平稳信源（例如语音、视频图像等），极限熵为 $H_\infty(S)$。$H_\infty(S)$ 就是压缩编码所追求的理论极限。但实际上我们对信源的概率未能完全掌握，只能压缩到 $H_m(S)$，信息效率（或编码效率）η 定义为

$$\eta = \frac{H_\infty(S)}{H_m(S)}$$

其中 $0 \leqslant \eta \leqslant 1$。由此可定义冗余度的另一种表达形式

$$R = 1 - \eta = 1 - \frac{H_\infty(S)}{H_m(S)}$$

很显然，当冗余度为 0 时，符号平均编码码长已经到达极限熵 $H_\infty(S)$，无法再进行无失真压缩，但实际上，这是几乎不可能做到的。假设信源符号有 q 种可能取值，对其概率特性一无所知，合理的假设是：q 种取值是等可能的，因为此时熵取值最大 $\log q$。由统计学知识，

最大熵是合理、最自然、最不带主观性的假设。一旦测得其一维分布，就能计算出 $H_1(S)$，显然 $H_0(S)-H_1(S) \geqslant 0$ 是测定一维分布后获得的信息。同理，测得 m 维分布后获得的信息为 $H_0(S)-H_m(S)$。若能测得所有维分布就可得到 $H_0(S)-H_\infty(S)$。显然，如果对信源了解测量越精确，就能得到更高的编码效率。

例如英文字母有 26 个，加上空格共 27 个符号，其最大熵为

$$H_0(S) = \log_2 27 = 4.76 \text{ 比特/符号}$$

通过对英文中每(十)个符号出现的概率加以统计，得到了表 2-1 所示的数值。

表 2-1 英文字母出现概率

符号	概率 p_i	符号	概率 p_i	符号	概率 p_i	符号	概率 p_i
空格	0.2	I	0.055	C	0.023	B	0.0105
E	0.105	R	0.054	F,U	0.0225	V	0.008
T	0.072	S	0.052	M	0.021	K	0.003
O	0.0654	H	0.047	P	0.0175	X	0.002
A	0.063	D	0.035	Y,W	0.012	J,Q	0.001
N	0.059	L	0.029	G	0.011	Z	0.001

（1）假定英文字母间是离散无记忆的，根据表 2-1 中的概率可得

$$H_0(S) = -\sum_i p_i \log_2 p_i = 4.03 \text{ 比特/符号}$$

（2）若考虑前二个、三个……若干个字母之间存在相关性，则可根据字母出现的条件概率可得

$$H_2(S) = 3.32 \text{ 比特/符号}$$
$$H_3(S) = 3.10 \text{ 比特/符号}$$
$$\vdots$$
$$H_\infty(S) = 1.40 \text{ 比特/符号}$$

由此可求得信息效率和冗余度分别为

$$\eta = \frac{1.40}{4.76} = 0.29$$
$$R = 1 - \eta = 0.71$$

试验表明，如果能充分获得英文字母的概率结构信息，用合理的符号来表达英语，可最大限度地压缩其符号，100 页的英语大约只需要 29 页就可以了。

2. 有损编码理论基础

1）失真测度

在实际视频压缩编码中，很多场合都可以允许一定程度的失真，失真大小可用失真测度来衡量，即失真测度可测度失真的程度。

在视频图像编码中，应用最为广泛的失真准则是均方误差（MSE）准则，其定义如下：

$$\text{MSE} = d(X,Y) = \frac{1}{N} \sum_i \sum_j (x_i - y_j)^2 \tag{2-47}$$

其中，X、Y 是原始图像和编码后恢复的图像，x_i，y_j 分别为原始图像和恢复图像的像素幅度

值,而 N 则为图像中像素的数目。

此外,有时为了计算简便,用平均绝对值误差来代替均方误差,即

$$d(X,Y) = \frac{1}{N}\sum_i\sum_j |x_i - y_j| \tag{2-48}$$

2) 率失真函数

在有损视频压缩编码中,在已经给定失真的条件下,不同的编码方案所能获得的编码比特率(简称码率)显然是不同的。率失真函数 $R(D)$ 定义为在给定失真 D 的情况下,所有编码方案所能达到的码率的最小值。根据信源互信息量的定义,有

$$R(D) = \min I(X,Y) \tag{2-49}$$

其中,X 为原始视频,Y 为编码后恢复的视频。此互信息量的阶数取决于编码方法。

显然,率失真函数与信源统计特性有着密切的关系,信源特性不同,率失真函数也随之变化。当采用均方误差准则且视频信源是正态分布的情况下,率失真函数为

$$R(D) = \begin{cases} \frac{1}{2}\log_2 \frac{\sigma^2}{D} & 0 \leqslant D \leqslant \sigma^2 \\ 0 & D > \sigma^2 \end{cases} \tag{2-50}$$

其中,D 代表允许的均方误差失真,σ^2 是信源输出信号的方差。

由式(2-50)可知,对正态分布信源,方差越小,所需最小码率越小。而当允许失真超过方差时,编码失去意义。

尽管实际中的许多信源都不是正态分布信源,但正态分布信源的率失真函数是最大的,也就是说,式(2-50)的率失真函数给出了采用适当的编码方法时,至少可以达到的理论极限码率。率失真函数并没有给出达到编码比特率下限的具体方法,但是从理论上指明了编码的方向。在允许失真 D 给定的情况下,为了获得更好的编码效率,可通过处理减小待编码视频图像的方差。

2.2.3 视频压缩的途径

表 2-2 给出了根据香农信息理论得到的第一代视频压缩编码的几个主要途径。

表 2-2 第一代视频压缩编码的主要途径

理 论 基 础	编 码 方 法
熵定义	熵编码
$\frac{1}{N}H_N(S)$ 的非递增性	矢量编码
$H_{C,N}(S)$ 的非递增性	条件编码
$I(X,Y) = H(X) + H(Y) - H(X,Y) \geqslant 0$	变换编码
信源方差越小,率失真函数越小	预测编码

离散无记忆信源熵为 $H(S) = -\sum_i P_i \log_2 P_i$,其中 P_i 为某一个符号的概率。显然,$-\sum_i P_i \log_2 P_i \leqslant \sum_i P_i l_i$,当且仅当 $l_i = -\log_2 P_i$ 时取等号。若 l_i 为给概率为 P_i 的符号所编码字的长度,则 $\sum_i P_i l_i$ 就是平均码字长度(即码率),只有当码字长度与符号概率严格匹配(即

$l_i = -\log_2 P_i$)时,码率才能达到信源熵。这就是熵编码,即根据各个符号的自信息量来确定其码字长度的编码方法,也称为统计编码。实际中,$-\log_2 P_i$ 完全是整数的可能性很小,因此熵编码码率很难达到信源熵所提供的下限。不过,对概率大的符号编以短的码字,对概率小的符号编以长的码字的方法还是很有效的。

$\frac{1}{N}H_N(S)$ 代表了把连续 N 个信源输出符号当作一个整体进行编码时表示每个符号所需要的最小比特数,且 $\frac{1}{N}H_N(S)$ 是 N 的非递增函数,由此,可以把信源输出的连续多个符号作为一个整体进行编码,这样便可以获得更好的编码效率,这就是矢量编码。矢量编码的好处是显而易见的,它充分利用了信源输出序列的前后相关性,但即使对于无记忆信源,矢量编码仍有其好处。分组编码中,如果一个符号的自信息量为 $a+\partial$(a 为整数,∂ 为小数),则其码字至少需要 $a+1$ 比特,在概率分布不均匀的情况下,这会造成可观数量的比特浪费。而矢量编码中,即使一个符号组所占码字比特数比其自信息量多一个比特,平均分到每个符号所浪费的比特数变成了 $1/N$,因此码率提高了。矢量编码的缺点是会导致码书规模随编码符号组的长度成指数增长,这给它的实际应用造成了困难。

所谓条件编码,就是根据条件概率来设计码书。具体来说,对于 N 阶条件编码,当前样点的码字取决于前面 N 个样点所形成的模式,这种模式被称为上下文。换句话说,N 阶条件编码对于不同的上下文设计分离的码书。条件编码的码率最小值为条件熵 $H_{C,N}(S)$,根据 $H_{C,N}(S)$ 的非递增性,条件编码的效率高于简单的标量编码。条件编码也是利用了信源输出序列的前后相关性。与矢量编码不同的是,条件编码每次仍然对一个符号进行编码,但 $H_{C,N-1}(S) \leqslant \frac{1}{N}H_N(S)$,即在码书大小相同的情况下,条件编码的码率下限不会比矢量编码的码率下限大。条件编码的缺点与矢量编码相同,码书规模会随着条件阶数成指数增长。

在实际中,组成联合信源的各个信源往往不是互不独立的,即
$$I(X,Y) = H(X) + H(Y) - H(X,Y) \geqslant 0$$
因此既可以对联合信源一次输出的一组符号进行编码,也可以先处理联合信源的各个信源使之相互独立后再对各个信源进行编码。由于码书大小的限制,通常采用第二种方法。举例来说,一个联合信源由三个信源组成,每个信源可能的符号有 10 种,则采用第一种方法时,由于一个符号组的可能取值会有 1000 种,因此需要码书包含 1000 个码字。而如果采用第二种方法,三个码书加起来一共只需要 30 个码字。这是正交变换编码的基本原理。

所谓预测编码,就是用信源的前几个符号来预测接下来的符号,用几个符号就称为几阶预测。实际中,用得最多的也是最基本的是一阶线性预测,简单地说,就是假定当前符号取值 X_n 与前一符号取值 X_{n-1} 很接近,然后对其差值编码。这种方法可以减小信源输出序列的方差,例如一个序列为 $\{3,4,5,6,7\}$,其方差显然不为零,而前后作差后,序列变为 $\{1,1,1,1\}$,其方差为零。根据率失真函数理论,方差越小,所需要的最小码率也越小。因此预测编码可以有效地提高编码效率,无论是对原始信号的简单预测,还是视频帧间的运动矢量预测。

2.2.4 离散信源的无失真编码

信源冗余来自于信源符号本身的相关性和信源符号概率分布的不均匀性。无失真编码

的目的就是去除这些冗余,使编码后的平均符号编码长度接近信源的熵值。

香农无失真编码定理指出,在无干扰的情况下,存在一种无失真的编码方法,使编码的平均长度 L 与信源的熵 $H(S)$ 任意的接近,即 $L=H(S)+e$,其中 e 为任意小的正数。

离散信源的无失真编码方法主要有基于信源概率分布特性的霍夫曼编码、算术编码和基于信源相关性的游程编码。

1. 霍夫曼编码

霍夫曼编码是 D. A. 霍夫曼于 1952 年提出的一种可变字长编码方法。其基本思想是:对那些出现概率较大的信源符号编以较短的码字,而对那些出现概率较小的符号则编以较长的码字。如果码字长度严格按照所对应符号出现概率的大小逆序加以排列,则其平均码字长度最短。霍夫曼编码的步骤如下:

(1) 将信源符号出现概率按由大到小的顺序排列。

(2) 将最小的两个概率进行相加,并继续这一步骤,始终将概率较高的分支放在上部,直到概率达到 1.0 为止。

(3) 对每对组合中的上边一个指定为 1,下边一个指定为 0(或者相反)。

(4) 画出由每个信源符号概率到概率 1.0 处的路径,记下沿路径的 0 或者 1。

(5) 对每个信源符号都写出 0、1 序列,则从概率 1.0 处逆行回到每个符号概率处就可以得到该符号的霍夫曼码。

图 2-10 是一个对无记忆离散信源输出符号进行霍夫曼编码时所得到的二叉树,各个符号最后所得的码字如表 2-3 所示。可以看出,霍夫曼编码过程实际上是一种构成二叉树的过程,码字都是从根出发排列的。其信源熵为

$$H(x) = -\sum_{i=1}^{7} P(a_i)\log_2(P(a_i))$$

$$= -(0.20\log_2 0.20 + 0.19\log_2 0.19 + 0.18\log_2 0.18 + 0.17\log_2 0.17$$

$$+ 0.15\log_2 0.15 + 0.1\log_2 0.1 + 0.01\log_2 0.01)$$

$$= 2.61 \text{ 比特/符号}$$

图 2-10 霍夫曼编码树

编码后的平均码字长度为

$$l = \sum_{i=1}^{7} l_i P(a_i)$$

$$= 2\times 0.2 + 2\times 0.19 + 3\times 0.18 + 3\times 0.17 + 3\times 0.15 + 4\times 0.1 + 4\times 0.01$$

$$= 2.72 \text{ 比特/符号}$$

可见,平均码长与信源熵已经非常接近了,信源符号的平均冗余度为

$$2.72 - 2.61 = 0.11 \text{ 比特/符号}$$

编码效率为

$$\eta = \frac{H(s)}{l} = \frac{2.61}{2.72} = 96\%$$

表 2-3 霍夫曼码表

符号	x_1	x_2	x_3	x_4	x_5	x_6	x_7
码字	11	10	011	010	001	0001	0000
码长	2	2	3	3	3	4	4

霍夫曼编码效率不易达到百分之百的原因是它对概率为 P_i 的符号只能分配长度为不小于 $-\log_2 P_i$ 的整数的码字。解决这个问题的一种方法是把信源符号分组后再进行霍夫曼编码,但这样会导致码书过大,而另一种无失真编码方法算术编码就不存在这个问题。

2. 算术编码

算术编码的基本思想是将整个信源输出的符号序列对应于实数轴上[0,1)中的一个小区间,该小区间的长度等于序列出现的概率。首先给出算术编码步骤中的几个定义:

区间上限 A_n:编完序列第 n 个符号后对应得区间的上限,初始值 $A_0 = 1$;

区间下限 B_n:编完序列第 n 个符号后对应得区间的下限,初始值 $B_0 = 0$;

区间长度 $l_n = A_n - B_n$,初始值 $l_0 = 1$;

符号概率 p_n:符号序列中第 n 个符号的出现概率;

累计概率 $\begin{cases} \sum_{i=1}^{n-1} p_i & n \geqslant 2 \\ 0 & n = 1 \end{cases}$,前 $n-1$ 个符号概率之和。

算术编码规则如下:设序列中待编码的第 n 个符号为信源符号表中的第 k 个符号,则

$$B_n = B_{n-1} + l_{n-1} \times q_k \tag{2-51}$$

$$l_n = l_{n-1} \times p_k \tag{2-52}$$

$$A_n = B_n + l_n \tag{2-53}$$

可以这样理解算术编码规则:编码第 n 个符号,即修改编码区间,使修改后的编码区间 $[B_n, A_n)$ 在已编码区间 $[B_{n-1}, A_{n-1})$ 中所占位置与该待编码符号在区间[0,1)中所占位置相对应。

下面给出一个具体例子,表 2-4 是信源符号概率、累计概率和各个符号在[0,1)中对应区间。设待编码序列为 $abcda$。

表 2-4 信源数据

符号序号 k	符号	概率 p_k	累计概率 q_k	对应区间
1	a	1/2	0	[0, 1/2)
2	b	1/4	1/2	[1/2, 3/4)
3	c	1/8	3/4	[3/4, 7/8)
4	d	1/8	7/8	[7/8, 1)

编码第一个符号 a：
$$B_1 = B_0 + q_1 \times l_0 = 0 + 0 = 0$$
$$l_1 = p_1 \times l_0 = 1/2 \times 1 = 1/2$$
$$A_1 = B_1 + l_1 = 1/2$$

编码第二个符号 b：
$$B_2 = B_1 + q_2 \times l_1 = 0 + 1/2 \times 1/2 = 1/4$$
$$l_2 = p_2 \times l_1 = 1/4 \times 1/2 = 1/8$$
$$A_2 = B_2 + l_2 = 1/4 + 1/8 = 3/8$$

编码第三个符号 c：
$$B_3 = B_2 + q_3 \times l_2 = 1/4 + 3/4 \times 1/8 = 11/32$$
$$l_3 = p_3 \times l_2 = 1/8 \times 1/8 = 1/64$$
$$A_3 = B_3 + l_3 = 11/32 + 1/64 = 23/64$$

编码第四个符号 d：
$$B_4 = B_3 + q_4 \times l_3 = 11/32 + 7/8 \times 1/64 = 183/512$$
$$l_4 = p_4 \times l_3 = 1/8 \times 1/64 = 1/512$$
$$A_4 = B_4 + l_4 = 183/512 + 1/512 = 184/512$$

编码第五个符号 a：
$$B_5 = B_4 + q_1 \times l_4 = 183/512$$
$$l_5 = p_1 \times l_4 = 1/2 \times 1/512 = 1/1024$$
$$A_5 = B_4 + l_4 = 183/512 + 1/1024 = 367/1024$$

在解码端，已经获知最后编码区间为 $[B_5, A_5]$，包含在字符 a 对应区间 $[0, 1/2)$ 内，所以解出第一个字符为 a，其编码区间为 $[0, 1/2)$。然后根据式(2-51)、式(2-52)、式(2-53)计算可得，只有当第二个字符为 b 时，新的编码区间才会包含 $[B_5, A_5]$，因此解码出第二个字符为 b。如此迭代，当解码端计算的编码区间与收到的最后编码区间相同时，所有字符被解出。

实际上，不需要传送区间上下限以确定编码区间，只需传送一个可以代表编码区间的数，例如在此例中，可以传送 $183/512 + 1/2048 = 733/2048$ 等，为了使解码端获得字符串结束信息，需要设置结束字符。

JPEG 测试表明，对于许多实际图像，算术编码的压缩效果优于霍夫曼码 5%~10%，尤其在信源符号概率比较接近时，二者差距更加明显。因此，在 JPEG 2000 中，以算术编码替代了 JPEG 中的霍夫曼编码。

3. 游程编码

游程长度简称为游程，是指信源符号在数据流中重复出现的长度。例如在黑白图像中，每一扫描行由若干段连续的白像素和连续的黑像素组成，分别称为白长和黑长。游程编码的基本思想就是将样值相同的像素用一个游程长度和一个样值来表示。例如一串 m 个白像素可以编为 $(m, 0)$，一串 n 个黑像素可以编为 $(n, 1)$。

通常，游程长度编码是与霍夫曼编码相结合使用的，即对不同出现概率的游程使用霍夫曼编码方法进行编码。游程长度编码启发人们有意识地构造成片连续的相同值元素。例如经过正交变换后，信号的能量主要集中在直流和少数低频系数值上，经过量化后可以产生成片的零系数值,这样就可以根据零系数的游程长度进行编码,而不必对每个像素进行编码,从而可以大大提高压缩效率。

2.2.5 视频编码系统组成

在视频编码系统中,首先为输入视频序列建立其信源模型,然后对该信源模型的参数进行编码,视频编码系统的组成很大程度上取决于所采用的信源模型。信源模型可以假设图像序列的像素之间在时间和空间上存在相关性,也可以考虑物体的形状和运动等其他条件。表 2-5 中描述了信源模型、编码参数与编码方法的关系。

表 2-5 信源模型、编码参数与编码方法

信 源 模 型	编 码 参 数	编 码 方 法
统计独立的像素	像素	PCM
统计相关的像素	块	变换编码、预测编码、矢量量化等
平移运动的块	块和运动矢量	基于块的混合编码
运动的未知物体	物体形状、运动和纹理	分析与合成编码(基于对象的编码)
运动的已知物体	已知物体的形状、运动和纹理	基于知识的编码
已知行为的运动物体	物体的形状、纹理和行为	基于语义的编码

图 2-11 给出了一个视频编码系统的基本组成。在编码器中,首先用信源模型参数描述输入的视频序列。若使用像素统计独立的信源模型,则使用的参数就是每个像素的亮度、色度的幅度;若使用把一个场景描述成几个物体的模型,则使用的参数是每个物体的形状、纹理和运动。然后将信源模型参数量化成有限的符号集,量化参数取决于比特率高低与失真大小,量化过程中有可能包含其他处理,例如正交变换等。最后用无失真编码技术把量化参数映射成二进制码字,可以进一步利用量化参数的统计特性来降低码率。解码器反向进行编码器的二进制编码和量化过程,重新得到信源模型的参数,并利用这些参数合成恢复视频序列。

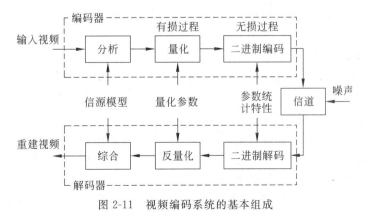

图 2-11 视频编码系统的基本组成

目前大部分视频编码标准均使用像素相关+平移像素块的视频信源模型,采用的主要编码方法有预测编码、变换编码和基于块的混合编码。例如 H.261 建议的编码器结构,如

图 2-12 所示。

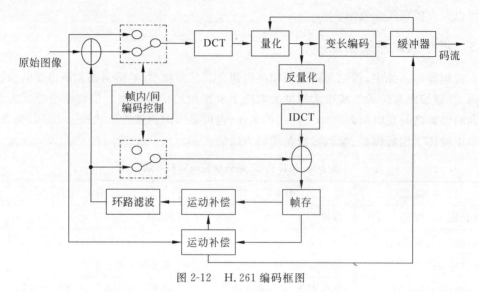

图 2-12　H.261 编码框图

2.2.6　数字视频编码

前面介绍了视频压缩编码的基本理论、视频编码系统组成和无失真视频压缩编码,本节介绍视频压缩编码的其他方法,主要有预测编码、变换编码、基于内容的视频编码和分层编码等。

2.2.6.1　预测编码

在视频预测编码中,预测编码主要可分为帧内预测和帧间预测,下面首先介绍预测编码的原理,然后介绍帧内预测和帧间预测。

1. 预测编码原理

前面介绍的霍夫曼编码、算术编码等无失真编码方法,尽管可以用矢量编码来对有记忆信源的输出进行编码,但考虑到码书的规模,通常只用它们对无记忆信源进行编码,也就是说,霍夫曼编码和算术编码只是消除了信源概率分布不均所带来的冗余,并没有消除符号序列前后相关性所带来的冗余。预测编码可用来消除符号间相关性。

2. 预测编码的方法

所谓预测编码,就是不直接对当前符号进行编码,而是利用相邻符号来预测当前符号,然后对预测误差进行编码。显然,如果信源输出相互独立,则预测编码就不可能有效地压缩数据。图 2-13 是预测编码器框图。预测器根据过去的样值给出当前样值的预测值 $\hat{x}$,一方面 $\hat{x}$ 与当前输入样值 x 相差获得预测误差 e;另一方面与量化后的预测误差 $\hat{e}$ 相加可获得当前输入重建值 $\hat{x}'$,送至预测器更新数据。量化后的预测误差 $\hat{e}$ 送至编码器编码。

预测编码系统解码器的过程如图 2-14 所示,其过程与编码器完全相反。先反量化得到预测误差,同时根据已经接收到的过去数个样值预测出当前样值,二者相加即获得了当前样值的最后重建值。

3. 预测编码性能

预测编码可以分为线性预测编码和非线性预测编码。所谓线性预测,即预测值是过去

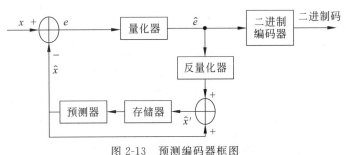

图 2-13 预测编码器框图

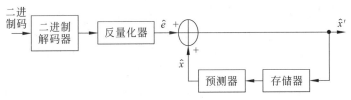

图 2-14 预测解码器框图

样值的线性函数,否则为非线性预测。在实际中,线性预测的应用远比非线性预测广泛。这里讨论线性预测编码器的性能。衡量编码器性能的主要指标是编码质量(可懂度和清晰度)与编码效率(压缩倍数)。编码质量通常用失真来衡量。下面先讨论预测编码器的失真,然后讨论压缩倍数。

令 ε 表示编码器中量化器的量化误差,则有 $e=\hat{e}+\varepsilon$,从而可得当前样值的重建值为

$$\hat{x}' = \hat{x}+\hat{e} = \hat{x}+e-\varepsilon = x-\varepsilon \tag{2-54}$$

预测编码器的误差 $x-\hat{x}$ 与量化器的量化误差完全一样。换句话说,对于一个已知的预测编码器,其失真完全取决于量化器的失真。因此,可按量化理论设计最佳量化器。

显然,预测器给出的预测值与当前样值越接近,则误差就越小,量化编码后所需比特数就越小。因此,在编码质量一定的情况下,预测编码器的压缩倍数取决于预测器的预测准确度。

令 x_k 表示当前样值,$\hat{x}_k$ 表示线性预测器输出的预测值,x'_{k-i} 表示存储器中所存的当前样值以前第 i 个值,则 N 阶线性预测器的预测方程为

$$\hat{x}_k = \sum_{i=1}^{N} a_i x'_{k-i} \tag{2-55}$$

实际样值 x_k 与其预测值 $\hat{x}_k$ 的误差为

$$e_k = x_k - \hat{x}_k = x_k - \sum_{i=1}^{N} a_i x_{k-i} \tag{2-56}$$

通常按误差均方值 $\sigma_e^2 = E\{(x_k - \hat{x}_k)^2\}$ 最小来作为最佳预测器的标准。显然,当阶数 N 给定后,σ_e^2 依赖于预测系数 a_i。令

$$\frac{\partial \sigma_e^2}{\partial a_i} = E\left\{-2(x_k - \hat{x}_k)\frac{\partial \hat{x}_k}{\partial a_i}\right\} = 0 \tag{2-57}$$

对所有的 $i=1,2,\cdots,N$ 都成立,这是 σ_e^2 最小的必要条件。把式(2-55)代入式(2-57),得到

$$\frac{\partial \sigma_e^2}{\partial a_i} = E\{-2(x_k - \hat{x}_k)\frac{\partial \hat{x}_k}{\partial a_i}\} = E\{-2(x_k - \hat{x}_k)x_{k-i}\} = 0 \quad i = 1, 2, \cdots, N \quad (2\text{-}58)$$

式(2-58)等价于

$$E\{(x_k - \hat{x}_k)x_{k-i}\} = 0 \quad i = 1, 2, \cdots, N \quad (2\text{-}59)$$

设 $R(i,j) = E\{x_i, x_j\}$ 为 $\{x_k\}$ 的自相关函数。由式(2-59)得

$$R(k, k-i) = \sum_{j=1}^{N} a_j R(k-j, k-i) \quad i = 1, 2, \cdots, N \quad (2\text{-}60)$$

当 $\{x_k\}$ 广义平稳时,根据自相关函数的性质,可得

$$R(k-i, k-j) = R(k-j, k-i) = R(|i-j|) \quad i = 1, 2, \cdots, N \quad (2\text{-}61)$$

根据式(2-61)并用矩阵表示式(2-60)得

$$\begin{bmatrix} R(0) & R(1) & \cdots & R(N-1) \\ R(1) & R(0) & \cdots & R(N-2) \\ \vdots & \vdots & \ddots & \vdots \\ R(N-1) & R(N-2) & \cdots & R(0) \end{bmatrix} \begin{bmatrix} a_1 \\ a_2 \\ \vdots \\ a_N \end{bmatrix} = \begin{bmatrix} R(1) \\ R(2) \\ \vdots \\ R(N) \end{bmatrix} \quad (2\text{-}62)$$

只要知道 $\{x_k\}$ 的 $N+1$ 个相关函数值 $R(0), R(1), \cdots, R(N)$,就可以根据式(2-62)计算出满足最小均方值的最佳预测器的各个系数。

例如设预测器为一阶,即 $N=1$,此时

$$\sigma_e^2 = E\{(x_k - \hat{x}_k)^2\} = E\{x_k^2 - 2x_k x_{k-1} + x_{k-1}^2\} = 2\left[1 - \frac{R(1)}{R(0)}\right]R(0) = 2(1-\rho)R(0)$$

其中,$\rho = \frac{R(1)}{R(0)}$ 为信号的自相关系数。显然,只要 $\rho > 0.5$,就有 $\sigma_e^2 < R(0)$,即误差信号的功率小于原始信号的功率,所需码率自然减小。

预测阶数越高,利用的相关性越充分,预测效果也就越好。但阶数的增加会导致运算复杂度的增加,因此如何选取预测阶数 N 是一个值得考虑的问题。对于图像的帧内预测,像素间的相关性与像素间的距离在一定范围内接近指数函数,相关性随着其距离增加迅速下降,实验表明当 $N>4$ 时再增加预测阶数,其预测效果改善相当有限。

2.2.6.2 帧内编码

所谓帧内预测编码,就是预测函数 $\hat{x}_k = \sum_{i=1}^{N} a_i x'_{k-i}$ 中的 x'_{k-i} 均取自同一帧内,此时预测编码利用的是同一帧内相邻样值之间的相关性。对一幅二维图像,在水平方向和竖直方向相邻的像素之间均存在相关性,因此 x'_{k-i} 可以取水平相邻的像素,也可以取竖直相邻的像素,还可以二者均取。例如在图 2-15 所示的图像块中,可以用已知的四个像素 a、b、c、d 来预测像素 e。

图 2-15 帧内预测编码原理

帧内预测编码的优点是算法简单,易于实现,但它的压缩倍数比较低,因此在视频图像压缩编码中几乎不单独使用。

2.2.6.3 帧间编码

目前在视频压缩标准中,广泛使用帧间预测编码。即预测方程 $\hat{x}_k = \sum_{i=1}^{N} a_i x'_{k-i}$ 中的 x'_{k-i} 取自相邻帧。据统计,通常活动图像相邻两帧之间,只有 10% 以下的像素亮度值有超过 2%

的变化,色度变化更少。帧间预测正是利用了视频图像序列时间上的强相关性,其主要方法有帧重复法、帧内插法、运动补偿法、自适应交替帧内/帧间编码法等。由于运动补偿法预测编码效果最好,因此获得了广泛应用。

运动补偿预测的基本思想是:在当前帧的前帧或后帧中确定一块较大搜索区域,在该区域搜索与当前帧中一较小块子图像的匹配块。若找到了这样的匹配块,则计算当前帧中该搜索区域中与匹配块的差值,并对此差值信号进行编码;同时需要编码匹配块与当前编码块的相对位置信息,用运动矢量来表示,即从当前编码块位置平移到匹配块的位置矢量。

用来寻找匹配块的搜索区域的帧被称为参考帧,根据参考帧的选取方法和使用方法,运动补偿预测可以分为下面三种形式:

(1) 单向运动补偿预测,只用前参考帧或后参考帧中的一个来预测,当只用前参考帧来预测时,称为前向运动补偿预测;当只用后参考帧来预测时,称为后向运动补偿预测。

(2) 双向运动补偿预测,使用前参考帧和后参考帧一起来预测,最后在两个参考帧中选择一个最匹配的块作为匹配块。双向运动补偿预测对由物体运动引起的暴露区域以及遮挡区域的编码是非常有效的。由于物体运动而暴露的区域在当前帧以前的帧中是没有匹配区域的,如果仅仅采用前向运动补偿预测,预测效果较差,但在当前帧中暴露的区域在下一帧中很有可能仍然存在,选取后参考帧来做预测能取得好的预测效果。而运动引起的遮挡区域则恰好相反,在后参考帧中没有而在前参考帧中存在,应当选取前参考帧来做预测。

(3) 插值运动补偿预测,分别在前参考帧和后参考帧中找到各自的匹配块,把二者的加权平均作为最后的匹配块。显然,此时需要传送两个运动矢量。

块大小的选择是一个很敏感的问题,若块太小,则预测效果较好,但运算较大,实现复杂,且容易受到噪声影响。在实际应用中,一般选用 16×16 像素的块。尽管理论上用更多的帧来预测当前帧效果可能会更好,但在运动补偿预测中,通常只用前一帧或者后一帧来预测当前帧,这也是考虑实现多帧比较困难。

匹配程度的判定和匹配块的搜索算法是运动补偿预测的两个核心问题。目前,常用的匹配准则有三种:最小绝对值误差、最小均方误差和归一化互相关函数。设块的大小为 $M \times N$,运动矢量为 (i,j),$x(m,n)$ 为当前编码帧中像素的幅度值,$x'(m,n)$ 为预测帧中像素的幅度值。

1) 最小绝对值误差

$$MAD(i,j) = \frac{1}{MN} \sum_{m=1}^{M} \sum_{n=1}^{N} |x(m,n) - x'(m+i,n+j)| \qquad (2\text{-}63)$$

2) 最小均方误差

$$MSE(i,j) = \frac{1}{MN} \sum_{m=1}^{M} \sum_{n=1}^{N} [x(m,n) - x'(m+i,n+j)]^2 \qquad (2\text{-}64)$$

3) 归一化互相关函数

$$NCCF(i,j) = \frac{\sum_{m=1}^{M} \sum_{n=1}^{N} x(m,n) x'(m+i,n+j)}{\left[\sum_{m=1}^{M} \sum_{n=1}^{N} x^2(m,n)\right]^{1/2} \left[\sum_{m=1}^{M} \sum_{n=1}^{N} x'^2(m+i,n+j)\right]^{1/2}} \qquad (2\text{-}65)$$

其中,最小绝对值误差、最小均方误差均以函数最小值点为最佳匹配点,而归一化互相关函数则以函数最大值点为最佳匹配点。由于最小绝对值误差运算简单,因此使用最多。

2.2.6.4 离散余弦变换编码

1. 变换编码原理

所谓变换编码,就是换一种表示方式来表示原始数据,或者说在不同于原始空间的变换空间里来描述原始数据,以使数据获得某些特点,这些特点有助于获得更好的编码效果。

例如,设从一个缓慢变换的数据序列中取出连续的 2 个数据 x 和 y,组成一个随机变量,设此数据序列中每个数据用 3 比特来表示,则该随机变量一共有 64 种可能取值,如图 2-16 所示,其中每个点的坐标代表随机变量的取值。由于数据序列变换缓慢,故 x 和 y 具有很强的相关性,取值相近的可能性很大,其表现为随机变量取值点落在阴影区内概率很大。如果把坐标系旋转成 $X'-Y'$,则点以大概率落在阴影区内相当于 x' 取小值的概率大,对 y' 的取值几乎没有影响,这说明新的坐标 x'、y' 相关性很小,即去除了随机变量之间的相关性,再对各个随机变量进行独立编码。显然,变换是去除相关性的有力手段。

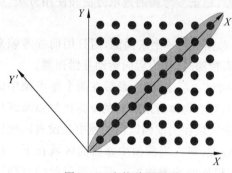

图 2-16 变换编码原理

目前在视频图像压缩中可采用的变换主要有傅里叶变换(FT)、K-L 变换、离散余弦变换(DCT)、小波变换(WT)等,其中 DCT 是目前最常用的变换方法,小波变换是变化编码研究发展的方向。

2. 正交变换编码的理论基础

视频图像帧序列可以看作是一个联合信源的输出。如果视频图像帧包含 $M\times N$ 个像素,则此联合信源由 $M\times N$ 个单信源组成,这些信源是相关的。要获得更好的编码效率,既可以对此联合信源的每一组输出编码,也可以对各个单信源进行处理使之变成相互独立的信源后再对各个信源输出进行编码。

正交变换采取的是第二种方法,先通过变换把各个信源变成独立信源,去除各个信源输出(也就是每个像素)之间的相关性,再对每个输出进行编码。这就是正交变换编码的原理。一方面,由于图像各个像素的相关性与相互之间的距离正相关,距离越远,相关度越小;另一方面,对大的图像块施行正交变换计算过于复杂,不利于实现,因此,在图像压缩编码中,先把图像分成块,再对每个块施行正交变换和编码,折中计算复杂度和编码效率。实验表明,对大部分图像信号,每个块为 8×8 或 16×16 是一个比较好的选择。

常用的正交变换主要有傅里叶变换、K-L 变换、离散余弦变换等。在目前图像压缩编码标准中离散余弦变换占有重要地位。

3. 离散余弦变换编码

设 N 个信号样值为 $\{x_0, x_1, x_2, \cdots, x_{N-1}\}$,其 N 阶一维 DCT 变换有 N 个输出,记为 $\{y_0, y_1, y_2, \cdots, y_{N-1}\}$,则

$$y_0 = \frac{1}{N}\sum_{m=0}^{N-1} x_m \qquad (2\text{-}66)$$

$$y_n = \sqrt{\frac{2}{N}} \sum_{m=0}^{N-1} x_m \cos \frac{(2m+1)n\pi}{2N} \quad n = 1, 2, \cdots, N-1 \qquad (2\text{-}67)$$

离散余弦反变换(IDCT)定义为

$$x_m = \sqrt{\frac{1}{N}} y_0 + \sqrt{\frac{2}{N}} \sum_{n=0}^{N-1} y_n \cos \frac{(2m+1)n\pi}{2N} \quad m = 0, 1, \cdots, N-1 \qquad (2\text{-}68)$$

由于 DCT 变换核构成的基向量与图像具体内容无关,且变换核是可以分离的,故可以通过两个一维 DCT 变换得到二维 DCT 变换。即先对图像的每一行进行一维 DCT 变换,再对每一列进行一维 DCT 变换。而二维离散 IDCT 也可以通过两次一维 IDCT 得到。DCT 算法得到广泛应用的另外一个重要因素是 DCT 有快速算法,它使得 DCT 运算的复杂度大大降低,从而减少了编解码器的编解码延迟。

图 2-17　lena 图像

对图像块进行 DCT 变换后,得到变换域数据块,再对这些数据块进行编码。下面用一个具体例子来说明 DCT 变换编码的过程。图 2-17 是国际标准亮度测试图像 Lena,下面使用 Lena 的第一个 8×8 数据块来进行 DCT 编码。

$$f_{m,n} = \begin{bmatrix} 162 & 162 & 162 & 161 & 162 & 157 & 163 & 161 \\ 162 & 162 & 162 & 161 & 162 & 157 & 163 & 161 \\ 162 & 162 & 162 & 161 & 162 & 157 & 163 & 161 \\ 162 & 162 & 162 & 161 & 162 & 157 & 163 & 161 \\ 162 & 162 & 162 & 161 & 162 & 157 & 163 & 161 \\ 164 & 164 & 158 & 155 & 161 & 159 & 159 & 160 \\ 160 & 160 & 163 & 158 & 160 & 162 & 159 & 156 \\ 159 & 159 & 155 & 157 & 158 & 159 & 156 & 157 \end{bmatrix}$$

对其进行二维 DCT 后,得到变换域系数矩阵为

$$F_{u,v} = \begin{bmatrix} 1283.5 & 4.768 & 3.240 & -0.199 & 0.250 & 0.554 & -4.589 & 5.638 \\ 7.947 & -0.788 & 0.555 & -4.932 & 1.960 & 2.978 & -3.797 & 3.322 \\ -5.035 & -0.297 & -1.552 & 1.725 & -0.676 & -0.452 & 1.850 & -2.200 \\ 2.262 & 1.139 & 1.704 & 0.924 & -0.761 & -1.369 & 0.214 & 1.142 \\ -1.000 & -1.150 & -0.343 & -1.360 & 1.750 & 1.119 & -1.481 & 0.673 \\ 1.211 & 0.456 & -1.802 & -0.106 & -2.012 & 0.710 & 1.687 & 0.755 \\ -1.703 & 0.265 & 3.100 & 1.635 & 1.633 & -2.255 & -1.198 & -0.901 \\ 1.326 & -0.415 & -2.383 & -1.595 & -0.885 & 1.969 & 0.553 & 0.654 \end{bmatrix}$$

显然,DCT 变换系数分布非常不均匀,能量主要集中在矩阵左上角,这是图像块的直流和低频交流分量,代表了图像的概貌,而变换矩阵的右下角大部分系数接近于 0,这是图像的高频分量,代表了图像的细节。与原始矩阵 $f_{m,n}$ 系数相比,DCT 系数之间的相关性已经大大降低。采用量化矩阵对该矩阵进行量化,JPEG 标准推荐的亮度量化矩阵为

$$Q = \begin{bmatrix} 17 & 18 & 24 & 47 & 99 & 99 & 99 & 99 \\ 18 & 21 & 26 & 66 & 99 & 99 & 99 & 99 \\ 24 & 26 & 56 & 99 & 99 & 99 & 99 & 99 \\ 47 & 66 & 99 & 99 & 99 & 99 & 99 & 99 \\ 99 & 99 & 99 & 99 & 99 & 99 & 99 & 99 \\ 99 & 99 & 99 & 99 & 99 & 99 & 99 & 99 \\ 99 & 99 & 99 & 99 & 99 & 99 & 99 & 99 \\ 99 & 99 & 99 & 99 & 99 & 99 & 99 & 99 \end{bmatrix}$$

可以看出,低频分量的量化间隔小,图像的低频分量得到了细致的量化;高频分量的量化间隔大,图像的高频分量的量化较粗,大部分量化系数为0。这是符合人眼视觉特性的。在进行图像压缩时,可以给量化矩阵乘以不同的系数来控制量化精度,量化矩阵数值越小,量化越精细,恢复图像质量越好,同时压缩倍数也随之降低。

将量化矩阵 Q 数值减半后再对 $F_{u,v}$ 进行量化,得到量化后的变换域矩阵为(计算过程中已经作了取整)。

$$F'_{u,v} = 2F_{u,v}/Q = \begin{bmatrix} 151 & 1 & 0 & 0 & 0 & 0 & 0 & 0 \\ 1 & 0 & 0 & 0 & 0 & 0 & 0 & 0 \\ 0 & 0 & 0 & 0 & 0 & 0 & 0 & 0 \\ 0 & 0 & 0 & 0 & 0 & 0 & 0 & 0 \\ 0 & 0 & 0 & 0 & 0 & 0 & 0 & 0 \\ 0 & 0 & 0 & 0 & 0 & 0 & 0 & 0 \\ 0 & 0 & 0 & 0 & 0 & 0 & 0 & 0 \\ 0 & 0 & 0 & 0 & 0 & 0 & 0 & 0 \end{bmatrix}$$

为了获得更长的0游程,以游程编码的效率,根据量化后的变换域系数矩阵的特点,采用 Zig-Zag 扫描,其扫描顺序如图 2-18 所示。扫描后的具体编码过程,在 JPEG 标准中介绍。

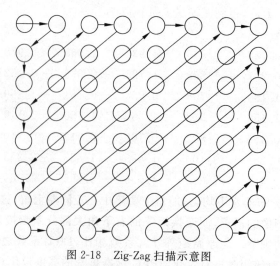

图 2-18 Zig-Zag 扫描示意图

DCT 变换编码的主要优点如下:

(1) DCT 变换变换基不随输入变化,但对大多数图像,其去相关性能接近于最佳的 K-L 变换,DCT 变换后能够有效地降低原始数据间的相关性。

(2) DCT 变换所得的系数大部分在 0 附近,并且可以用 Zig-Zag 扫描方法获得长的 0 游程。这使得离散余弦变换编码压缩倍数较高,质量较好。

(3) 利用快速傅里叶变换计算方法(FFT),DCT 快速算法计算复杂度为 $O(n\lg n)$,其中 n 为待变换的样值数,且 DCT 仅在实数域内计算,没有复数运算,计算简单,有利于实时实现。

DCT 的上述优点确定了其在目前视频图像编码中的重要地位,已成为 H.261、JPEG、MPEG 等国际标准的主要方法。

DCT 变换主要缺点如下:

(1) DCT 编码是分块进行的,压缩倍数较高时,会出现明显的方块效应,造成图像质量明显下降。

(2) DCT 变换是在频域分析原始数据,不具备时频局部分析能力,这导致了它不能适应人类视觉系统的某些特性。

2.2.6.5 小波变换编码

小波变换克服了 DCT 变换的上述两个主要缺点,是新一代的变换编码方法。下面,先介绍小波变换编码的理论基础,然后介绍小波变换在图像压缩编码中的应用。

1. 连续小波变换

傅里叶变换把时域(或空间域)信号分解成为相互正交的正弦波之和,得到了信号在时域难以表现的频域特性。但这种变换所得到的频域特性是时域信号整体的频域刻画,并不能从中得到时域信号某一局部的频域特性。

在实际中,人们往往关心信号的某些局部特性。例如视频图像信号的细节往往体现在某一局部的变化中,因此,需要采用时频局部化的分析方法,这是小波变换的长处。小波变换是时间和频率的局部变换,能有效地从信号中提取局部信息,不仅如此,通过伸缩平移运算对信号进行多尺度细化,小波变换还能对高频部分进行细致观察,对低频部分做粗略观察。目前小波分析理论在信号分析、图像处理、数据压缩等领域取得了很多研究成果。

设 $f(t) \in L(R^2)$,即 $f(t)$ 是平方可积函数,则其连续小波变换为

$$WT_{\psi,f}(a,b) = a^{-\frac{1}{2}} \int_{-\infty}^{+\infty} f(t)\psi^*\left(\frac{t-b}{a}\right)dt \tag{2-69}$$

其中,$a > 0$,称为尺度,$b \in (-\infty, +\infty)$,称为位移,上标 * 表示取共轭,而 $\psi(t)$ 为基本小波,需要满足容许性条件,即

$$C_\psi = \int_{-\infty}^{+\infty} \frac{|\hat{\psi}(\omega)|^2}{\omega} d\omega < \infty \tag{2-70}$$

其中,$\hat{\psi}(\omega)$ 为 $\psi(t)$ 的傅里叶变换。常见的小波有 Harr 小波、Morlat 小波等,Harr 小波的表达式为

$$\psi(t) = \begin{cases} 1 & 0 \leqslant t < 0.5 \\ -1 & 0.5 \leqslant t < 1 \\ 0 & 其他 \end{cases} \tag{2-71}$$

若令

$$\psi_{a,b} = a^{-\frac{1}{2}}\psi\left(\frac{t-b}{a}\right) \tag{2-72}$$

则小波变换式(2-69)可以记为

$$WT_{\psi,f}(a,b) = \int_{-\infty}^{+\infty} f(t)\psi_{a,b}^{*}(t)\mathrm{d}t = \langle f(t), \psi^{*}(a,b)\rangle \tag{2-73}$$

小波变换逆变换式为

$$f(t) = \frac{1}{C_{\psi}} \int_{0}^{+\infty} \frac{\mathrm{d}a}{a^2} \int_{-\infty}^{+\infty} WT_{\psi,f}(a,b)\psi_{a,b}(t)\mathrm{d}b \tag{2-74}$$

下面分析小波变换是如何有效提取时域信号局部信息的。设基本小波 $\psi(t)$ 的中心为 t_0，时间宽度为 Δt，则 $\psi_{a,b}(t)$ 的中心和时间宽度分别为 at_0+b 和 $a\Delta t$。式(2-69)的小波变换给出了信号 $f(t)$ 在时间窗 $[at_0+b-a\Delta t/2, at_0+b+a\Delta t/2]$ 中的局部信息。显然，尺度 a 增大，时间窗变宽，尺度 a 减小，时间窗变窄。另一方面，设 $\hat{\psi}(\omega)$ 中心为 ω_0，频率宽度为 $\Delta\omega$，则 $\psi_{a,b}(t)$ 的傅里叶变换 $\hat{\psi}(a\omega)$ 的中心为 ω_0/a，频率宽度为 $\Delta\omega/a$，根据帕塞瓦尔恒等式，

$$WT_{\psi,f}(a,b) = \langle f(t), \psi_{a,b}(t)\rangle = \frac{\sqrt{a}}{2\pi} \int_{-\infty}^{+\infty} \hat{f}(w)e^{ibw}\hat{\psi}^{*}(a\omega)\mathrm{d}w \tag{2-75}$$

表明小波变换同时给出了 $f(t)$ 在频率窗 $[\omega_0/a-\Delta\omega/2a, \omega_0/a+\Delta\omega/2a]$ 中的局部信息。

综上所述，当尺度 a 较小时，时域窗宽度小，即时间轴上观察范围小，相当于用高频小波做细致观察；尺度 a 较大时，时域窗宽度大，即时间轴上观察范围大，相当于用低频小波做概貌观察。这便是小波变换所具有的多分辨率分析。

2. 离散小波变换

由定义可知，连续小波变换把一维连续信号 $f(t)$ 变成了二维连续信号 $WT_{\psi,f}(a,b)$，从实现数据压缩的角度，希望在保证信息不丢失的情况下，能只在一些离散点 (a,b) 上进行小波变换。

目前，一般把尺度 a 离散为幂级数形式，即令 $a=a_0^j, j\in Z$，此时小波函数变为 $\psi_{a,b}(t) = a_0^{-\frac{j}{2}}\psi(a_0^{-j}(t-b))$。对位移 b 的离散化，假设 $j=0, a=a_0^0=1$，我们能对 $WT_{\psi,f}(1,b)$ 在 b 轴上以某一基本间隔 b_0 均匀取样，而保持信息不丢失，当 $j\neq 0$ 时，由于此时小波函数 $\psi_{a,b}(t) = a_0^{-\frac{j}{2}}\psi(a_0^{-j}(t-b))$ 的频率窗宽度 $\Delta\omega/a_0^j$ 是 $\psi(t-b)$ 的频率窗宽度 Δw 的 $1/a_0^j$，故可以对 $WT_{\psi,f}(a_0^j,b)$ 以间隔 $a_0^j b_0$ 在 b 轴上取样而不丢失信息。

离散化 a,b 后，小波 $\psi_{a,b}(t)$ 就变成了离散小波 $\psi_{j,k}(t) = a_0^{-\frac{j}{2}}\psi(a_0^j t - kb_0)$，而连续小波变换也就相应变成了离散小波变换

$$DWT_{\psi,f}(j,k) = \langle f(t), \psi_{j,k}(t)\rangle \quad j,k \in Z \tag{2-76}$$

若存在有限常数对 A,B，使函数族 $\psi_{j,k}(t)$ 满足

$$A\parallel f(t)\parallel \leqslant \langle f(t), \psi_{j,k}(t)\rangle \leqslant B\parallel f(t)\parallel \tag{2-77}$$

$DWT_{\psi,f}(j,k)$ 就可以完整地表示 $f(t)$ 而不丢失信息。常用的离散化参数是 $a_0=2, b_0=1$。

3. 多分辨率分析和离散小波变换的快速算法

由离散小波变换的定义，计算离散小波变换需要进行积分运算，其计算较大，可使用离散小波变换的快速算法，例如 Mallat 算法，下面通过多分辨率分析来的介绍来获得 Mallat 算法。

所谓多分辨率分析,就是把平方可积函数 $f(t)$ 视为某一逐级逼近的极限情况,而每级逼近都是用某一低通平滑函数对 $f(t)$ 平滑的结果,即用由平滑函数确定的不同的分辨率来分析函数 $f(t)$。

1) 函数空间划分

下面先介绍函数空间划分。所谓函数空间划分,就是把一个函数空间分成几个相互正交的函数空间。在多分辨率分析中,对函数空间进行逐级二分可得到函数空间串:$\cdots, V_0 = V_1 \oplus W_1, V_1 = V_2 \oplus W_2, \cdots, V_j = V_{j+1} \oplus W_{j+1}, \cdots$,可以证明,存在这样的划分,使得空间串满足以下条件:

(1) 划分完整性:即 $V_{-\infty} = L(R^2), V_{+\infty} = <0>$。

(2) 划分正交性:即 V_j, W_j 相互正交,各个 W_j 也相互正交。

(3) 位移不变性:即若 $f(t) \in V_j$,则 $f(t+a) \in V_j$,若 $f(t) \in W_j$,则 $f(t+a) \in W_j, a \in R$。

(4) 二尺度伸缩性:即若 $f(t) \in V_j$,则 $f(t/2) \in V_{j+1}$,若 $f(t) \in W_j$,则 $f(t/2) \in W_{j+1}$。

设空间串 $\cdots, V_0 = V_1 \oplus W_1, V_1 = V_2 \oplus W_2, \cdots, V_j = V_{j+1} \oplus W_{j+1}, \cdots$ 满足上面四个条件。

2) 空间结构

下面分析各个空间的结构:

(1) 设空间 V_0 中存在低通平滑函数 $\phi(t)$,其整数移位集合 $\phi(t-k)$ 是 V_0 的规范正交基,则称 $\phi(t)$ 为尺度函数。利用二尺度伸缩性可以证明,函数集 $\phi_{j,k}(t) = 2^{-\frac{j}{2}} \phi(2^{-j}t - k)$ 是空间 V_j 的规范正交基。

(2) 设空间 W_0 中存在带通平滑函数 $\psi(t)$,其整数移位集合 $\psi(t-k)$ 是 W_0 的规范正交基,则称 $\psi(t)$ 为小波函数。利用二尺度伸缩性可以证明,函数集 $\psi_{j,k}(t) = 2^{-\frac{j}{2}} \psi(2^{-j}t - k)$ 是空间 W_j 的规范正交基。

(3) 由(1)和(2)可知:

- 函数 $f(t)$ 在空间 V_j 的投影 $f_j(t)$ 可以表示为

$$f_j(t) = \sum_k c_{j,k} \phi_{j,k}(t), \text{其中} c_{j,k} = \langle f(t), \phi_{j,k}(t) \rangle$$

- 函数 $f(t)$ 在空间 V_{j+1} 的投影 $f_{j+1}(t)$ 可以表示为

$$f_{j+1}(t) = \sum_k c_{j+1,k} \phi_{j+1,k}(t), \text{其中} c_{j+1,k} = \langle f(t), \phi_{j+1,k}(t) \rangle$$

- 函数 $f(t)$ 在空间 W_{j+1} 的投影 $f'_{j+1}(t)$ 可以表示为

$$f'_{j+1}(t) = \sum_k d_{j+1,k} \psi_{j+1,k}(t), \text{其中} d_{j+1,k} = \langle f(t), \psi_{j+1,k}(t) \rangle$$

其中,$f_j(t)$ 称为 $f(t)$ 在空间 A_j 的平滑逼近,$c_{j,k}$ 称作 $f(t)$ 在分辨率 j 下的离散逼近,也叫尺度系数;$f'_{j+1}(t)$ 称为 $f(t)$ 在分辨率 $j+1$ 下的细节函数,$d_{j+1,k}$ 为 $f(t)$ 在分辨率 $j+1$ 下的离散细节,也叫小波系数。根据 DWT 的定义,可得 $\text{DWT}_{\psi,f}(j,k) = d_{j,k}$。这是 $d_{j+1,k}$ 称为小波系数的原因。

因为 $V_j = V_{j+1} \oplus W_{j+1}$,所以 $\phi_{j+1,k}(t), \psi_{j+1,k}(t)$ 均可由 $\phi_{j,k}(t)$ 所表达,即

$$\begin{cases} \phi_{j+1,k}(t) = \sum_n h(n) \phi_{j,n}(t) \\ \psi_{j+1,k}(t) = \sum_n g(n) \psi_{j,n}(t) \end{cases} \tag{2-78}$$

由此,有

$$c_{j+1,k} = \langle f(t), \phi_{j+1,k}(t) \rangle = \int_{-\infty}^{+\infty} f(t) \phi_{j+1,k}(t) dt$$

$$= \int_{-\infty}^{+\infty} f(t) \sum_n h(n) \phi_{j,n}(t) dt$$

$$= \sum_n h(n) \int_{-\infty}^{+\infty} f(t) \phi_{j,n}(t) dt$$

$$= \sum_n h(n) c_{j,k}$$

$$d_{j+1,k} = \langle f(t), \psi_{j+1,k}(t) \rangle = \int_{-\infty}^{+\infty} f(t) \psi_{j+1,k}(t) dt$$

$$= \int_{-\infty}^{+\infty} f(t) \sum_n g(n) \phi_{j,n}(t) dt$$

$$= \sum_n g(n) \int_{-\infty}^{+\infty} f(t) \phi_{j,n}(t) dt$$

$$= \sum_n g(n) c_{j,k}$$

即

$$\begin{cases} c_{j+1,k} = \sum_n h(n) c_{j,k} \\ d_{j+1,k} = \sum_n g(n) c_{j,k} \end{cases} \tag{2-79}$$

这说明由上一级尺度系数可以通过滤波器来获得下一级尺度系数和小波系数,因此,如果把原始图像数据视为 $c_{0,k}$,则可以通过式(2-79)逐级求取各级尺度系数和小波系数,即不断获得不同分辨率下原始图像的逼近和相应的两级逼近之间的细节差。

由式(2-79)的推理可知

$$\begin{cases} h(n) = \langle \phi_{j,n}(t), \phi_{j+1,k}(t) \rangle \\ g(n) = \langle \phi_{j,n}(t), \psi_{j+1,k}(t) \rangle \end{cases} \tag{2-80}$$

通常令 $j=-1,k=0$ 来计算 $h(n),g(n)$,此时,式(2-79)化为

$$\begin{cases} h(n) = \langle \phi_{-1,n}(t), \phi(t) \rangle \\ g(n) = \langle \phi_{-1,n}(t), \psi(t) \rangle \end{cases} \tag{2-81}$$

因此,只要确定了小波函数 $\psi(t)$ 和尺度函数 $\phi(t)$,就可以确定滤波器系数 $h(n)$、$g(n)$,进而根据式(2-79)对原始图像数据进行离散小波变换。类似可得重建过程。这就是著名的 Mallat 算法。其一维分解/重建法的实现框图如图 2-19 所示。$H(n)$、$G(n)$ 分别是由系数 $h(n)$、$g(n)$ 确定的低通滤波器和高通滤波器,$H^*(n)$、$G^*(n)$ 表示其共轭。而 ↑2,↓2 分别表示 2 倍速率上取样和 1/2 倍速率亚取样,2 倍速率上取样一般采用隔点添加零值样值来实现。

可以采用图 2-20 所示的方法来实现二维小波分解和重建。显然,分解过程就是先对二维输入进行行方向的高低滤波,再对滤波器中间输出进行列方向高低滤波的过程,得到一个原始图像的离散逼近 $c_{j,k}$ 和三个不同性质的细节 $d_{j,k}^1, d_{j,k}^2, d_{j,k}^3$。重建过程与此恰好相反,不再赘述。

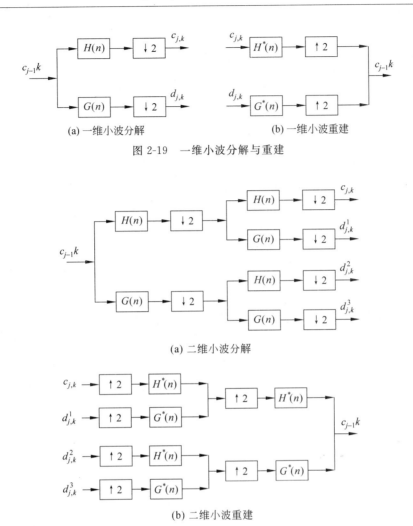

(a) 一维小波分解　　(b) 一维小波重建

图 2-19　一维小波分解与重建

(a) 二维小波分解

(b) 二维小波重建

图 2-20　二维小波分解与重建

4. 小波变换编码

由于小波变换所具有的多分辨率能力和适合人眼特性的方向选择特性,小波变换编码在图像压缩领域有广泛的应用。小波变换编码的框图如图 2-21 所示,其中量化过程是可选的。

图 2-21　小波变换编码原理

解码过程与编码过程正好相反。下面分别讨论编码过程中的各个步骤。

1) 小波图像的获取

小波图像是指原始图像经过小波变换后所得到的图像。图像的小波变换采用如图 2-20 所示的小波分解算法,不断地把图像的低频成分分解为四个子带图像的过程,分解过程如图 2-22 所示,其中,LL_j 代表第 j 级分解后水平方向低频、竖直方向低频成分,LH_j 代表第 j 级分解后水平方向低频、竖直方向高频成分,其他类似。原始图像数据视为第 0 级低频成分。

 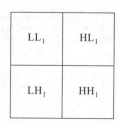 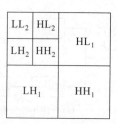

图 2-22 小波图像分解

由于小波变换实际上是一个滤波过程,一般采用卷积运算。一幅图像的范围有限,分解时需要对其边界进行扩展,才能确保在保留与原始图像相同尺寸的情况下,图像边界不产生失真。目前常用的边界扩展方法有周期扩展、边界补零扩展、重复边界点扩展、对称扩展等。从信号完全重构的角度,应该采用周期扩展,但是周期扩展会在边界点引入畸变,产生更多的高频系数,不利于图像压缩;其他几种方法则基本能较好地保持分解后图像边界相对光滑。

与 DCT 编码相似,小波变换本身并没有压缩图像数据,它只不过是把原始图像的能量重新分配,因此,如果计算精度足够高或采用整数-整数的小波变换,由分解后的小波系数可以完全无失真的重建原始图像。理论上,小波变换编码的失真也来自量化。

2) 小波图像系数的特点

根据图 2-20 所示的方法,对 Lena 图像进行三级小波分解,得到的小波分解图像如图 2-23 所示,经过统计,得到了表 2-6 所示的数据和图 2-23 所示的小波系数分布曲线。对多幅图像进行小波分解,可以得到小波图像数据的统计规律:

(1) 大部分的小波系数非常小,集中在 0 值附近。

(2) 分辨率最低即分解次数最高所得到的 LL 层系数值动态范围最大,方差也最大,包含原始图像的绝大部分能量,同时,其系数的动态范围和方差都随着分解次数的增加而增加。

(3) 各个高频子图像的系数分布非常相似,基本符合拉普拉斯分布。

(a) LL_0 小波分解结果   (b) LL_1 小波分解结果

(c) LL_2 小波分解结果   (d) LL_0 三级小波分解结果

图 2-23 小波分解图和系数统计特性

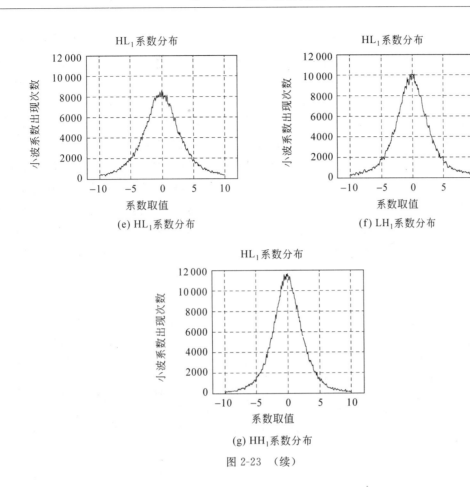

图 2-23 （续）

表 2-6　小波变换系数统计数据

	均　值	方　差	最　大　值	最　小　值	能　量
HL_1	−0.0467	50.9027	75.2999	−87.4971	50.9041
LH_1	−0.0080	20.1665	51.9017	−56.3279	20.1662
HH_1	0.0074	10.2161	35.0395	−33.4707	10.2160
HL_2	0.0633	517.8226	255.9650	−195.8842	517.7950
LH_2	−0.0222	207.4465	169.6130	−154.9536	207.4344
HH_2	−0.0388	123.0329	99.1343	−110.5496	123.0269
HL_3	−1.0402	4.4064e+003	425.3993	−435.5181	4.4064e+003
LH_3	−0.0247	1.4069e+003	285.7409	−296.6647	1.4066e+003
HH_3	−0.2637	1.1540e+003	243.9180	−284.6505	1.1538e+003
LL_3	993.3330	1.3579e+005	1.9411e+003	96.0783	1.1225e+006

（4）小波系数具有塔式结构。除了第一级分解所得的三个高频子带成分 LH_1, HL_1, HH_1 外，每个高频子带图像的一个像素点都与其上一级分解的对应高频子带对应位置上的

四个像素点相对应,是对原始图像对应位置的某种细节信息的不同分辨率描述。而低频子带 LL 层的每一个像素,也与相同分辨率下的三个高频子带中的各自一个像素对应,各自描述原始图像中对应位置的不同信息。这种对应关系来自于小波分解的时频窗分析能力,称为塔式结构,如图 2-24 所示。

3) 小波图像的编码

DCT 变换后,非零系数主要集中在矩阵左上角,这使得 DCT 系数的编码中很容易获得长的 0 游程,进而取得非常好的编码效率。但在小波变换编码中,变换后的矩阵,其非零系数既集中于 LL 层,也集中于各个高频子图像中对应于原始图像轮廓、边缘的位置,由于图像的轮廓、边缘的分布一般是无序的,所以很难找到一种有效的方法来组织小波系数。

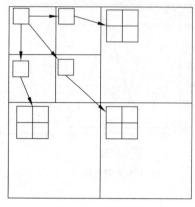

图 2-24　塔式结构

对此人们提出了多种方法来组织小波系数,大致可分为标量量化编码和矢量量化编码。目前,最有效和应用最广泛的算法是嵌入式小波零树编码(EZW)及其改进而得到的分层树集划分算法(SPIHT)。在此主要介绍 EZW 算法。

EZW 算法主要包含两个重要概念:逐次逼近量化技术(SAQ)和零树。所谓逐次逼近量化技术,就是首先用较大的阈值 T 来量化系数获得初次量化结果,然后逐次减小量化阈值 T 来量化系数,不断获得更加精确的量化结果。在小波系数的逐次量化中,使用的量化阈值序列 $T_0, T_1, \cdots, T_N$ 一般满足条件:

$$T_0 \geqslant \frac{1}{2} |X_{\max}|, \quad T_i = \frac{1}{2} T_{i-1} \quad 1 \leqslant i \leqslant N$$

其中,$X_{\max}$ 是小波系数中绝对值最大的系数。在量化时,如果系数小于量化阈值,则称此系数为非重要系数,否则称为重要系数。此时,逐次逼近量化技术实际上是在不同比特平面上对小波系数进行编码。

在小波系数中,除了最高分辨率的三个高频子图像外,每个高频子图像的一个像素点都与其上一级分解的对应高频子图像对应位置上的四个像素点相对应,可以用树来表示这种结构。例如令 HH_3 层 (i,j) 位置上的系数为树的根结点,则 HH_2 层的 $(2i-1, 2j-1)$、$(2i, 2j-1)$、$(2i-1, 2j)$、$(2i, 2j)$ 四个位置上的系数为其子结点。子结点的子结点是根结点的子孙结点。另外,小波图像最低分辨率 LL 子图像的每个系数有三个子结点,分别位于同一层的三个高频子图像对应位置上。如果设最低分辨率的 LL 子图像有 $M_0 \times N_0$ 个系数,则整个小波图像系数便是 $M_0 \times N_0$ 棵四叉树。

用树结构来表示小波系数后,可以把所有小波系数分为 4 类:对于给定阈值,如果某个根结点和其所有子孙结点均为非重要系数,且该根结点的父结点为重要系数,则称该根结点所确定的树为零树,该根结点被称为零树根,以 ZTR 表示;如果某个结点为非重要系数,且其子孙结点中含有重要系数,或者该结点为非重要系数且其没有子孙结点,则该结点被称为孤零,以 IZ 表示;如果当前结点是重要结点,则又分为正数结点(POS)和负数结点(NEG)。

EZW 算法是 J. M. Shapiro 于 1993 年提出的,主要基于以下事实:在小波系数矩阵中,如果一个系数为非重要系数,则其子结点为重要系数的概率很小,即如果该结点的父结点是重要系数,则以该结点为根的树以很大概率成为零树,根据对大量图像的实际统计数据,其概率超过 95%。

EZW 算法是逐次量化算法,且量化编码一次完成,完成一层的量化编码后,量化阈值减半重新扫描。每层扫描输出两个表,主表用来区分系数类型;副表用来对已经发现的重要系数进行更精细的量化。扫描的顺序为 Z 型扫描,如果小波图像为原始图像经过 n 层分解所得,则扫描的顺序为:LL_n,HL_n,LH_n,HH_n,HL_{n-1},…,HH_1,如图 2-25 所示,这是为了父结点先于子孙结点被扫描。

完成一次扫描后,两个表均送至自适应熵编码器进行熵编码。EZW 算法编码步骤可以总结如下:

(1) 初始化,取初始阈值为 $T_0 = 2^{n-1}$,$n = \lceil \log_2 |X_{\max}| \rceil$ 为不小于 $\log_2 |X_{\max}|$ 的最小整数。$X_{\max}$ 指小波系数中绝对值最大的系数。

(2) 主扫描,对扫描到的系数进行分类,产生主表。同时修改小波系数矩阵,设置被扫描到的重要系数的位置处为 0 值。一个重要系数输出一个符号 POS 或 NEG,表明此符号数值的绝对值位于区间 $[T, 2T)$,解码器收到该符号时,将其对应位置处小波系数设为 $\pm 3T/2$。

(3) 副扫描。把步骤(2)获得的重要系数加入副表中,其重构值为 $V = \pm 3T/2$;对副表中所有重要系数进行进一步细化,每一个重要系数输出一位 0 或 1,表示该系数处于当前区间 $[V - T/2, V + T/2)$ 的下半部分(0)或上半部分(1),并且更新重构值 V;解码器收到这一位后,把当前系数减少或增加 $T/4$ 后获得恢复值,此恢复值与编码器端更新后的重构值相等。

(4) 令 $T = T/2$,如果有需要,则转至步骤(2)。

下面举例来说明 EZW 算法编码过程。设一个 8×8 的图像经过三级小波分解后,其系数如图 2-26 所示。

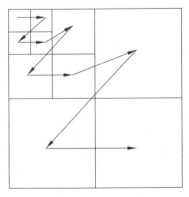

图 2-25 Z 型扫描

62	−31	40	10	7	−12	7	13
32	25	15	−12	3	5	7	−2
15	12	5	−13	6	−6	4	10
−9	−6	−15	9	4	−2	4	1
−6	9	−1	−45	4	6	−3	3
−5	9	−2	3	3	5	−2	0
2	−3	6	−4	3	3	6	3
6	12	3	4	0	3	−2	−1

图 2-26 小波系数

由于小波系数中绝对值最大的系数为 62,故 $X_{\max} = 62$,$n = 8$,$T_0 = 32$,根据 Z 形扫描顺序进行第一次主扫描,得到主扫描表和副扫描表分别如表 2-7 和表 2-8 所示。

表 2-7　小波系数第一次扫描主扫描表

层　数	系　数　值	类型	说　　明
LL_3	62	POS	
LH_3	31	IZ	其子结点中含有重要系数 40
HL_3	32	POS	
HH_3	25	ZTR	
LH_2	40	POS	
LH_2	10,15,−12	ZTR	
HL_2	15	ZTR	
HL_2	12	IZ	其子结点中含有重要系数 45
HL_2	−9,−6	ZTR	
HH_2	5,−13,−15,9	ZTR	HH_1 所有系数已包含在零树中,不需要再扫描编码
LH_1	7,−12,3,5	IZ	本层其他系数已包含在零树中
HL_1	−1	IZ	
HL_1	−45	NEG	
HL_1	−15,9	IZ	

表 2-8　小波系数第一次扫描副表

符　号	重要系数值	重　构　值	更新重构值
POS	62	48	56
POS	32	48	40
POS	40	48	40
NEG	−45	−48	−40

将第一次扫描所得主表数据和副表数据送至自适应熵编码器进行编码,同时设置 $T=16$,对修改后的小波系数进行第二次扫描,扫描中忽略第一次扫描所修改而得的 0 值,得到主表和副表分别如表 2-9 和表 2-10 所示。

表 2-9　第二次扫描主表

层　数	系　数　值	类　型
LH_3	−31	NEG
HH_3	25	POS
LH_2	10,15,−12	ZTR
HL_2	15,12,−9,−6	ZTR
HH_2	5,−13,−15,9	ZTR
LH_1	7,−12,3,5	IZ

表 2-10 第二次扫描副表

符　号	重要系数值	重构值	更新重构值
POS	62	56	60
POS	32	40	36
POS	40	40	44
NEG	−45	−40	−44
NEG	−31	−24	−28
POS	25	24	28

如此逐步量化编码,一直到获得预定的量化精度或到达最低比特平面时编码结束。由编码过程可知,在码流的任意位置截断,接收端均可获得一个原始图像的最佳平滑逼近,EZW 算法"天然"地获得了分层编码所要求的效果,具体内容将在后面的分层编码中详细叙述。

2.2.6.6 基于内容的视频编码

前面阐述了预测编码和变换编码,它们都是基于像素的编码方法,本节介绍基于内容的编码方法,即第二代编码方法。

第二代编码方法采用由纹理(texture)、形状(shape)、运动等信息描述的区域(region)来表达视频图像数据,所谓区域,就是图像中具有相同特性的多个片段,而对象(object)定义为图像中表征有含义的实体的一组区域。由于这种描述方法较好地反映了人眼视觉系统特性,因此可有效地利用人眼视觉特性来提高编码效率;同时,也为基于对象的新业务提供了契机。

1. 分形编码

分形是 20 世纪 70 年代出现的一门非线性学科。20 世纪 80 年代,Bamsley 提出了基于迭代函数系统(IFS)理论的分形图像压缩编码方法,1992 年 Jacquin 提出并实现了基于 IFS 理论的自动压缩图像的分形编码。这是一个新的图像压缩编码思想。

自然界的图形可以分为两大类:一类是有特征长度的,如房屋、汽车等,它们的形状可以用线段、圆等基本几何要素来逼近;另一类是没有特征长度的,不可以用基本几何要素来逼近,如云彩、海岸线等,如果没有人工参照物,很难测量它们的尺度,因为其局部与整体具有相似性,即自似性。

分形便是这些没有特征长度图形的总称,是一些简单空间上点的集合。分形集合具有以下特征:

(1) 分形具有精细结构,即具有任意小尺度下的比例细节;
(2) 分形集合极不规则,其整体和局部均无法用传统的几何方法来描述;
(3) 分形集合通常具有某种自相似性,即局部与整体在统计意义或某种近似准则下具有相似的结构;
(4) 分形集的"分形维数"通常大于其拓扑维数;
(5) 通常分形可以用简单的图形迭代生成。

图像的分形编码主要利用了分形集的自相似性,它用变换来代替具体的图像数据。

1) 理论基础

分形是由点组成的,通常可用迭代函数系统(IFS)理论来描述分形。设这些点所在的空间为 X,一般情况下,X 是二维平面空间 R^2 的非空子集,给 X 定义了度量及其元素之间的距离 d 后,便构成了度量空间 (X,d)。定义压缩映射如下:

设空间 (X,d) 上的映射 $f: X \to X$ 满足:

$$d(f(x_1), f(x_2)) \leqslant c \times d(x_1, x_2) \quad \forall x_1, x_2 \in X \tag{2-82}$$

其中,$c<1$ 为一正常数,则称 $f: X \to X$ 为空间 (X,d) 上的压缩映射,称 c 为压缩因子。把度量空间 (X,d) 以及 n 个压缩映射 $f_i: X \to X$ 的总称定义为迭代函数系统 IFS,记为 $\{X; f_1, f_2, \cdots, f_n; c\}$,而 $c = \max\{c_1, c_2, \cdots, c_n\}$ 称为 IFS 的压缩因子,其中 c_i 为压缩映射 $f_i: X \to X$ 的压缩因子。

显然,X 的非空有界闭子集构成的集合 $G(X)$ 便是分形集合,在定义 $G(X)$ 上的度量后便可以在 $G(X)$ 上定义压缩映射。

集合 $G(X)$ 上的距离,即两个子集之间的豪斯多夫度量定义为

$$h(Y,Z) = \max\{\sup d(x,Y), \sup d(x,Z)\} \quad Y, Z \in G(X), x \in X \tag{2-83}$$

其中,点 x 到集合 Y 的距离 $d(x,Y)$ 定义为

$$d(x,Y) = \inf\{d(x,y): y \in Y\} \quad \forall x \in X, y \in Y \tag{2-84}$$

一般把 $(G(X), h)$ 称为分形空间。

如果映射 f 是空间 (X,d) 上的压缩因子为 c 的压缩映射,则分形空间 $(G(X), h)$ 上的映射 $\hat{f}(Y) = \{f(y): y \in Y\} \quad \forall Y \in G(X)$ 也是压缩因子为 c 的压缩映射,即

$$h(f(Y), f(Z)) \leqslant c \times h(Y, Z) \quad \forall Y, Z \in G(X) \tag{2-85}$$

压缩映射不动点定理:设 $\{X; f_1, f_2, \cdots, f_n; c\}$ 是度量空间 (X,d) 上的 IFS,则变换 $F(Y) = \bigcup_{i=1}^{n} \hat{f}_i(Y) \quad \forall Y \in G(X)$ 是度量空间 $\{G(X), h\}$ 上的压缩因子为 c 的压缩映射,它存在唯一的压缩不动点 $\overline{A}$ 满足($\overline{A}$ 亦被称为 IFS 的不动点)

$$\overline{A} = F(\overline{A}) \tag{2-86}$$

且压缩不动点 $\overline{A}$ 可以通过迭代获得

$$\overline{A} = \lim_{n \to \infty} F_n(Y) \quad \forall Y \in G(X) \tag{2-87}$$

其中,$F^n(Y) = F(F^{n-1}(Y))$,$F^0(Y) = F(Y)$。式(2-87)是分形解码的原理。即只需要知道压缩映射 $F: G(X) \to G(X)$ 就可以通过迭代获取不动点 $\overline{A}$。因此分形编码器只需要找出以待编码图像为不动点的压缩映射即可。

拼贴定理:设 (X,d) 是度量空间,给定集合 $L \in G(X)$ 和数 $\varepsilon > 0$,如果找到一个 IFS $\{X; f_1, f_2, \cdots, f_n; c\}$ 满足

$$h(L, \bigcup_{i=1}^{n} \hat{f}_i(L)) \leqslant \varepsilon \tag{2-88}$$

则有

$$h(L, \overline{A}) \leqslant \frac{h(L, \bigcup_{i=1}^{n} \hat{f}_i(L))}{1-c} \leqslant \frac{\varepsilon}{1-c} \tag{2-89}$$

其中,$\overline{A}$ 是该 IFS 的不动点。如何根据不动点确定压缩映射?目前这个问题还没有得到完全解决,但式(2-89)说明,只要找到压缩映射 $F(L) = \bigcup_{i=1}^{n} \hat{f}_i(L)$ 满足式(2-88),则 $F(L)$ 的不

动点 $\overline{A}$ 与 L 间的差别就在所控制的范围之内。解码端由 $F(L)$ 恢复出来的图像 $\overline{A}$ 与原始图像 L 间的误差就变成可以控制的了。这就是分形编码的基本原理。

综上所述,分形编/解码其实就是在编码端用压缩映射代替不动点,在接收端通过压缩映射恢复出不动点的过程。如果表达压缩映射所需要的比特数少于表达不动点所需要的比特数,则就达到了压缩图像的目的。实践表明,自相似性越明显的图像,分形编码所能达到的性能越好。

2) 分形编码方案

由于实际图像并不严格具有自相似特征,因此在实际分形编码方案中,通常采用分块的编码方法。对此,Jacquin 提出了以下分形编码方案。

(1) 原始图像分割:

把原始图像分为互不重叠的大小为 $K \times K$ 的子块 $R_1, R_2, \cdots, R_N$,称为值域块;另外,把原始图像划分为相互有重叠的大小为 $L \times L$ 的子块 $D_1, D_2, \cdots, D_N$,称为定义域块。显然 $L > K$,这是为了满足压缩变换的要求。

(2) 寻找合适的局部 IFS:

寻找合适的局部 IFS 是指对每一个值域块 R_i 寻找合适的压缩变换 $\hat{f}_i: G(X) \to G(X)$ 和定义域块 D_j,使其满足 $R_i \approx \hat{f}(D_j)$。压缩灰度图像时,常用简化的三维仿射变换来充当压缩变换:

$$f_i \begin{bmatrix} x \\ y \\ z \end{bmatrix} = \begin{bmatrix} a & b & 0 \\ c & d & 0 \\ 0 & 0 & p \end{bmatrix} \begin{bmatrix} x \\ y \\ z \end{bmatrix} + \begin{bmatrix} e \\ f \\ g \end{bmatrix} \tag{2-90}$$

由于直接存储和传输式(2-90)所确定的系数仍然有困难,因此常用一个等价的组合变换来代替:

$$f_i = G_i \cdot S_i \cdot H_i \tag{2-91}$$

其中,H_i 为二维平面上的压缩变换,把较大的定义域块映射到较小的值域块,S_i 为旋转对折变换,包括 8 种情况,即旋转 $0°$、$90°$、$180°$、$270°$、沿垂直中心轴、水平中心轴、主对角线、次对角线镜像对折;G_i 为灰度拉伸因子和补偿因子(平移因子)。

图像块与值域块的接近程度可采用均方误差准则。若所有的 f_i 均是压缩的,则它们组成的 F 也是压缩的,根据压缩映射原理,根据 F 可以在解码端恢复出整体的原始图像,并且依靠拼贴原理保证恢复图像与原始图像充分相近。

3) 分形变换参数编码

找到最佳的仿射变换 $f_i = G_i \cdot S_i \cdot H_i$ 和对应的定义域块 D_j 后,只需对它们的参数(分形参数)进行编码,从而完成了对值域块的 R_i 的编码。

理论上,在解码端需要根据分形参数对任取的一幅初始图像进行无数次迭代方能获得 F 的不动点(即恢复图像),但实际数字图像压缩中,由于分辨率的限制,只需要进行 8 次左右的迭代就可认为已收敛。

2. 纹理编码

一个区域或对象的纹理由其亮度、色度来表征,对纹理编码就是对亮度色度进行编码。通常仍采用 DCT 变换编码来进行纹理编码。不同的是,纹理编码中进行变换的区域纹理或者对象纹理的形状是不规则的,利用矩形栅格对其划分时,其边界处会产生一些不是矩形的纹理数据块。通常可使用两种方法来处理:

(1) 对不规则纹理块进行外推,填充出规则的矩形块,然后再进行变换;
(2) 直接使用适应于不规则形状的变换来处理纹理数据。

1) 纹理外推

假设采用 8×8 的 DCT 变换,在采用纹理外推法时,首先用一个由整数个 8×8 大小的宏块组成的矩形框把待编码的纹理区域框起来,称为边界框,边界框首先要使所有的纹理数据均在框内,其次边界框应当是最小的。图 2-27 表示了一个满足条件的不规则区域的边界框。其中阴影部分为待变换纹理,虚线框表示出宏块结构,实线框即纹理的边界矩形框。

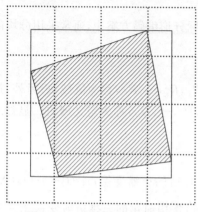

图 2-27 不规则区域的边界框

确定边界框之后,采用某种方法,填充处于边界框内、纹理区域外的像素,然后对此矩形框内的所有 8×8 块进行 DCT 变换。理想情况下,希望把信号扩展整个边界框而不产生新的高频分量。具体的扩展方法,将讨论在 MPEG-4 标准时介绍。

纹理外推不仅仅用于帧内编码,还用于运动补偿编码。由于对象是不规则的,因此对象某一宏块的运动矢量有可能指向一个不完全在对象内的宏块,此时也需要利用填充技术使参考宏块的所有像素均有幅度。

2) 直接变换法

纹理外推法会产生多于空间域系数数目的变换域系数,直接变换法则只产生与空间域系数数目相等的变换域系数。这种方法有好几种,这里只介绍形状自适应 DCT(SA-DCT)。

形状自适应 DCT 与常规的二维 DCT 相比,增加了像素平移的步骤,具体方法如下:

(1) 将图像块的所有像素平移到块的上边界,对每一列采用相应长度的一维 DCT;
(2) 将第一步所得的图像块所有像素平移到块的左边界,对每一行采用相应长度的一维 DCT;
(3) 对第二步所获得的变换域系数按照常规二维 DCT 的处理方法进行量化和编码。

图 2-28 给出了 SA-DCT 的平移过程。由于平移和长度不一,SA-DCT 不是正交变换,没有充分的利用像素间的相关性,因此限制了它的应用。Gilge 提出了一种对任意形状进行的正交变换,获得与空间域相等的变换域系数,有效利用了图像的空间相关性,但计算量限较大。

3. 二维形状编码

计算机图形学中,以 α 平面来表示对象的二维形状,所谓 α 平面,即映射:

$$S_k = \{s_k(x,y)\} \quad 0 \leqslant s_k(x,y) \leqslant 255 \tag{2-92}$$

其中,(x,y) 为平面像素的坐标,$s_k(x,y)$ 定义其透明度,$s_k(x,y)=0$ 表示该像素完全透明,像素属于对象;$s_k(x,y)=255$ 表示该像素不透明,像素不属于对象;其他介于两者之间,像素部分属于对象。

目前主要有两种方法来编码对象形状,一种直接采用 α 平面,称为灰度形状编码;另

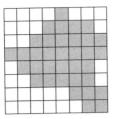 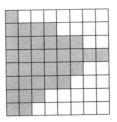 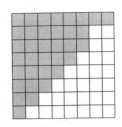

图 2-28 SA-DCT 的平移过程

一种则对 α 平面进行简化处理,限定 $s_k(x,y)$ 取值范围为 $\{0,255\}$,即像素要么完全透明,要么不透明,称为二值形状编码。这里仅讨论二值形状编码。灰度形状编码是一种更高级的形状编码,可以得到二值形状编码所不能获得的缓变边界,但其码率也高于二值形状编码。

二值形状编码主要有基于位图和基于轮廓两大类,基于位图的编码方法针对每个像素是否属于对象或区域进行编码,基于轮廓则直接对轮廓数据进行编码。位图编码方法主要有 MMR 方法、四叉树编码方法、基于上下文的算术编码方法等,基于轮廓的编码方法则有链编码、多边形编码和样条编码等。下面介绍位图编码中的四叉树编码和轮廓编码中的链编码。

1) 四叉树编码

四叉树编码用不同大小互补重叠的方块来表示对象的形状,编码的步骤为:

(1) 把对象的边界框划分为 16×16 的宏块,对每个宏块进行四叉树编码,每个宏块产生一四叉树。其边界框定义与纹理编码中的边界框定义类似,不过要求其中包含宏块为整数。

(2) 如果宏块按照某种准则属于该对象或不属于该对象,则产生一个树叶结点,此宏块编码完毕。否则产生一个一般结点,转入步骤(3)。

(3) 把宏块划分为 4 个 8×8 块,从左至右从上往下检测每一个 8×8 块,按照与步骤(2)相同的准则,产生树叶结点或一般结点。

(4) 如此直到进行到块的尺寸为一个像素。

判断一个块是否属于对象的准则有多种选择,例如某一个块内 90% 以上的像素属于对象就认为该块属于对象,有 90% 以上像素不属于对象就认为该块不属于该对象。图 2-29 是一个宏块和对应的四叉树,宏块中黑色像素属于对象,白色像素不属于对象,并且认为当且仅当一个块内所有像素均属于对象时,该块才属于对象,同样也可以判断一个块是否不属于对象。

得到宏块所对应的四叉树后,需要对四叉树形状进行编码,同时对四叉树的每一个叶结点是否属于对象进行编码。如果以深度优先搜索遍历四叉树,并且以 0 表示四叉树的叶结点,1 表示非叶结点,以 0 表示叶结点不属于对象,1 表示叶结点属于对象,则图 2-29 中的四叉树可以表示为 10011 01000 00010 01000 00010 00100 00,而每个叶结点是否属于对象则编码为 11001 01001 11101 10010 0101。

四叉树编码算法具有硬件实现容易、可分级编码等优点,近年来,出现了不少好的改进算法,有兴趣的读者可以阅读相关文献。

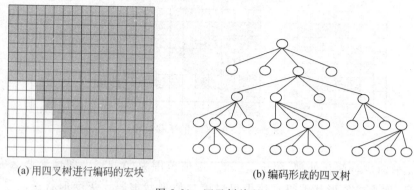

图 2-29 四叉树编码

2) 链编码

链编码是一种比较典型的轮廓编码方法,对对象或区域的边界位置进行跟踪编码。当确定编码对象或区域边界上某一个像素的位置后,链码对下一个边界像素相对于当前像素的方向进行编码。根据此方向的选择,链码可分为 4 邻域和 8 邻域链码,4 邻域链码表示一个方向需要 2 比特,8 邻域链码需要 3 比特。此外,4 邻域和 8 邻域链码均可采用直接链码和差分链码两种方式,直接链码对方向直接编码,差分链码则对方向差值进行编码。差分链码码字取值的范围扩大了,但由于它利用了相继链接的统计相关性,效率有所提高。图 2-30 给出了分别用 4 邻域链码和 8 邻域链码对同一个对象进行编码的方法。

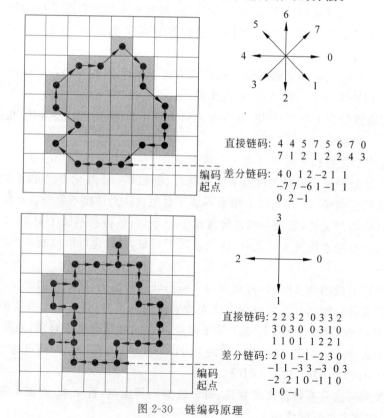

图 2-30 链编码原理

链编码是一种无损编码,在实际中,对形状进行链编码前,往往先对它进行平滑等预处理,并且把这种预处理与链编码统一考虑,此时,链编码变成了有损编码。

3) 基于区域的视频编码

区域是图像中具有相同特性的多个片段,通常可用纹理相似度来确定区域。即同一个区域内的纹理应当是"同质"的。

所谓基于区域的编码,就是根据纹理把图像划分为多个区域,然后对每个区域进行形状和纹理编码。对视频采用区域编码时,可以采用运动补偿和预测技术,对区域的运动进行编码,以利用区域的时间相关性。因此,基于区域的视频编码需要编码区域的形状、纹理和运动三类信息。基于区域的编码主要应用于低码率编码场合。

对人类视觉系统而言,形状信息是最为重要的,纹理信息次之。因此,码率有限的情况下,对形状进行高精度编码,对纹理进行低精度编码。实际上,通常用一个区域的平均纹理填充整个区域,编码时只需要编码此平均纹理即可。码率的要求决定了区域的划分,如果码率要求不高,就可以细划分区域;否则需要采用粗划分。

划分区域的方法主要有灰度阈值法、样板匹配法、区域生长法、区域聚合法等。这里介绍区域生长法。顾名思义,区域生长法就是从一个包含已知点的区域开始,不断加上与区域相似的邻近点更新区域。图 2-31 给出了一个例子。其中,如果邻近点的灰度值与已知区域平均灰度之差小于 2,则认为该点应位于此区域内。填充灰色的方格属于区域。

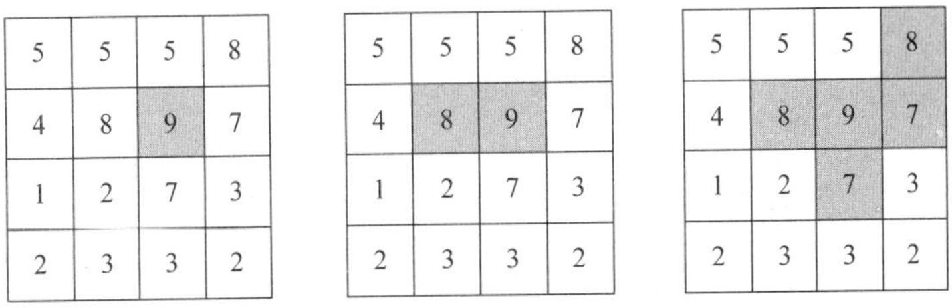

5	5	5	8
4	8	9	7
1	2	7	3
2	3	3	2

初始区域

5	5	5	8
4	8	9	7
1	2	7	3
2	3	3	2

第一步修改

5	5	5	8
4	8	9	7
1	2	7	3
2	3	3	2

最终区域

图 2-31 区域生长法

基于区域的视频编码需要获得运动矢量,方法与运动估计基本相同,不过此时,判断相似的依据变成了区域的形状。

值得一提的是,尽管在低码率情况下,基于区域的编码方法不会产生块效应,但高码率情况下,其编码效率明显不如基于 DCT 的编码方法,这是因为它需要传输许多的轮廓信息。

4) 基于对象的视频编码

基于对象的视频编码把图像分割成对象,一个对象是具有某种含义的一个实体,例如一个人,一棵树等。仍然用运动 M、形状 S 和纹理 T 三个参数集来描述一个对象,运动参数定义物体的位置和运动,纹理参数定义对象表面的亮度和色度。

图 2-32 是一个基于对象的视频编码框图,其中关键单元为图像分析器,它根据信源模型和已编码前一幅图像的三个参数集 M'、S'、T' 来分析图像,得到当前图像的参数集 M、S、T。其中,大部分纹理参数采用前一幅图像的纹理参数,运动参数与形状参数则需要重新估计。根据当前运动和形状参数能正确估计出来的对象成为 MC(模型一致性)对象,不能正

确估计的区域则成为 MF 对象。对 MF 对象,需要单独对它的形状和纹理进行编码。MF 对象是图像中剧烈变化的部分,一般情况下,其尺寸较小,可以提高码率编码其形状和纹理,提高图像质量。

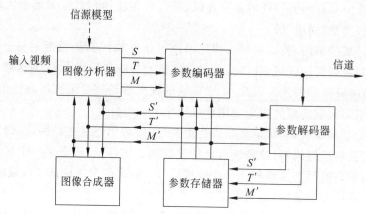

图 2-32　基于对象的视频编码框图

对象的参数采用预测编码技术进行编码,如果是 MF 对象,需要编码形状和纹理参数,如果是 MC 对象,则需要编码运动和形状参数。图 2-33 表示了参数编码器的内部结构。

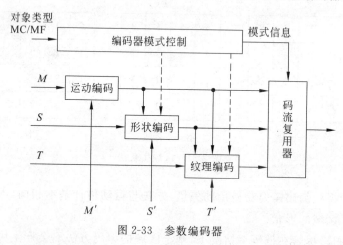

图 2-33　参数编码器

基于对象的编码方法大约用 80% 的码率来对 MF 进行编码,因此 MF 区域的大小决定了编码的效率。而 MF 区域的大小取决于信源模型,目前提出的信源模型主要有二维柔体模型、三维刚体模型和三维柔体模型。二维柔体模型认为物体在图像平面上的投影可以代表物体的运动,这些投影可以看拉伸和平移运动;三维刚体模型则用由几个不可变形的刚体连接而成的三维模型来代表物体的实际运动;三维柔体模型是最为切合实际的,它直接用可以作拉伸和平移运动的三维模型来代表实际物体的运动。虽然使用三维柔体模型时其运动矢量增加了,但所产生的 MF 区域也是最小的,因而节约了码率。实验表明,当编码为简单的视频电话序列时,使用三维柔体模型替换三维刚体模型,可以使码率从 64Kb/s 降低到 56Kb/s,付出的代价是增加编解码复杂度。

5）基于知识和语义的视频编码

基于对象的编码对所有的物体采用相同的模型，而基于知识的编码则对具体的物体采用相对应的模型。基于知识的编码器总是试图识别视频场景中的物体，如果识别出来，则编码器放弃原用的一般模型，使用适用于该物体的特定模型。一个常用的特定物体模型是人脸模型，编码器检测到人脸时，首先根据两眼间距离水平缩放、根据眼与嘴之间的距离竖直缩放人脸初始模型，使之适应当前人脸，其次把人脸模型缝合到描述物体的线框模型。这样就可以利用该模型对图像中的人脸进行编码了。基于知识的编码方法编码效率比基于对象的编码方法有所提高，因为它改善了形状表示，并且允许更好的运动补偿。在对一个空间分辨率为 352×288 像素、帧率为 10Hz 的测试序列 Claire 的编码实验中，在相同视频质量的情况下，基于对象的编码方法需要 57Kb/s，而基于知识的编码方法需要 47Kb/s。

基于知识的编码关键在于检测出特定对象。目前，已经有了一些检测识别人脸的方法。如 K. M. Lam 利用人脸的结构特点提出了快速人脸检测，对正面人脸正确识别率在 78% 以上，但它对人脸的边缘性过于依赖，导致对光照和人脸姿势敏感。

基于语义的视频编码是目前研究的难点之一。它直接对对象的行为进行编码，例如待编码对象人脸微笑了，基于对象或者基于知识的编码方法会对一些 MF 物体的形状、纹理进行编码传输，而基于语义的编码方法则直接传输命令"微笑"，解码器知道如何改变产生带微笑的视频图像。由于某个特定物体的"行为"数目比它的像素阵列可能发生的变化少很多，因此基于语义的编码可以大大提高编码效率。

对人脸模型而言，目前已经提出了描述脸部行为的动作单元 AU，一共有 46 种考虑脸部表情变化的动作单元、12 中粗略描述凝视方向的变化和头的方位的动作单元，几种动作单元可以同时动作以描述任意的脸部表情。另一种方法是定义脸上的特征点，使用脸部动画参数 FAP 使脸生动起来，MPEG-4 中定义了 68 种 FAP，表示了全部的基本脸部动作。

基于语义编码方法的关键和难点是：如何使模型逼真地表现脸部活动以及如何从待编码视频中提取出人脸的行为。此外，语义编码对误码非常敏感，这是显而易见的，一个误码就可以使行为发生变化而不是误差。

目前，基于知识和语义的视频编码主要用于可视电话、会议电视等的头肩序列编码。

2.2.6.7 分级视频编码

分级视频编码的目标是对一个码流，不同的解码器可以根据自己的能力和所处的环境，进行不同程度的解码，以获得相应质量的视频。分级视频编码具有很现实的意义，例如在因特网上，如果一个视频流是采用分级编码得到的，则带宽足够的用户可以下载所有的数据以获得高质量的视频，而带宽较窄的用户则可以下载视频流的一个子集而获得一个编码视频的低级质量版本。分级视频编码还能对数据采用不同的误码保护措施，使码流更加有效的适应信道特性。

分级视频编码一般通过提供视频的多个版本来实现，主要包括空间可分级编码、时间可分级编码、信噪比可分级编码以及它们的组合。一般情况下，分级编码码流由一个基本层和一个或者多个增强层组成。

1. 空间可分级编码

空间可分级编码提供的多个版本具有不同的空间分辨率，图 2-34 给出了采用空间可分级编码的图像。码流包含一个基本层和一个增强层，基本层在前，增强层在后，解码基本层得到了图 2-34(a)所示的结果,再解码增强层获得 2-34(b)所示的结果。

(a) 低分辨率图像　　(b) 高分辨率图像

图 2-34　空间可分级编码

实现空间可分级编码首先需要得到原始视频的多分辨率表示,对最低分辨率视频图像帧进行编码得到基本层数据,对最低分辨率视频图像帧进行内插可得到上一级分辨率的预测,对该预测与实际的上一级分辨率视频帧之差进行编码得到第一个增强层数据。其他的增强层类似获得。视频图像的多个分辨率版本一般通过对原始视频进行空间亚取样获得。图 2-35 给出了具有一个基本层和一个增强层的空间可分级编码器帧内编码框图。解码端如果要解码得到原始分辨率的视频图像,必须收到基本层和增强层所有数据。

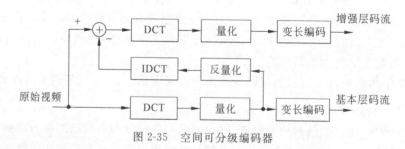

图 2-35　空间可分级编码器

2. 时间可分级编码

时间可分级编码与空间可分级编码类似,不过它提供的是原始视频不同时间分辨率(即不同帧率)的版本。其中的空间过取样(即内插)变成了时间内插,空间亚取样变成了时间亚取样。时间内插可以通过复制基本层的图像帧来实现,时间亚取样则是简单地抛弃将在增强层中编码的图像帧。

值得一提的是,同时采用时间可分级编码和运动补偿预测时,基本层的图像帧仅由基本层的帧来预测,而增强层的参考帧既可以取自基本层,也可以取自增强层。

3. 信噪比可分级编码

信噪比可分级编码的基本层在时间、空间分辨率上与原始视频相同,其不同体现在质量上。增强层的解码可提高视频质量。

采用 DCT 编码实现信噪比可分级的一种方法是基本层只传输 DCT 变换的前面几个低频系数，增强层传输高频系数，在 MPEG-2 中，被称为数据分割。另一种方法是对变换系数进行粗量化和编码得到基本层数据，对变换系数和基本层数据解码所得变换系数之差进行细量化得到增强层数据，其原理如图 2-36 所示。

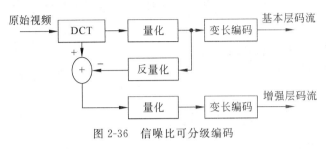

图 2-36　信噪比可分级编码

2.3　视频压缩编码标准

2.3.1　概述

视频图像编码国际标准

数字视频处理技术在通信、电子消费、军事、工业控制等领域的广泛应用促进了数字视频编码技术的快速发展，并催生出一系列的国际标准。近年来，国际标准化组织 ISO、国际电工委员会 IEC 和国际电信联盟 ITU-T 相继制定了一系列视频图像编码的国际标准，如表 2-11 所示，有力地促进了视频信息的广泛传播和相关产业的巨大发展。

表 2-11　视频图像编码国际标准及其应用

标　准	标　题	压缩比与比特率	主　要　应　用
JPEG	连续色调静止图像数字压缩编码	压缩比 2~30	因特网 数字媒体 图像/视频编辑
JPEG 2000	下一代静止图像编码标准	压缩比 2~50	因特网 移动通信 打印扫描 数字照相 遥感 传真 医学图像 数字图书馆 电子商务
H.261	$p \times 64\text{Kb/s}$ 音视频业务编解码	比特率 $p \times 64\text{Kb/s}(p:1\sim30)$	ISDN 视频会议
H.263	低比特率通信视频编码	比特率 8kb/s~1.5Mb/s	可视电话 视频会议 移动视频电话

续表

标 准	标 题	压缩比与比特率	主要应用
H.264	先进视频编码	比特率 8Kb/s～100Mb/s	可视电话 视频会议 视频广播 因特网
MPEG-1	面向数字存储的运动图像及其伴音编码	比特率 ≤1.5Mb/s	光盘存储 视频娱乐 视频监控
MPEG-2	运动图像及其伴音信息的通用编码	比特率 1.5Mb/s～100Mb/s	数字电视(DTV) 数字高清晰度电视(HDTV) 超高质量视频(SDTV) 卫星电视 有线电视 地面广播 视频编辑 视频存储
MPEG-4	音视频对象的通用编码	比特率 8Kb/s～35Mb/s	因特网 交互式视频 可视编辑 内容操作 消费视频 专业视频 2D/3D计算机图形 移动视频通信

2.3.2 视频编码标准化组织

1. ISO MPEG

运动图像专家组(MPEG)是国际标准化组织(ISO)和国际电工委员会(IEC)的一个工作组,即第一联合技术委员会第29子委员会的第11个工作组,其官方名称为 ISO/IEC JTC1/SC29/WG11。

MPEG 致力于制定运动图像(视频)和音频的压缩、处理和播放标准。它开发了一系列重要的音视频标准 MPEG-X,例如 MPEG-1、MPEG-2、MPEG-4、MPEG-7 和 MPEG-21。MPEG 最杰出贡献是制定了音频和视频压缩标准。

MPEG 由许多专题子小组组成,每个子小组负责解决与标准有关的某个特定问题。MPEG 组织的专家来自世界范围内的企业和研究机构。MPEG 每隔 2～3 个月召开一次会议。

2. ITU-T VCEG

视频编码专家组(VCEG)是国际电信联盟标准化部门的一个工作组,下设 16 个子小组。第 16 子小组致力于制定多媒体、系统和终端的国际标准,其官方名称为 ITU-T SG16。

VCEG 制定了一系列与电信网络和计算机网络有关的视频通信标准 H.26X。例如 H.261、H.263、H.263+、H.263++ 和 H.264。

3. JVT

联合视频小组(JVT)的成员来自于 ISO/IEC JTC1/SC29/WG11(MPEG)和 ITU-T SG16(VCEG)。JVT 的成立缘于 MPEG 对先进视频编码工具的需求。JVT 的主要工作目标是推动 H.264/MPEG-4 第十部分的发布。

2.3.3 JPEG

1. JPEG 简介

JPEG 是联合图像专家小组的英文缩略语(Joint Photographic Experts Group),它是由国际电信联盟(ITU)和国际标准化组织(ISO)的专家联合组成的。JPEG 是连续色调、多灰度级静止图像的数字图像压缩编码标准,JPEG 标准于 1991 年公布。JPEG 标准的正式名称是"信息技术——连续色调静止图像的数字压缩编码",文件号为 ISO CD10918-1,CCITT T.81,1991。JPEG 标准获得了极大的成功,不仅广泛应用于卫星图片、医疗图片等静止图像的存储和传输,也被应用于视频图像序列的帧内图像压缩编码。

JPEG 标准支持以下 4 种操作模式:

(1) 基于 DCT 的顺序型操作模式;

(2) 基于 DCT 的渐进型操作模式;

(3) 基于 DPCM 的无损编码操作模式;

(4) 基于多分辨率编码的操作模式。

所谓顺序型操作模式,就是在显示一幅图像时,以最终显示质量逐步显示图像的每一部分;而渐进型操作模式,则首先显示图像的整体概貌,然后逐步提高其显示质量直到被中止或达到最终显示质量为止。

操作模式(1)是 JPEG 标准的核心部分,它与霍夫曼编码一起构成了 JPEG 标准的基本系统,而其他操作模式则是 JPEG 标准基本系统的扩充,基本系统是所有 JPEG 标准设备均需要包含的,扩充系统则不一定。

2. 数据结构

JPEG 基本系统的输入图像以帧为单位,每个帧包含至多 4 个分量图像。每个分量图像均分为 8×8 像素的块(Block),块内的 64 个数据组成一个数据单元(DU)。一般每个分量图像的取样率是不同的,因此每个数据单元覆盖的原图像区域也就不一样,我们把取样率最低的分量图像上的一个数据单元覆盖的原图像区域内的所有数据单元编组为一个最小编码单元(MCU)。例如取样率为 4:1:1 的彩色图像,则一个 MCU 包括 4 个 Y 分量的 DU、1 个 C_r 分量的 DU、一个 C_b 分量的 DU。

3. 基本系统的编码/解码

图 2-37 给出了 JPEG 基本系统的编码/解码框图,在编码端,输入图像以 MCU 为单位从左至右从上而下逐个输入编码器,编码器首先按次序对每个 DU 进行前向 DCT,再对变化系数进行量化和编码。解码端则恰好相反。在 JPEG 基本系统中,每个像素值规定用 8 比特表示,在进行 DCT 前首先要把所有的像素值减去 128,使像素值的范围由 0~255 变成 −128~127,变换后的系数范围为 −1024~1023。另外,JPEG 标准中给出了亮度分量和色度分量的推荐量化表,如表 2-12 和表 2-13 所示。

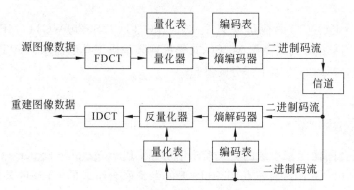

图 2-37 JPEG 标准编/解码框图

表 2-12 JPEG 推荐亮度量化表

17	18	24	47	99	99	99	99
18	21	26	66	99	99	99	99
24	26	56	99	99	99	99	99
47	66	99	99	99	99	99	99
99	99	99	99	99	99	99	99
99	99	99	99	99	99	99	99
99	99	99	99	99	99	99	99
99	99	99	99	99	99	99	99

表 2-13 JPEG 推荐色度量化表

16	11	10	16	24	40	51	61
12	12	14	19	26	58	60	55
14	13	16	24	40	57	69	56
14	17	22	29	51	87	80	62
18	22	37	56	68	109	103	77
24	35	55	64	81	104	113	92
49	64	78	87	103	121	120	101
72	92	95	98	112	100	103	99

1) DC 系数的编码

每一个数据单元量化后形成了 8×8 数据矩阵,最左上角的一个数据为直流数据,称为 DC 系数,其他 63 个则为交流数据,称为 AC 系数。DC 系数与 AC 系数具有不同的特点,采用不同的编码方法。

由于相邻块的 DC 系数差别比较小,可采用块间预测方法来编码。即对当前块的 DC 系数与前一块的 DC 系数之差进行编码,初始 DC 系数置 0。

DC 系数的范围为 $-1024\sim 1023$，前后 DC 系数的差值范围为 $-2047\sim 2047$，如果直接进行霍夫曼编码，则其码表较大。因此，标准中不采用直接霍夫曼编码的方法，而是采用"前缀码＋尾码"的编码方式，用 PCM 编码方式获得尾码来表示差值的幅度，前缀码采用霍夫曼编码，用来表示尾码的长度。显然，前缀码的范围为 $0\sim 11$，故霍夫曼码表有 12 项，推荐码表如表 2-14 所示。

表 2-14 DC 系数差值推荐霍夫曼码表

前缀码	DC 差值	亮度码长	亮度码字	色度码长	色度码字
0	0	2	00	2	00
1	$-1,1$	3	010	2	01
2	$-3,-2,2,3$	3	011	2	10
3	$-7\sim -4,4\sim 7$	3	100	3	110
4	$-15\sim -8,8\sim 15$	3	101	4	1110
5	$-31\sim -16,16\sim 31$	3	110	5	11110
6	$-63\sim -32,32\sim 63$	4	1110	6	111110
7	$-127\sim -64,64\sim 127$	5	11110	7	1111110
8	$-255\sim -128,128\sim 255$	6	111110	8	11111110
9	$-511\sim -256,256\sim 511$	7	1111110	9	111111110
10	$-1023\sim -512,512\sim 1023$	8	11111110	10	1111111110
11	$-2047\sim -1024,1024\sim 2047$	9	111111110	11	11111111110

如果像素幅度是正数，则其尾码就是其原码，即直接用二进制码表示；如果像素幅度为负数，则其尾码为其反码，由原码逐位取反而得。这样编码后，码字首位为 1 的是正数，而码字首位为 0 的是负数。因此在解码端，根据首位可以确定是否需要先逐位取反。

例如，亮度 DC 系数之差为 15，查表 6-3 得到 15 的前缀码为 4，其码字为 101，尾码码字即 15 的二进制原码 1111。若亮度 DC 系数之差为 -15，则前缀码字仍然为 101，尾码码字变为 1111 的反码 0000。

2) AC 系数的编码

进行 Zig-Zag 扫描后，AC 系数以"0 游程/非零值"的形式表示，其中非零值按照 DC 系数编码相同的方式，变为"需要码字位数/码字"的形式，因此，AC 系数便是一个一维数组，每个元素以"零游程/需要码字位数/码字"的形式出现。JPEG 标准中，把"零游程/需要码字位数"一起当作前缀码，"码字"作为尾码，采用与 DC 系数编码相同的方法。两种特殊情况是：

(1) 如果零游程超过 15 且其后有非零值，则把 16 个连零编码为 1111/0000，再对剩下的系数编码。

(2) 如果块中最后的一个"零游程/非零值"只包含连零不包含非零值，则直接用 EOB 表示所有的零。

对上述两种特殊情况编码后，零游程范围为 $0\sim 15$，共 16 种情况；AC 系数的范围为

$-1023 \sim 1023$,需要码字位数范围为 $1 \sim 10$,共 10 种情况。对"零游程/需要码字位数"(表中简称为"游程/尺寸")进行编码的霍夫曼码表大小为 $16 \times 10 + 2 = 162$,如表 2-15 所示。

表 2-15 亮度 AC 系数霍夫曼码表

游程/尺寸	码长	霍夫曼码字	游程/尺寸	码长	霍夫曼码字
0/0(EOB)	4	1010	2/9	16	1111111110001101
0/1	2	00	2/A	16	1111111110001110
0/2	2	01	3/1	6	111010
0/3	3	100	3/2	9	111110111
0/4	4	1011	3/3	10	111111110101
0/5	5	11010	3/4	16	1111111110001111
0/6	7	1111000	3/5	16	1111111110010000
0/7	8	11111000	3/6	16	1111111110010001
0/8	10	1111110110	3/7	16	1111111110010010
0/9	16	1111111110000010	3/8	16	1111111110010011
0/A	16	1111111110000011	3/9	16	1111111110010100
1/1	4	1100	3/A	16	1111111110010101
1/2	5	11011	4/1	6	111011
1/3	7	1111001	4/2	10	1111111000
1/4	9	111110110	4/3	16	1111111110010110
1/5	11	11111110110	4/4	16	1111111110010111
1/6	16	1111111110000100	4/5	16	1111111110011000
1/7	16	1111111110000101	4/6	16	1111111110011001
1/8	16	1111111110000110	4/7	16	1111111110011010
1/9	16	1111111110000111	4/8	16	1111111110011011
1/A	16	1111111110001000	4/9	16	1111111110011100
2/1	5	11100	4/A	16	1111111110011101
2/2	8	11111001	5/1	7	1111010
2/3	10	1111110111	5/2	11	11111110111
2/4	12	111111110100	5/3	16	1111111110011110
2/5	16	1111111110001001	5/4	16	1111111110011111
2/6	16	1111111110001010	5/5	16	1111111110100000
2/7	16	1111111110001011	5/6	16	1111111110100001
2/8	16	1111111110001100	5/7	16	1111111110100010

续表

游程/尺寸	码长	霍夫曼码字	游程/尺寸	码长	霍夫曼码字
5/8	16	1111111110100011	8/9	16	1111111110111100
5/9	16	1111111110100100	8/A	16	1111111110111101
5/A	16	1111111110100101	9/1	9	111111001
6/1	7	1111011	9/2	16	1111111110111110
6/2	12	111111110110	9/3	16	1111111110111111
6/3	16	1111111110100110	9/4	16	1111111111000000
6/4	16	1111111110100111	9/5	16	1111111111000001
6/5	16	1111111110101000	9/6	16	1111111111000010
6/6	16	1111111110101001	9/7	16	1111111111000011
6/7	16	1111111110101010	9/8	16	1111111111000100
6/8	16	1111111110101011	9/9	16	1111111111000101
6/9	16	1111111110101100	9/A	16	1111111111000110
6/A	16	1111111110101101	A/1	9	111111010
7/1	8	11111010	A/2	16	1111111111000111
7/2	12	111111110111	A/3	16	1111111111001000
7/3	16	1111111110101110	A/4	16	1111111111001001
7/4	16	1111111110101111	A/5	16	1111111111001010
7/5	16	1111111110110000	A/6	16	1111111111001011
7/6	16	1111111110110001	A/7	16	1111111111001100
7/7	16	1111111110110010	A/8	16	1111111111001101
7/8	16	1111111110110011	A/9	16	1111111111001110
7/9	16	1111111110110100	A/A	16	1111111111001111
7/A	16	1111111110110101	B/1	10	1111111001
8/1	9	111111000	B/2	16	1111111111010000
8/2	15	111111111000000	B/3	16	1111111111010001
8/3	16	1111111110110110	B/4	16	1111111111010010
8/4	16	1111111110110111	B/5	16	1111111111010011
8/5	16	1111111110111000	B/6	16	1111111111010100
8/6	16	1111111110111001	B/7	16	1111111111010101
8/7	16	1111111110111010	B/8	16	1111111111010110
8/8	16	1111111110111011	B/9	16	1111111111010111

续表

游程/尺寸	码长	霍夫曼码字	游程/尺寸	码长	霍夫曼码字
B/A	16	1111111111011000	E/1	16	1111111111101011
C/1	10	1111111010	E/2	16	1111111111101100
C/2	16	1111111111011001	E/3	16	1111111111101101
C/3	16	1111111111011010	E/4	16	1111111111101110
C/4	16	1111111111011011	E/5	16	1111111111101111
C/5	16	1111111111011100	E/6	16	1111111111110000
C/6	16	1111111111011101	E/7	16	1111111111110001
C/7	16	1111111111011110	E/8	16	1111111111110010
C/8	16	1111111111011111	E/9	16	1111111111110011
C/9	16	1111111111100000	E/A	16	1111111111110100
C/A	16	1111111111100001	F/0	11	11111111001
D/1	11	11111111000	F/1	16	1111111111110101
D/2	16	1111111111100010	F/2	16	1111111111110110
D/3	16	1111111111100011	F/3	16	1111111111110111
D/4	16	1111111111100100	F/4	16	1111111111111000
D/5	16	1111111111100101	F/5	16	1111111111111001
D/6	16	1111111111100110	F/6	16	1111111111111010
D/7	16	1111111111100111	F/7	16	1111111111111011
D/8	16	1111111111101000	F/8	16	1111111111111100
D/9	16	1111111111101001	F/9	16	1111111111111101
D/A	16	1111111111101010	F/A	16	1111111111111110

  下面是 JPEG 编码的一个简单例子,设某个 8×8 亮度数据块变换矩阵量化的结果如表 2-16 所示。进行 Zig-Zag 扫描后,得到结果为 151,(0,1),(0,2),(3,2),(15,0),(10,3),EOB,其中 151 为直流数据,其他是以(零游程长度/非零值)格式表示的交流数据。设前一块的 DC 系数为 138,则 DC 系数差值为 151-138=13,查表 2-14 可知需要 4 比特表示其尾码,前缀码字为 101,尾码字为 1101。交流数据(0,1)首先变为(零游程/需要码字位数,非零值)的形式为(0/1,1),根据表 2-15 编码为 001,类似的(0,2),(3,2),(15,0),(10,3)先转换表示形式为(0/2,2),(3/2,2),(15/0,0),(10/2,3),再编码为

    01/10,111110111 /10,1111111100 1,1111111111 000111/11

其中需要注意的是(15,0),其"非零值"为 0,尾码长度也为 0,即其码字仅包含前缀码。最后的结束符号 EOB 编码为 1010。最后的二进制码流为

    1011101 001 0110 11111011001 11111111001 1111111111000111 1010

表 2-16 量化后的变换块

151	1	0	2	0	0	0	0	0
2	0	0	0	0	0	0	0	0
0	0	0	0	0	0	0	0	0
0	0	0	0	0	0	0	0	0
0	0	0	0	0	0	0	0	0
0	0	0	3	0	0	0	0	0
0	0	0	0	0	0	0	0	0
0	0	0	0	0	0	0	0	0
0	0	0	0	0	0	0	0	0

JPEG 标准基本系统的核心算法为离散余弦变换编码,对"前缀码"进行熵编码,"尾码"采用稍加变化的 PCM 编码。其扩充系统实际应用较少,这里不再详细介绍,有兴趣的读者可以参考 JPEG 标准文档。

2.3.4 JPEG 2000

1. JPEG 2000 简介

DCT 是 JPEG 标准的核心,但压缩倍数高时会产生"方块效应",使图像质量明显下降。JPEG 2000 标准采用小波变换作为其核心算法,不仅仅克服了"方块效应",还带来了其他的优点。概括起来,JPEG 2000 标准的主要特点如下:

(1) 高压缩率,JPEG 2000 图像压缩比比 JPEG 显著提高,消除了方块效应。

(2) 渐进传输,提供了两种渐进传输模式:一是分辨率渐进传输,开始时图片尺寸较小,随着接收数据的增加逐渐恢复到原始图像大小;二是质量渐进传输,开始时接收图像大小与原始图像相同,但是质量较差,随着接收数据的增多,图像质量逐渐提高。JPEG 2000 的渐进传输还可以提供由有损编码到无损编码的渐进。这很好地满足了互联网、打印机和图像文档的应用需要。而 JPEG 标准基本系统的图像只能按"块"传输,一行一行显示。

(3) 感兴趣区域编码,包括两层含义,一是压缩时可以指定图片的感兴趣区域,采用不同于其他区域的压缩方法;二是传输时,用户可以指定其感兴趣区域,通过交互操作,只传输用户感兴趣的区域。

(4) 码流的随机访问与处理,允许用户随机指定感兴趣区域,使该区域质量高于其他区域,允许用户对图像进行旋转、平移、滤波和特征提取等操作。

(5) 良好的容错性和开放的框架结构。

JPEG 2000 系统包括图像编码系统、扩充、运动 JPEG 2000、一致性、参考软件、复合图像文件格式和对图像编码系统的支持等七个部分,下面主要介绍图像编码系统,其他部分有兴趣的读者可以参考标准文档。

2. 系统框架

JPEG 2000 图像编码系统框架如图 2-38 所示,解码与此恰好相反。其编码主要包括以下步骤:

(1) 对原始图像进行预处理,主要是 DC 位移。

(2) 对图像进行正向分量变换,把图像分解成分量图像,例如把彩色图像分解成亮度、色度分量,此过程可选。

(3) 把图像(或分量图像)分解成大小相等的矩形块,称之为图像片(tile),图像片是 JPEG 2000 系统的基本操作单元。

(4) 对每个图像片进行二维小波变换。

(5) 把小波系数分解成系数块并分别量化。

(6) 熵编码。

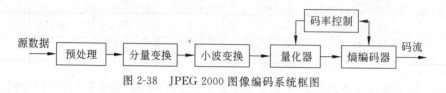

图 2-38　JPEG 2000 图像编码系统框图

3. DC 位移、分量变换和分片

如果输入图像以无符号数表示,则在进行小波变换前,JPEG 2000 标准要求对数据进行 DC 位移,即所有样值减去 2^{p-1},其中 p 是样值所用二进制位数。

分量变换与 JPEG 系统类似,合适的分量变换可以提高图像压缩质量。JPEG 2000 系统中提供两种分量变换:实数到实数不可逆的 ICT 和整数到整数可逆的 RCT,ICT 只能用于有损编码,RCT 可用于有损编码和无损编码。ICT 把彩色图像由 RGB 空间变换到 YC_bC_r 空间,RCT 把彩色图像由 RGB 空间变换到 YUV 空间,其变换式分别由式(2-93)和式(2-94)给出。

$$\begin{cases} Y = (-R + 2G + B)/4 \\ U = R - G \\ V = B - G \end{cases} \tag{2-93}$$

$$\begin{bmatrix} Y \\ C_b \\ C_r \end{bmatrix} = \begin{bmatrix} 0.299 & 0.587 & 0.114 \\ -0.168\,75 & -0.331\,26 & 0.5 \\ 0.5 & -0.418\,69 & -0.081\,31 \end{bmatrix} \cdot \begin{bmatrix} R \\ G \\ B \end{bmatrix} \tag{2-94}$$

JPEG 2000 多分量编码器的框图如图 2-39 所示,其中 C_1, C_2, C_3 是新的分量空间。

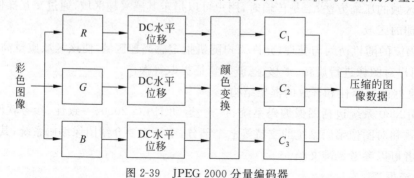

图 2-39　JPEG 2000 分量编码器

把图像分成图像片(Tile)可以减少对内存的要求,而且由于块被独立处理,所以在重建图像时,它们也可以被用于重构图像的某一部分而不是整体。但是,分片会使图像质量下

降,图像片越小,质量下降越多,一般每个图像片为 128×128 样点或 256×256 样点。

4. 小波变换和量化

小波变换按图像片进行,实验表明,小波分解 5 级后,LL 层各个数据相关性就很小了,因此 JPEG 2000 标准中采用 6 级小波分解,其边界采用周期对成扩展。对于无损压缩,标准默认使用 LeGall(5,3)滤波器实现可逆小波分解,对于有损压缩,标准默认使用 Daubechies(9,7)滤波器。其解析滤波器系数分别如表 2-17 和表 2-18 所示。

表 2-17 Daubechies(9,7)滤波器系数

k	低通滤波器(h_x)	高通滤波器(g_x)
0	0.602 949 018 236 357 9	1.115 087 052 456 994
±1	0.266 864 118 442 872 3	−0.591 271 763 114 247 0
±2	−0.078 223 266 528 987 85	−0.057 543 526 228 499 57
±3	−0.016 864 118 442 874 95	0.091 271 763 114 249 48
±4	0.026 748 757 410 809 76	

表 2-18 LeGall(5,3)滤波器系数

k	低通滤波器(h_x)	高通滤波器(g_x)
0	6/8	1
±1	2/8	1/2
±2	−1/8	

除了采用卷积(使用表 6-6 和表 6-7 所示的滤波器参数)来实现小波变换外,标准也支持采用其他算法来实现小波变换。

JPEG 2000 标准采用标量量化,也分为两种情况:

(1) 对无损编码,所有的量化步长为 1;

(2) 对有损编码,每一个图像片分解后的每个子带采用一个量化步长,各个子带步长一般不同。量化后,所有的系数均由符号和幅度两个部分构成。在有损编码中,码率控制器可以通过控制量化步长来控制码率。

5. 熵编码

量化后的每个小波子带数据被分为规则而互不重叠的矩形块,称为码块(Code Block)。码块宽高都必须是 2 的整数次幂,且宽高之积小于 4096。

JPEG 2000 熵编码采用的是简化的 EBCOT 算法,可以分为块编码(Block Coding)和分层装配(Layer Formation)两个步骤。块编码实际上是位平面编码,将每一个图像片的所有系数按照二进制位分层,从最高层(即最高有效位平面)到最低层对每层上的所有小波系数(非 0 即 1)进行算术编码。如果算术编码输出码流被截断的话,编码块会丢失较低位平面信息,即系数的较低有效位,一般情况下仍然可以解码出完整的图像,但图像质量会下降,称该码流为"嵌入式"码流。如果简单地将这些码流连接到一起,所获得的图像整体码流却不具备嵌入式的特征,不能达到渐进式传输的要求。分层装配正是要使得整体码流也具备嵌

入式码流特征。分层装配截断块编码所得的每个码流,将它们连接到一起,形成一个质量层;再从每个剩下的码流中截取一部分连接成第二个质量层,如此直到所有码流均被处理完毕。显然分层装配获得的码流具备嵌入式特征,可以满足渐进式传输的要求。另外,码率受分层装配影响,码率控制器的一个控制点是熵编码器中的分层装配环节。

1) 块编码

编码器采用位平面编码技术,将码块分成各个位平面后,按照从高位平面到低位平面的顺序,对每个位平面按照图 2-40 所示的顺序,进行扫描编码。先介绍两个术语定义。

重要系数与非重要系数:如果某一个系数在当前位平面中为 1,则称该系数在当前位平面以及更低的位平面中为重要系数,否则为非重要系数。

上下文:一个系数的上下文是由它周围的 8 个系数的重要性状态所构成的一个二进制矢量,如图 2-41 所示。如果这 8 个系数均为不重要的,则上下文为零,否则不为零。

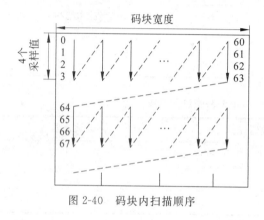

图 2-40　码块内扫描顺序　　　　　图 2-41　上下文

在 JPEG 2000 标准中根据当前编码位系数和其上下文对扫描所得的位平面系数进行分类,选择三个不同的编码通道之一进行编码,这就是所谓"部分位平面"编码。这三个编码通道依次是:

(1) 重要传播通道,对具有非零上下文的非重要系数进行编码。

(2) 幅度细化通道,对重要系数进行编码。

(3) 清除通道,对所有其他系数进行编码。

通道内数据可以采用粗编码或算术编码,具体的编码过程请参阅 JPEG 2000 标准。

2) 分层装配

为了使压缩编码形成的最后码流具有信噪比可分级、渐进恢复等特点,JPEG 2000 标准按照率失真最优的原则对算术编码器的输出进行分层装配。如图 2-42 所示,把每一码块的编码数据分成 L 层,每一层的数据量一般不同,有可能某一层数据为空。所有码块的第 k 层数据组成了整个第 k 层码流。一般来说,编号较小的层包含低频数据,编号较大的层含有高频数据。

在传输视频图像数据时,先传编号较小的层,再传编号较大的层,随着传输的层数增多,视频图像的质量逐渐变好。

在有损压缩时,根据码率控制要求,某些通道的数据可以抛弃而不进入层。而无损压缩则要求所有通道产生的数据均要进入层。

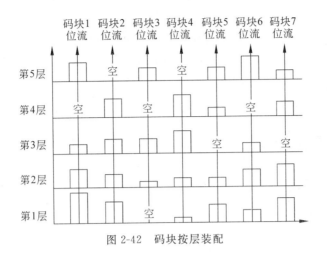

图 2-42 码块按层装配

2.3.5 H.261

H.26X 是由 ITU-T 制定的视频压缩标准,主要有 H.261、H.262、H.263 和 H.264 等。其中,H.261 制定于 20 世纪 90 年代初,尽管目前它的应用正在渐渐减少,但其所采用的基本方法和思路对以后的视频编码标准制定影响很大,对于理解 MPEG-1、MPEG-1、H.263 和 H.264 等标准非常有帮助。H.262 是 MPEG-2 标准的视频部分。H.263 标准制定于 1996 年,是目前视频会议的主流编码方法。2002 年制定的 H.264 标准是新一代的视频编码标准,在相同视频质量下,其压缩倍数较 H.263 有较大提高,具有广阔的应用前景。

H.261 是 ITU-T 针对可视电话、会议电视等要求实时编解码和低时延应用提出的第一个视频编解码标准,于 1990 年 12 月发布。H.261 标准的码率为 $p \times 64\text{Kb/s}$,其中 p 为整数,且满足 $1 \leqslant p \leqslant 30$,对应的码率为 64Kb/s~1.92Mb/s。通常,当 $p=1,2$ 时,用于可视电话业务,$p \geqslant 6$ 时用于会议电视业务。

1. 数据组织和系统框架

H.261 的输入图像必须满足公共中间格式(CIF)或四分之一 CIF 格式(QCIF),其参数如表 2-19 所示。

表 2-19 CIF/QCIF 格式参数

参　　数	CIF	QCIF
Y 有效取样点数	352 点/行	176 点/行
U,V 有效取样点数	176 点/行	88 点/行
Y 有效行数	288 行/帧	144 行/帧
U,V 有效行数	144 行/帧	72 行/帧
块组层数	12 组/帧	3 组/帧

H.261 标准将 CIF 和 QCIF 格式的数据结构划分为四个层次:图像层(P)、块组层(GOB)、宏块层(MB)和块层(B)。对 CIF 图像其层次结构和相互位置关系如图 2-43 所示,

QCIF 与之类似。在码流中，从下至上，块层数据由 64 变换系数和块结束符组成。宏块层数据由宏块头（包括宏块地址、类型等）和 6 组块数据组成，其中 4 个亮度块和 2 个色度块。块组层数据由块组头（16 比特的快组起始码、块组编号等）和 33 组宏块数据组成。图像层数据由图像头和 3 组或 12 组块组数据组成。图像头包括 20 比特的图像起始码和一些标志信息，例如 CIF/QCIF 数、帧数等。它们在码流中的相互位置关系如图 2-44 所示。

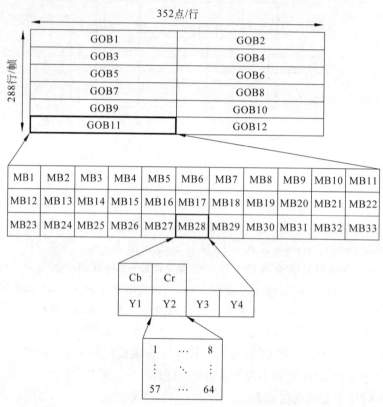

图 2-43　H.261 图像分层结构

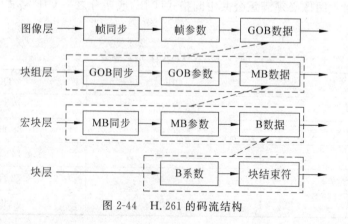

图 2-44　H.261 的码流结构

H.261 的编码框图如图 2-45 所示，其中有两个模式选择开关用来选择编码模式，编码模式包括帧内编码和帧间编码两种，若两个开关均选择上方，则为帧内编码模式；若两个开关均选择下方(见图 2-45),为帧间编码模式。

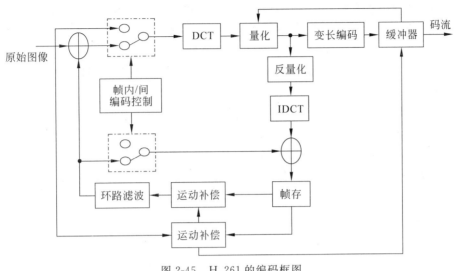

图 2-45 H.261 的编码框图

帧内编码时,先对图像块进行 DCT,然后进行量化、游程编码和霍夫曼编码,量化后的系数经过反量化、IDCT 处理获得重建图像送至帧存中存储起来,供帧间编码使用,称为参考帧。

帧间编码时,需要对当前编码帧的每一个宏块作运动补偿处理,即在参考帧的对应搜索窗中搜索与其最为相似的宏块,得到二者间的相对位移(运动矢量)和二者间的差值。运动矢量送至变长编码器中编码,对差值则进行 DCT、量化和变长编码处理。缓冲器的作用是确保整个编码器输出视频码流速率恒定,它通过控制量化器量化步长来控制码率。环路滤波器是一个低通滤波器,用来减小编码噪声和方块效应所带来的预测误差。

2. 帧间/帧内模式选择

H.261 视频编码分为帧内编码和帧间编码。若画面内容切换频繁或运动剧烈,则帧间编码不能得到好的编码效果,需要使用帧内编码。显然,起始帧和场景更换后的第一帧必须采用帧内编码。为了控制帧间编码和传输误码可能引起的误差扩散,标准规定一个宏块最多连续进行 132 次帧间编码后要进行一次帧内编码。

可根据交流能量的大小来决定编码方式:当帧内交流能量大于帧间交流能量时,采用帧间编码,反之采用帧内编码;当帧间帧内交流能量都很小时,采用更加节省码率的帧间编码。

交流能量的计算方法如下:设 $x_k(i,j)$ 和 $x_{k-1}(i,j)$ 分别是当前帧和参考帧宏块的亮度信号值,则参考帧的帧内交流能量为

$$\text{VAROR} = \frac{1}{256}\sum_{i=1}^{16}\sum_{j=1}^{16} x_{k-1}(i,j)^2 - \left[\frac{1}{256}\sum_{i=1}^{16}\sum_{j=1}^{16} x_{k-1}(i,j)\right]^2 \tag{2-95}$$

而前后帧间交流能量为

$$\text{VAR} = \frac{1}{256}\sum_{i=1}^{16}\sum_{j=1}^{16}\left[x_k(i,j) - x_{k-1}(i,j)\right]^2 \tag{2-96}$$

3. 量化

H.261 标准对 DCT 系数采用两种量化方式。对帧内编码模式所产生的直流系数,用步长为 8 的均匀量化器进行量化;对其他所有的系数,则采用设置了死区的均匀量化器来量化,量化器的步长 T 取自区间 $[2,62]$。所有在死区内的系数均被量化为 0,其他系数则按照设定的步长进行均匀量化。标准规定,在一个宏块内除了采用帧内编码所得的直流系数外,所有其他系数采用同一个量化步长,宏块间可以改变量化步长。

4. 运动预测

H.261 的运动预测以宏块为单位,由亮度分量来决定运动矢量,匹配准则有最小绝对值误差、最小均方误差、归一化互相关函数等,标准并没有限定选用何种准则,也没有限定选用何种搜索方法进行搜索。第 k 帧宏块 MB_k 相对于第 $k-1$ 帧宏块 MB_{k-1} 的运动矢量定义为

$$d = S_k - S_{k-1} \tag{2-97}$$

其中,S_k、S_{k-1} 分别是 MB_k、MB_{k-1} 的位置矢量。位置矢量采用的是原点位于图像左上角,x 轴、y 轴分别以向下和向右为正方向的直角坐标系。解码端收到运动矢量后,将其减半后作为同一宏块的色度分量的运动矢量。

2.3.6 H.263

H.263 标准制定于 1995 年,是 ITU-T 针对 64Kp/s 以下的低比特率视频应用而制定的标准。它的基本算法与 H.261 基本相同,但进行了许多改进,使得 H.263 标准获得了更好的编码性能,在比特率低于 64Kp/s 时,在同样比特率的情况下,与 H.261 相比,H.263 可以获得 3~4dB 的质量(PNSR)改善。H.263 的改进主要包括支持更多的图像格式、更有效的运动预测、效率更高的三维可变长编码代替二维可变长编码以及增加了四个可选模式。

1. 数据组织与系统框架

H.263 系统支持五种图像格式,其参数如表 2-20 所示。H.263 规定,所有的解码器必须支持 Sub-QCIF 和 QCIF 格式,所有的编码器必须支持 Sub-QCIF 和 QCIF 格式中的一种,其是否支持其他格式由用户决定。

表 2-20 H.263 图像格式参数

参 数	Sub-QCIF	QCIF	CIF	4CIF	16CIF
Y 有效取样点数	128 点/行	176 点/行	352 点/行	704 点/行	1408 点/行
U,V 有效取样点数	64 点/行	88 点/行	176 点/行	352 点/行	704 点/行
Y 有效行数	96 行/帧	144 行/帧	288 行/帧	576 行/帧	1152 行/帧
U,V 有效行数	48 行/帧	72 行/帧	144 行/帧	288 行/帧	576 行/帧
块组层数	6 组/帧	9 组/帧	18 组/帧	18 组/帧	18 组/帧

与 H.261 相同,H.263 仍然采用图像层(P)、块组层(GOB)、宏块层(MB)和块层(B)四个层次的数据结构,但与 H.261 不同的是,在 H.263 中,每个 GOB 包含的 MB 数目是不同的。H.263 规定,一行中的所有像素只能属于一个 GOB,因此对于不同的格式,一个 GOB 所包含的 MB 是不同的,对应的行数也是不同的,如表 2-21 所示。图 2-46 是 H.263 中 CIF

的分层结构示意图。

表 2-21 H.263 块组结构

参 数	Sub-QCIF	QCIF	CIF	4CIF	16CIF
MB 数/GOB	8	11	22	88	176
Y 行数/GOB	16	16	16	32	64

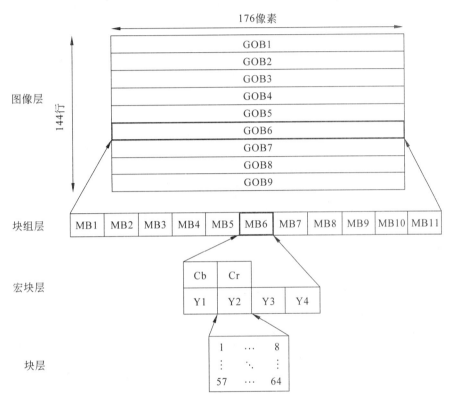

图 2-46 H.263 中 QCIF 的分层结构

H.263 的编码器框图如图 2-47 所示,与图 2-45 对比可知,H.263 编码器中没有滤波器。这是因为 H.263 采取了更加有效的半像素精度运动矢量预测,滤波器作用已经不明显。此外,可变长编码器采用三维可变长编码,即把(是否最后,游程,幅值)作为编码事件,而 H.261 中,采用的是二维编码器,把(游程,幅值)作为编码事件,另外用符号 EOB 来标志块的结束。

2. 运动预测

1) 半像素精度运动矢量预测

为了更好地进行运动预测,H.263 采用半像素预测。所谓半像素预测,就是在全像素精度预测后再执行半像素精度的搜索。即首先对搜索窗中的像素块进行全像素搜索,获得最佳匹配块,然后再以半像素的精度在最佳匹配块±1 像素的范围内执行搜索。运动矢量的范围为[-16,15.5]。

进行半像素精度运动预测的目的是获得半像素位置的幅度值,H.263 通过线性插值获

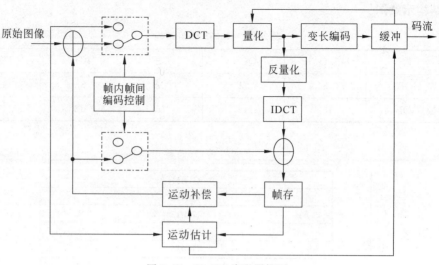

图 2-47　H.263 编码器框图

得,如图 2-48 所示,线性插值公式为

$$\begin{cases} a = (A+C+1)/2 \\ b = (A+B+1)/2 \\ c = (A+B+C+D+2)/4 \end{cases} \qquad (2\text{-}98)$$

2) 运动矢量的差分编码

在 H.263 中,对运动矢量采用预测编码。采用与当前宏块相邻的三个宏块的运动矢量的均值作为预测值,如图 2-49 所示。当相邻宏块不在当前块组时,按照下列规则处理:如果只有一个相邻宏块在块组外,则令该宏块运动矢量为零计算预测值;如果有两个宏块在块组外,则直接取剩下宏块的运动矢量作为预测值。

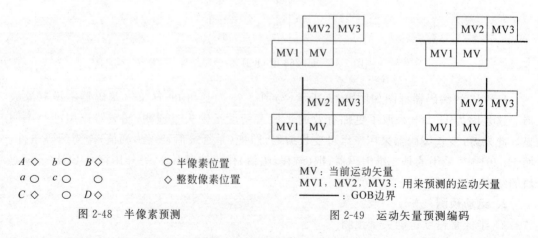

图 2-48　半像素预测　　　　　　　图 2-49　运动矢量预测编码

3. 可选模式

上面介绍的是 H.263 的默认模式,除此之外,H.263 还给出了四种可选模式,供用户选择使用。这四种模式是无限制运动矢量模式、基于语法的算术编码模式、先进预测模式和 PB 图像模式。

1) 无限制运动矢量模式

在无限制运动矢量模式下,运动矢量可以指向图像外,其范围扩展到[-31.5,31.5]。在摄像机运动或图像沿边缘运动时,采用这种模式可以提高编码效率,同时图像外的像素值也可由图像边界像素值填充得到。

2) 基于语法的算术编码模式

在基于语法的算术编码模式下,基于语法的算术编码代替了默认模式中的三维可变长编码。实验表明,在相同图像质量下,基于语法的算术编码模式可以把比特率降低5%左右。在可变长编码中,任何一个符号占用整数比特,都能导致压缩效率的下降,算术编码则没有这个问题,这正是基于语法的算术编码模式压缩效率更高的原因。

3) 先进预测模式

先进预测模式包含了两方面的改进,即一个宏块可以选用四个预测矢量和重叠块运动补偿(OBMC)。

在先进预测模式中,既可以对一个宏块使用一个运动矢量,也可以对宏块的每个亮度块各使用一个运动矢量。当一个宏块使用四个运动矢量时,色度块的运动矢量是四个亮度块运动矢量和的1/8。哪些宏块采用四个运动矢量取决于编码器。对运动矢量仍采用预测编码,取三个预测矢量的均值作为最终预测值,不过预测矢量MV1、MV2、MV3位置有所变化,如图2-50所示,其中,粗线代表宏块边界。

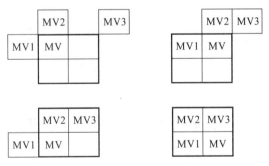

图2-50 运动矢量预测编码

重叠块运动补偿提高了预测性能并减少了块失真。实验结果表明,当OBMC与标准BMA(块匹配算法)相结合时,可以提高预测图像质量1dB,应用迭代运动估计时,可以取得2dB的改善。采用OBMC时,解码端的亮度预测值由三个运动矢量计算得到的三个预测值的加权和,这三个运动矢量是:当前宏块的运动矢量,最靠近当前像素的两个宏块(上下取一个,左右取一个)的运动矢量。如果一个宏块采用四个运动矢量,这三个运动矢量是:当前块的运动矢量,最靠近当前像素的两个块的运动矢量。色度预测值不采用OBMC技术。

下面举例说明OBMC技术。设待预测样点处于当前块的左上区域,则最靠近它的两个块分别位于当前块的上方和左方,设它们的运动矢量分别为(x_1,y_1)、(x_2,y_2),它们确定的样点亮度预测值分别为s_1,s_2;设当前块的运动矢量为(x_0,y_0),它确定的样点亮度预测值为s_0;则待预测样点亮度的预测值为

$$s = \frac{1}{8}[s_0 \times \boldsymbol{H}_0(i,j) + s_1 \times \boldsymbol{H}_1(i,j) + s_2 \times \boldsymbol{H}_2(i,j)] \qquad (2\text{-}99)$$

其中，(i,j)为当前样点的坐标，$\boldsymbol{H}_0$，$\boldsymbol{H}_1$，$\boldsymbol{H}_2$ 分别是加权矩阵，如图 2-51 所示。

$$
\underset{\boldsymbol{H}_0}{\begin{bmatrix}4&5&5&5&5&5&5&4\\5&5&5&5&5&5&5&5\\5&5&6&6&6&6&5&5\\5&5&6&6&6&6&5&5\\5&5&6&6&6&6&5&5\\5&5&6&6&6&6&5&5\\5&5&5&5&5&5&5&5\\4&5&5&5&5&5&5&4\end{bmatrix}}
\quad
\underset{\boldsymbol{H}_1}{\begin{bmatrix}2&2&2&2&2&2&2&2\\1&1&2&2&2&2&1&1\\1&1&1&1&1&1&1&1\\1&1&1&1&1&1&1&1\\1&1&1&1&1&1&1&1\\1&1&1&1&1&1&1&1\\1&1&2&2&2&2&1&1\\2&2&2&2&2&2&2&2\end{bmatrix}}
\quad
\underset{\boldsymbol{H}_2}{\begin{bmatrix}2&1&1&1&1&1&1&2\\2&2&1&1&1&1&2&2\\2&2&1&1&1&1&2&2\\2&2&1&1&1&1&2&2\\2&2&1&1&1&1&2&2\\2&2&1&1&1&1&2&2\\2&2&1&1&1&1&2&2\\2&1&1&1&1&1&1&2\end{bmatrix}}
$$

图 2-51　H. 263 中 OBMC 的权重矩阵

4）PB 图像模式

PB 图像模式引入了一种新的帧 PB 帧，一个 PB 帧由一个 P 帧和一个 B 帧组成，一起编码。其中 P 帧即在默认模式中采用帧间编码的帧，P 帧由前面的已经编码的 P 帧或者 I 帧来预测。而 B 帧在时间上处于前一 P 帧（或者 I 帧）和当前 P 帧之间，由二者进行双向预测。这种关系如图 2-52 所示。

图 2-52　PB 帧模式

P 帧编码方式与默认模式完全相同，下面阐述如何获得 B 帧的运动矢量。设当前 P 帧的运动矢量为 MV，当前 P 帧与前一 P 帧的距离为 TR_{D}，B 帧与前一 P 帧的距离为 TR_{B}，则 B 帧的前向运动矢量 $\mathrm{MV_F}$ 和后向运动矢量 $\mathrm{MV_B}$ 由下式获得

$$
\begin{cases}\mathrm{MV_F} = (\mathrm{MV} \times TR_{\mathrm{B}})/TR_{\mathrm{D}} + \mathrm{MV}_D \\ \mathrm{MV_B} = \mathrm{MV_F} - \mathrm{MV}\end{cases} \tag{2-100}
$$

式中，$\mathrm{MV_D}$ 为矢量修正值。

根据编码方法易知，B 帧的质量不影响后续编码帧的编码，因此，可以对它进行粗编码，这样就可以在不明显提高码率的情况下，把帧率提高一倍。但是，PB 模式在场景快速运动或复杂运动时，效果不好，它适用于场景作简单且缓慢的运动。

1995 年制定 H. 263 标准后，ITU-T 于 1998 年和 2000 年相继通过了 H. 263 的第二版和第三版，称为 H. 263＋和 H. 263＋＋。在这两个版本中，一共添加了 15 个新的可选模式，并修改了一个 H. 263 的已有模式，有效地提高了编码效果。

2.3.7　H.264

视频联合工作组 JVT 于 2001 年 12 月成立，由 ITU-T 和 ISO 两个国际组织有关视频编码的专家联合组成。JVT 的工作目标是制定一个新的视频编码标准，适应视频的高压缩比、高图像质量以及良好的网络适应性等要求。其工作成果为 2003 年通过的 ITU-T 的 H. 264 标准，也成为 ISO 的 MPEG-4 标准的第十部分，其名称为“先进视频编码”(Advanced Video Coding)。H. 264 具有以下优点，这些优点来源于 H. 264 结构上和算法上的改进，并使它成为一个应用广泛且高效的标准。

(1) 更高的编码效率。在相同视频质量的情况下，H. 264 可比 H. 263 和 MPEG-4 节省 50％左右的码率。

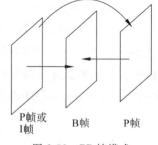

(2) 自适应的时延特性。H.264 既可以工作于低时延模式下,应用于视频会议等实时通信场合,也可以用于没有时延限制的场合,例如视频存储等。

(3) 面向 IP 包的编码机制。H.264 引入了面向 IP 包的编码机制,有利于 IP 网络中的分组传输,支持网络中视频流媒体的传输,并且支持不同网络资源下的分级传输。

(4) 错误恢复功能。H.264 提供了解决网络传输包丢失问题的工具,可以在高误码率的信道中有效地传输数据。

(5) 开放性。H.264 基本系统无需使用版权,具有开放性。

1. 结构框架

H.264 标准定义了两个层次,视频编码层(VCL)关注对视频数据进行有效的编码,网络抽象层(NAL)根据传输通道或存储介质的特性对 VCL 输出进行适配。编码处理的输出是 VCL 数据(用码流序列表示编码的视频数据),VCL 在传输或存储之前先映射到 NAL 单元。每个 NAL 单元包含原字节序列负载(RBSP),接着一组数据对应的编码视频数据或 NAL 头信息。用 NAL 单元序列来表示编码视频序列,并将 NAL 单元传输到基于分组交换的网络(例如因特网)或码流传输链路或存储到文件中。H.264 定义 VCL 和 NAL 的目的是为了适配特定的视频编码特性和特定的传输特性。这种双层结构扩展了 H.264 的应用范围,几乎涵盖了目前大部分的视频业务,如有线电视、数字电视、视频会议、可视电话、交互媒体、视频点播、流媒体服务等。H.264 的双层结构框架如图 2-53 所示。

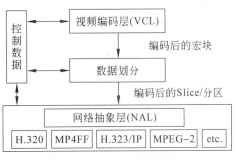

图 2-53 H.264 结构框架

2. VCL 的数据组织

H.264 既支持逐行扫描的视频序列,也支持隔行扫描的视频序列,取样率定为 4:2:0。VCL 仍然采用分层结构,视频流由图像帧组成,一个图像帧既可以是一场图像像(对应隔行扫描)或一帧图像像(对应逐行扫描),图像帧由一个或多个片(Slice)组成,片由一个或多个宏块组成,一个宏块由 4 个 8×8(16×16)亮度块、2 个 8×8 色度块(C_b,C_r)组成。与 H.263 等标准不同的是,H.264 并没有给出每个片包含多少宏块的规定,即每个片所包含的宏块数目是不固定的。片是最小的独立编码单元,这有助于防止编码数据的错误扩散。每个宏块可以进一步划分为更小的子宏块。宏块是独立的编码单位,而片在解码端可以被独立解码。

H.264 给出了两种产生片的方式,当不使用灵活宏块顺序 FMO 时,按照光栅扫描顺序(即从左往右从上至下的顺序)把一系列的宏块组成片;使用 FMO 时,根据宏块到片的一个映射图,把所有的宏块分到了多个片组(slice group),每个片组内按照光栅扫描顺序把该片组内的宏块分成一个或多个片。FMO 可以有效地提高视频传输的抗误码性能。

根据编码方式和作用的不同,H.264 定义了以下片的类型。

(1) I 片:I 片内的所有宏块均使用帧内编码。

(2) P 片:除了可以采用帧内编码外,P 片中的宏块还可以采用预测编码,但只能采用一个前向运动矢量。

(3) B 片：除了可以采用 P 片的所有编码方式外，B 片的宏块还可以采用具有两个运动矢量的双向预测编码。

(4) SP 片：切换的 P 片。目的是在不引起类似插入 I 片所带来的码率开销的情况下，实现码流间的切换。SP 片采用了运动补偿技术，适用于同一内容不同质量的视频码流间的切换。

(5) SI 片：切换的 I 片。SI 片采用了帧内预测技术代替 SP 片的运动补偿技术，用于不同内容的视频码流间的切换。

3. 档次

H.264 标准分为基本档次、主要档次和扩展档次，以适用于不同的应用。

基本档次支持包含 I 片和 P 片的编码序列，可能的应用包括可视电话、视频会议和无线通信等。

主要档次除不支持基本档次的功能外，还支持 B 片、交替视频（与帧一样的编码场）和 CABAC（基于算术编码的熵编码方法）和加权预测（为创建运动补偿编码块提供更好的灵活性）。主要的应用是广播媒体，例如数字电视、存储数字视频等。

扩展档次是基本档次的超集，主要用于网络流媒体视频的应用。

4. 编解码器结构

同 H.261、H.263、MPEG-1、MPEG-2 等视频编码标准一样，H.264 没有明确地定义编解码器，着重定义了编码视频码流的语法及其码流解码方法。其编解码器框图如图 2-54 所示。显然，在 H.264 编解码器框图中，除了去块滤波器和帧内预测外，大部分的功能模块（预测、变换、量化、熵编码等）与 H.263 基本相同。H.264 标准的重要变化主要体现在每个功能模块的实现细节上。

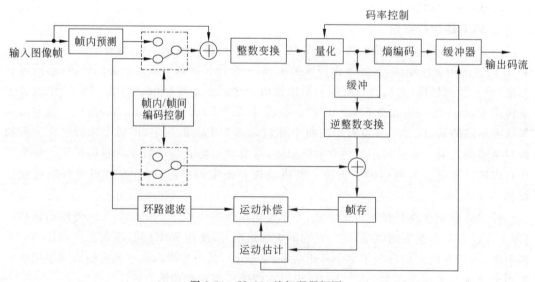

图 2-54 H.264 编解码器框图

1) 编码器

编码器以宏块为单位来处理输入的帧图像或场图像 F_n，并以帧内或帧间方式对每个宏块进行编码。对帧内模式，预测 PRED 是从当前已编码、解码、重构的片中产生的；对帧内模式中,预测 PRED 是从参考图像中选取一个或多个参考图像通过运动补偿得到的。当前块与预测 PRED 块相差得到差值块 E_n,并对差值块 E_n 进行变换编码,经过量化、排序和熵编码,加上边信息(预测模式,量化器参数,运动矢量等)形成视频码流序列,送入网络抽象层用于传输或存储。

在编码器中,反量化、反变换得到的差值块 E'_n 与预测块相加得到重构解码宏块,经过滤波以检索块失真的影响,从而产生重构预测参考图像。

2) 解码器

在解码器中,来自 NAL 的视频码流经重排序、熵解码、反量化和反变换后得到差值块 E'_n,预测块与差值块相加,经滤波得到每个解码宏块,形成解码图像 F'_n。

5. 宏块预测

在 H.264 片中,可根据已编码的宏块数据进行预测,生成编码宏块。宏块预测包括帧内预测和帧间预测。

1) 帧内预测

H.264 引入了空间域的帧内预测模式,即先依据以前编码和重建后的块形成一个预测块,然后对当前块减去该预测块的差值块进行编码。对于亮度像素,支持 4×4 块或 16×16 块。对于每个 4×4 块的亮度块,共有 9 种可选预测模式;对于 16×16 块的亮度块,共有 4 种可选预测模式;对于色度块,共有 4 种可选预测模式;选择使预测块与当前块的差值最小的预测模式作为当前块的预测模式。为了保证片与片之间的独立性,跨越片边界时不使用帧内预测。

2) 帧间预测

H.264 与 H.261、H.263 不同之处在于:H.264 支持不同的块大小(从 16×16 到 4×4),支持精细子像素精度的运动矢量。H.246 对运动估计进行了很多改进,主要有多种宏块划分模式估计、多帧运动估计和 1/4 像素精度估计。

(1) 多宏块划分模式。

从宏块划分的角度,H.264 的每个 P 块和 B 块各有七种预测方式,对应 7 种宏块划分方式,如图 2-55 所示。每个宏块或子宏块都产生一个单独的运动矢量,分块模式信息,每个运动矢量都需要编码和传输。显然,对较大物体的运动,可采用较大的块来进行预测;而对较小物体的运动或细节丰富的图像区域,采用较小块运动预测的效果更加优良。H.264 提供了 7 种划分方式供选用。

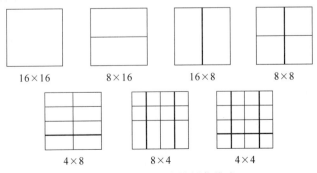

图 2-55 H.264 宏块划分模式

(2) 多帧运动估计。

在以前的 H.261、H.263 等标准中，P 帧只采用前一帧进行预测，B 帧只采用相邻的两帧进行预测，H.264 采用更为有效的多帧运动估计，使用多个以前编码的帧作为参考帧，即帧存储器中存储了多个参考帧（最多 5 帧）来对当前帧进行预测。多参考帧估计在周期运动序列中特别有效。

(3) 1/4 像素运动估计。

在 H.264 中，对于亮度分量，采用 1/4 像素精度估计；对于色度分量，采用 1/8 像素精度估计。即首先以整像素精度进行运动匹配，得到最佳匹配位置，再在此最佳位置周围的 1/2 像素位置进行搜索，更新最佳匹配位置，最后在更新的最佳匹配位置周围的 1/4 像素位置进行搜索，得到最终的最佳匹配位置。图 2-56 给出了 1/4 像素运动估计过程。其中，方块的 A～I 代表了整数像素位置，a～h 代表了半像素位置，1～8 代表了 1/4 像素位置。运动估计器首先以整像素精度进行搜索，得到了最佳匹配位置为 E，然后搜索 E 周围的 8 个 1/2 像素点，得到更新的最佳匹配位置为 g，最后搜索 g 周围的 8 个 1/4 像素点决定最后的最佳匹配点，从而得到运动矢量。

显然，要进行 1/4 像素精度滤波，需要对图像进行插值以产生 1/2、1/4 像素位置处的样点值。

6. 变换

在 H.264 标准中，根据所要编码的差值数据类型可使用三种变换：对帧内 16×16 模式预测的宏块，亮度 DC 系数的 4×4 矩阵采用哈达玛变换；宏块的色度 DC 系数的 2×2 矩阵采用哈达玛变换；其他差值数据的 4×4 块采用基于 DCT 的整数变换。与 H.263 不同的是：它是一个整数变换（变换矩阵为 *T*）。这种变换和其逆变换均是整数运算，去除了由于运算精度有限所带来的变换误差问题，而且只需要采用加法和移位操作就可以完成变换过程，降低了运算复杂度。采用 4×4 小尺度的原因是：减少变换运算量，降低块边界处的视觉噪声。在处理平滑区域时，H.264 可以对帧内宏块亮度数据的 16 个 DC 系数进行第二次 4×4 变换（变换矩阵为 *H*），对色度数据的 4 个 DC 数据进行 2×2 变换（变换矩阵为 *C*），以降低因小尺寸变换带来的块间灰度差异。各个变换矩阵如图 2-57 所示。

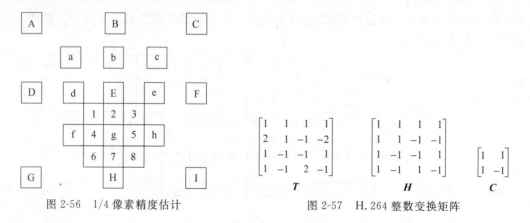

图 2-56　1/4 像素精度估计　　　　图 2-57　H.264 整数变换矩阵

7. 重排序

在编码器端,对每个 4×4 变换量化系数块进行 Zigzag 扫描,第一个系数是左上角的 DC 系数,其他为 15 个 AC 系数。

8. 改进的熵编码

H.264 提供两种熵编码方式,内容自适应的变长编码 CAVLC 和基于上下文的自适应二进制算术编码 CABAC。CAVLC 的思想仍然是对出现概率大的符号分配较短的码字,对出现概率小的符号分配较长的码字,不过它采用数个不同的 VLC 码表,各自对应不同的概率模型。H.264 的编码器根据上下文自动选择合适的码表,以获得最佳的编码效率。

CABAC 的基本思想仍然是对整个字符串产生一个码字以更好地逼近信源熵,不过 CABAC 每编码一个二进制符号后自动调整对信源概率模型的估计,随后在此信源概率模型上进行编码。即:

(1) 依据上下文,对每个符号选择概率模型;

(2) 采用局部统计的概率估算;

(3) 使用算术编码,而非变长编码。

通常,CABAC 可以获得比 CAVLC 更高的编码效率,但其复杂度也随之增大。

9. 去块效应滤波器

为了消除因为编码方式不同等原因可能产生的块效应,H.264 定义了一个对 16×16 宏块和 4×4 块的边界进行去方块效应滤波的环路滤波器,在重建图像之前(包括编码端和解码端)使用。环路滤波器一方面平滑了块边界,在压缩倍数高时可以获得较好的主观质量;另一方面,可以有效地减小帧间的预测误差。是否启用环路滤波器,可根据相邻宏块(块)边缘样点的差值来确定。若差值较大,则认为产生了方块效应,启动滤波;若差值很大,则认为该差值是由图像本身内容所产生的,不应滤波。

2.3.8 MPEG-1

与 H.26X 系列标准单纯对视频进行压缩编码不同,MPEG 的标准主要由视频、音频和系统三个部分组成,是一个完整的多媒体压缩编码方案。MPEG 系列标准阐明了编码解码的过程,规定了编码数据流的句法结构,但并没有规定编码解码的算法,因此,本节给出的编码器框图并非唯一,只是满足 MPEG 标准的一种实现方式。

MPEG-1 是 MPEG 针对码率在 1.5Mb/s 左右的数字存储媒体应用所制定的音视频编码标准,于 1992 年 11 月发布。

MPEG-1 的正式名称是"用于数字存储媒体的 1.5Mb/s 以下的活动图像及相关音频编码"(ISO/IEC 11172),它包括五个部分:系统、视频、音频、一致性和软件。本书仅介绍其中的视频部分,其他部分请参考相关资料。

1. 数据组织和整体框架

MPEG-1 采用源输入格式 SIF(Source Input Format),有 352×288×25 和 352×240×30 两种选择。此外,可以通过表 2-22 所示的约束参数集进行图像分辨率参数设置,编码更大的图像。

表 2-22　MPEG-1 的图像约束参数集

参　数	范　围	参　数	范　围
像素/行	≤768	图像数/秒	≤30
行/图像	≤576	输入缓冲器尺寸	≤327 680bit
宏块数/图像	≤396	运动矢量分量	(−64,63.5)
宏块数/秒	≤9900=396×25=330×30	比特率	≤1.856Mbps

MPEG-1 采用分层结构组织数据,如图 2-58 所示,从上到下依次是:图像序列(Video sequence)、图像组(Group of Pictures)、图像(Picture)、片(Slice)、宏块(Macro block)和块(Block)。图像序列即待处理的视频序列,包含一个或多个图像组;图像组由图像序列中连续的多帧图像像组成;在 MPEG-1 中图像只采用逐行扫描方式,它由一个或多个片组成;一个片包含按照光栅扫描顺序连续的多个宏块;MPEG-1 采用 4:2:0 取样,一个宏块包含 4 个 8×8 像素亮度块和两个 8×8 像素色度块。

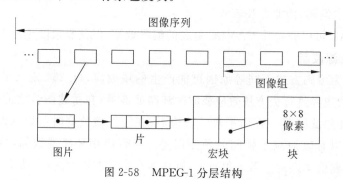

图 2-58　MPEG-1 分层结构

如图 2-59 所示,视频压缩码流中采用与图 6-22 对应的分层结构。序列层以序列头开始,以序列终止码结束,中间包含一个以上的图像组,序列中间可以插入附加的序列头。序列头中的参数主要包括图像大小、帧速率、比特率、缓存器容量大小等解码所需的信息,插入附加序列头有助于实现随机访问和编辑,参数与第一个序列头基本相同。图像组以图像组头开始,以结束码结束,中间包含一个以上的图像帧,第一帧必须是 I 帧。图像组头主要包含时间码、图像组终止码、编辑断点连接码等参数。图像层以图像头开始,图像头中主要参数有图像类型、时间参考码等参数,图像头后是该图像的所有编码数据。片层以片头开始,其中包含片位置等参数,片头采用等长编码,便于码流出错时恢复同步,其后跟随一个或多个宏块数据。宏块层以宏块头开始,其中包含参数主要有宏块类型、量化步长、运动矢量编码等,其后依次跟随宏块的 4 个亮度块数据和两个色度块数据。块层没有块头,仅包含块的编码数据。

根据压缩方式不同,MPEG-1 定义了四种类型的图像帧:I 帧,只采用帧内编码;P 帧,采用运动补偿编码,只参考前一帧图像像(I 帧或 P 帧);B 帧,可以采用前向、后向和内插运动补偿编码,参考前一帧和后一帧图像像(I 帧或 P 帧);D 帧,只含有直流分量的图像,也称为直流图像,它是专门为快放功能而设计的,但由于它不能作为其他帧的预测帧,因此使用不多。一般情况下,使用 I、P、B 三类图像进行编码,并且两个 I 帧之间插入多个 P 帧,两个

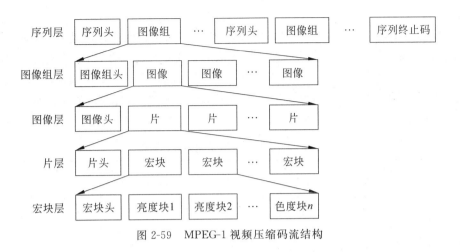

图 2-59 MPEG-1 视频压缩码流结构

P 帧之间插入多个 B 帧。由于 B 帧需要参考后续图像进行预测,因此在编码时,首先要对图像序列进行顺序重排。例如图像序列为 IBBP,则输入编码器的顺序为 IPBB。

MPEG-1 的编码框图如图 2-60 所示,以宏块为基本编码单位,分为帧内编码模式与帧间编码模式。帧内编码时,先以 8×8 块为单位进行 DCT,然后进行标量量化和 Zig-zag 扫描,最后送至变长编码器进行变长编码得到对应码流送至码流复用器。同时,对量化后的系数,还需要进行反量化和 IDCT,得到重建图像作预测用。帧间编码时,首先把输入宏块与预测图像对应宏块作差,然后对差值进行 DCT、量化、Zig-zag 扫描和变长编码。如果是 P 帧,则需要反量化、IDCT 以更新预测图像,B 帧图像不用来预测,不需要重建。图中,控制单元输出控制信息、经过差分编码和变长编码的运动矢量等均进入码流复用器,进行码流复用,码流复用器输出视频压缩流。

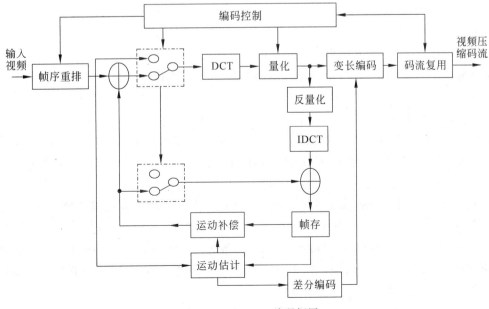

图 2-60 MPEG-1 编码框图

2. 量化

与 H.261 不同，采用帧内编码时，MPEG-1 考虑了人类视觉系统的特性，针对不同的频率系数采用不同的量化步长，并且对直流系数采用了预测编码，利用当前块左边相邻的块进行预测。MPEG-1 默认的帧内编码量化表如表 2-23 所示。默认情况下，帧间编码的所有系数采用相同步长进行均匀量化，这是由于原始图像与预测图像相差后，各个频率分量对图像质量的影响已经没有明显的区别。

表 2-23 MPEG-1 默认帧内量化矩阵

8	16	19	22	26	27	29	34
16	16	22	24	27	29	34	37
19	22	26	27	29	34	34	38
22	22	26	27	29	34	37	40
22	26	27	29	32	35	40	48
26	27	29	32	35	40	48	58
26	27	29	34	38	46	56	69
27	29	35	38	46	56	69	83

3. 宏块编码

MPEG-1 以宏块作为基本编码单位，宏块内不能改变量化参数。根据图像帧的不同，宏块的编码方法有所不同。

在 MPEG-1 中，I 帧的编码与 H.261 标准几乎完全相同，不过其针对游程/幅值对的霍夫曼码表并没有对所有的可能组合给出码字。如果某一个组合找不到对应的码字，则编码为 ESC 码，其后跟随它们的单独码字，单独码字由一个 6 位表示游程长度的码和 8 位或 16 位表示幅度的码组成。

在 MPEG-1 中，属于 P 帧的宏块既可以进行帧内编码，也可以进行以过去帧为参考帧的预测编码。一般运动剧烈导致预测失败的情况下，使用帧内编码。与 I 帧不同的是，P 帧的全为 0 的宏块不需要进行编码，更进一步，宏块内全为 0 的块也不需要编码。在宏块头中有相应区域指示哪些块被编码。

MPEG-1 的 B 帧编码与 P 帧编码相似，首先决定采用帧内编码还是帧间编码，如果决定采用帧间编码，则进一步决定采用前向运动补偿还是后向运动补偿或内插运动补偿。最后决定宏块是否需要编码。

显然，由于利用视频序列时间冗余程度的不同，I 帧、P 帧、B 帧的编码效率是不同的。一般情况下，I 帧的压缩倍数在 8 倍左右，P 帧为 30 倍左右，B 帧则可达到 50 倍。但是，P 帧和 B 帧的编码解码均需要参考前面的帧，不具备随机访问的能力，B 帧还需要参考后续的帧，使得编解码系统的时延增加。因此，高压缩倍数与良好的随机访问性、低时延性是相互矛盾的，需要根据具体应用进行均衡折中。

2.3.9 MPEG-2

1. MPEG-2 概述

MPEG-2 是 MPEG 工作组制定的第二个国际标准,正式名称为"通用的活动图像及其伴音编码"(ISO/IEC 13818)。MPEG-2 是一个通用多媒体编码标准,具有更为广阔的应用范围和更高的编码质量,应用包括数字存储、标准数字电视、高清晰度电视和高质量视频通信等。根据应用的不同,MPEG-2 的码率范围为 1.5Mb/s~100Mb/s,一般情况下,只有码率超过 4Mb/s 的 MPEG-2 视频,其视频质量才能明显优于 MPEG-1。

相对于 MPEG-1,MPEG-2 的主要改进有:

(1) 允许输入视频采用隔行扫描,支持更高分辨率的图像和更多的色度亚取样图像格式。

(2) 定义了档次和级别的概念,作为其完整句法流的一个子集,使用户能根据不同的应用进行选择。

(3) 提供可分级的码流,使得解码器可以根据需要和自身能力获取不同质量的视频。

MPEG-2 标准由系统、视频、音频、一致性、参考软件、数字存储媒体(命令与控制)、先进音频编码器、实时接口和 DSM-CC 一致性等 9 个部分构成,下面介绍其视频部分。

2. 数据组织和视频编码框架

根据其档次与级别的不同,MPEG-2 支持分辨率由高到低的多种图像类型。MPEG-2 支持三种取样格式,即 4∶2∶0、4∶2∶2 和 4∶4∶4。其中 4∶2∶0 与 MPEG-1 的 4∶2∶0 取样格式有所不同,如图 2-61 所示。

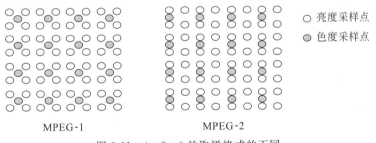

图 2-61 4∶2∶0 的取样格式的不同

MPEG-2 仍然采用与 MPEG-1 相同的分层结构,从上到下依次为图像序列、图像组、图像、片、宏块和块,不过由于 MPEG-2 既支持逐行扫描方式,也支持隔行扫描方式,其各个层次有一些变化。

采用逐行扫描时,MPEG-2 的层次定义与 MPEG-1 完全相同。采用隔行扫描时,则有所不同。MPEG-2 标准定义了帧图像(Frame Picture)和场图(Filed Picture),二者均可以作为编码单位进行编码。帧图像是将隔行扫描所得的顶场和底场合并而成的图像,合并方式如图 2-62 所示。帧图像可以作为 I、B、P 的任意一种图像类型进行编码。一幅场图像就是隔行扫描所得的顶场或底场,一个顶场图像与一个底场图像构成一个编码帧,其编码方式相互关联。如果编码帧中第一场是 I 类型图像,则第二场可以作为 I 或 P 类型图像;如果第一场是 P 类型图像,则第二场也只能是 P 类型图像;如果第一场是 B 类型图像,则第二场也只能是 B 类型图像。这里使用"第一场""第二场"而不使用"顶场""底场",是因为 MPEG-2 对一个编码帧进行编码时,既可以先编码顶场也可以先编码底场。

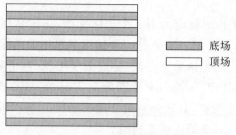

图 2-62 帧图像结构

如图 2-63 所示,MPEG-2 的基本编码框图的组成与 MPEG-1 的相同,仍然采用 I、P、B 三种图像类型进行编码,不过某些功能模块内部有一些不同。此外,需要实现分级码流功能时,编码框架也有所不同。

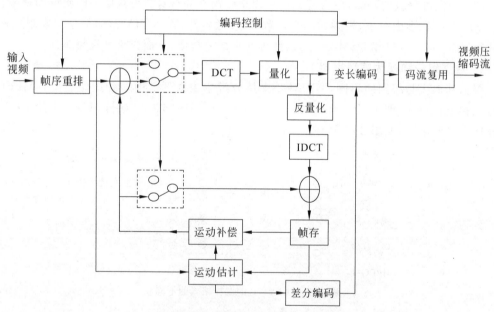

图 2-63 MPEG-2 基本编码框图

3. 档次和级别

为了适应不同应用需求,MPEG-2 提出了档次(Profile)和级别的概念。档次是 MPEG-2 标准对应完整比特流语法的一个子集,一个档次对应一种不同复杂度的编解码算法。MPEG-2 定义了简单档次(SP)、主用档次(MP)、信噪比可分级档次(SNRP)、空间域可分级档次(SSP)、高档次(HP)5 个档次。在每个档次内,MPEG-2 利用级别来选择不同的参数,例如图像尺寸、帧率、码率等,以获取不同的图像质量。MPEG-2 定义了低级别(LL)、主用级别(ML)、高 1440 级别(H14L)和高级别(HL)4 个不同的级别。

档次与级别一共有 20 种组合,MPEG-2 选取了其中 11 种作为应用选择,用标记"档次@级别"来表示,例如 MP@ML 表示主用档次/主用级别。各种组合方式的参数如表 2-24

所示,其中主档次主级别的参数理解为:采用 I、B、P 三种图像编码方式,取样率为 4:2:0,取样速率上限为 720×576×30,最大码率为 15Mb/s。

表 2-24 MPEG-2 的档次和级别

档次 \ 级别	低级别	主用级别	高 1440 级别	高级别
简单档次		I,P 4:2:0 720×576 30 15Mb/s		
主用档次	I,B,P 4:2:0 352×288 30 4Mb/s	I,B,P 4:2:0 720×576 30 15Mb/s	I,B,P 4:2:0 1440×1152 60 60Mb/s	I,B,P 4:2:0 1920×1152 60 80Mb/s
信噪比可分级档次	I,B,P 4:2:0 352×288 30 4Mb/s	I,B,P 4:2:0 720×576 30 15Mb/s		
空间域可分级档次			I,B,P 4:2:0 1440×1152 60 60Mb/s	
高档次		I,B,P 4:2:0 4:2:2 720×576 30 20Mb/s	I,B,P 4:2:0 4:2:2 1440×1152 60 80Mb/s	I,B,P 4:2:0 4:2:2 1920×1152 60 100Mb/s

由于 MPEG-2 是一个通用标准,其应用范围很广,因此它将多种不同的视频编码算法综合于单个句法之中,但对于具体的应用,实现所有的句法显然是复杂和不必要的。因此,标准规定了档次和等级,一个解码器只需要根据具体应用选择合适的档次级别组合,并实现该组合的句法即可。

目前,在 MPEG-2 的 11 种档次级别组合中,主用档次和主用级别主要用于数字电视广播领域。其他的组合也有一些应用。

4. DCT 变换,变换系数量化和扫描

当输入逐行扫描视频时,MPEG-2 的 DCT 变换与 MPEG-1 完全相同。输入隔行扫描视频时,如果以场图像为单位进行编码,宏块内所有行均来自同一场,正常划分块和进行 DCT;如果以帧图像为单位进行编码,则可以分为基于帧和基于场的 DCT。

所谓基于帧的 DCT,就是先把顶场和底场合并成一幅帧图像,再把帧图像分割成多个宏块,每个宏块分成多个 8×8 块,每个块均由顶场、底场的扫描行交替而成,从宏块到块的划分如图 2-64 所示。

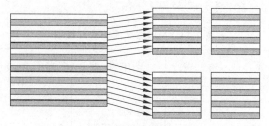

图 2-64 基于帧的亮度宏块划分方式

所谓基于场的 DCT，就是把帧图像宏块的 8 行顶场扫描行划分为 2 个块，8 行底场扫描行也划分为 2 个块，如图 2-65 所示。

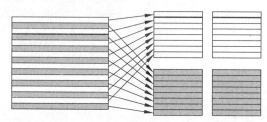

图 2-65 基于场的亮度宏块划分方式

以上讲述的是亮度块的划分方法，色度块的划分则与取样格式有关。如果采用 4∶2∶0 取样格式，由于每个宏块只包含一个 8×8C_b 块和一个 8×8C_r 块，因此只有一种划分块的方法。如果采用的是 4∶2∶2 或者 4∶4∶4 取样格式，由于一帧图像的一个宏块的色度分量在竖直方向有两个 8×8 块，所以色度块按照亮度块的划分方式来划分。

MPEG-2 对 DCT 系数采用了比 MPEG-1 更加精细的量化。对采用帧内编码方式所得的 DC 系数，对应于量化步长为 1、2、4、8 四种情况，其量化后系数所占位数分别为 8、9、10 和 11 比特。其他系数量化后的范围由 MPEG-1 中规定的 [−256,255] 扩充为 [−2048,2047]。此外，MPEG-2 在 MPEG-1 原有的 31 个量化步长比例因子基础上，增加了 31 个量化因子，共有 62 个量化因子，以便根据宏块的系数范围更加精细地选择量化因子，提高量化质量。

针对隔行扫描，MPEG-2 增加了一种新的 DCT 系数扫描方式，即交错扫描。其扫描顺序如图 2-66 所示。与常用的 Zig-zag 扫描相比，交错扫描更加注重利用水平方向的相关性，这是因为对同一图像内容，采用隔行扫描所得的帧图像的水平相关性比采用逐行扫描所得的帧的水平相关性要强。

5．运动估计与补偿

为了适应隔行扫描视频输入，MPEG-2 对运动估计与补偿也做了相应扩充。处理逐行扫描视频时，MPEG-2 以宏块为单位进行运动估计与补偿，与 MPEG-1 完全相同。处理隔行扫描视频时，MPEG-2 定义了如下 4 种运动补偿和预测模式：

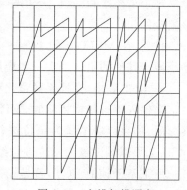

图 2-66 交错扫描顺序

1) 帧预测模式

帧预测模式只用于对帧图像进行预测,其方法与逐行扫描的预测相同。只不过用来作为预测的帧图像既可以直接由解码所得,也可以由解码所得的两幅场图像合并而得。

2) 场预测模式

场预测模式以场图像为预测图像,既可以用来预测场图像,也可以用来预测帧图像。应用场预测来预测场图像像的宏块时,对于 P 场,预测可以来自最近解码两场中的任何一场。对于 B 场,则从最近解码两帧中各挑一场。图 2-67 给出了预测场的取法。采用场预测来预测帧图像的宏块时,首先要把帧图像的宏块分成底场块和顶场块,顶场块与底场块的预测相互独立,均采用与用场预测来预测场图像像宏块相同的方法获得预测。

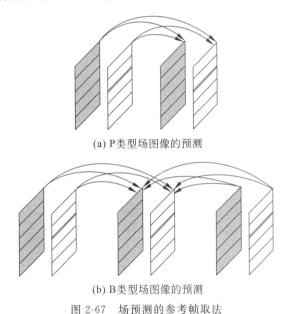

(a) P 类型场图像的预测

(b) B 类型场图像的预测

图 2-67　场预测的参考帧取法

3) 16×8 预测模式

16×8 预测模式只用于场图像。在该模式下,每个 P 宏块使用两个运动矢量,一个用于上面的 16×8 块,一个用于下面的 16×8 块;每个 B 宏块需要使用 4 个运动矢量,两个用于前向预测,两个用于后向预测。

4) DP 预测模式

DP(Dual Prime)预测模式用于 P 类型宏块,并且要求 P 图像与前面的 P 图像或 I 图像间没有 B 图像。如果宏块由帧图像分解而得,则首先把宏块分成两个 16×8 的子宏块,称为场宏块,如果宏块由场图像分解而得,则不需要再分解,直接得到场宏块。场宏块的预测由两个预测值取平均而得。第一个预测值根据运动矢量 MV 和最近解码的与该场宏块同极性的场(极为场 S)计算而得;另一个预测值根据 MV 的修正值和最近解码的与当前场宏块异极性的场(记为场 D)计算得到。

运动矢量修正值按照如下方式获得:首先根据 S 场、D 场与当前场的时间距离,对 MV 进行线性缩放得到 MV′,然后加上差分运动矢量 DMV 即可。其中 DMV 从码流中获取。

6. 分级编码

支持可分级编码是 MPEG-2 的一大特色。所谓可分级编码,就是将整个码流划分为基本层和增强层,解码器需要具备解码基本层的能力以获得基本质量图像,如果解码器具备解码分级句法的能力,则它就能够根据增强层码流获得新的信息,以得到更高质量的图像。

MPEG-2 的分级编码方式有三种,即时间域可分级编码、空间域可分级编码和信噪比可分级编码。此外,标准还允许组合分级方式,获得多层次的分级编码。MPEG-2 五个档次中,简单档次、主用档次不支持分级编码,信噪比可分级档次支持信噪比分级编码,空间域可分级档次和高档次均既支持信噪比可分级编码,也支持空间域可分级编码。

1)时间域可分级编码

时间域可分级编码的方法是:对原始视频序列进行分割,得到两个帧序列,二者帧率之和为原始视频的帧率。对其中一个帧序列进行编码得到基本层码流,对另外一个序列进行编码得到增强层码流。编码过程如图 2-68 所示。

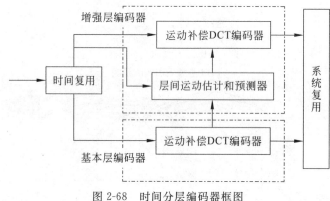

图 2-68　时间分层编码器框图

基本层和增强层中均可包含 I、P、B 三种图像类型,标准中规定了增强层中 P、B 图像的预测图像的选取范围。

2)空间域可分级编码

空间可分级编码的基本层对应原始视频的低分辨率版本,在基本层数据基础上,解码端利用增强层数据可以恢复出原始分辨率的视频。具体编码方法为:对原始视频进行下取样作为基本层编码器的输入,原始视频作为增强层编码器的输入。基本层编码器和增强层编码器均采用运动补偿与 DCT 相结合的混合编码器,增强层中的预测图像由空/时加权预测器对基本层重建图像(空间预测)和增强层解码图像(时间预测)加权而得,加权系数可以是宏块级自适应的。空间可分级编码器结构如图 2-69 所示。

3)信噪比可分级编码

信噪比可分级编码为基本层输入与增强层输入,它们具有相同的时间、空间分辨率,只是采用不同的量化步长来量化 DCT 系数。具体实现方法为:首先在基本层编码器中用较大的量化步长量化 DCT 系数,并根据其量化结果进行编码,得到基本层数据。随后把基本层编码器的反量化结果与 DCT 系数相差送至增强层编码器,以较小的步长量化编码,得到增强层数据。图 6-35 给出了采用信噪比可分级编码的编码器框图,简便起见,图 2-70 中只画出了帧间编码的情况,帧内编码无须帧间预测,框图更为简单。由图 2-70 可知,基本层利用了增强层

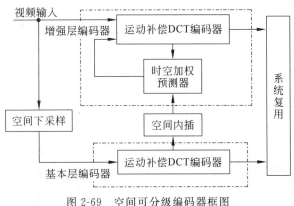

图 2-69 空间可分级编码器框图

数据获得预测图像,因此,如果解码器端仅仅解码基本层数据,就会产生较大的误差。

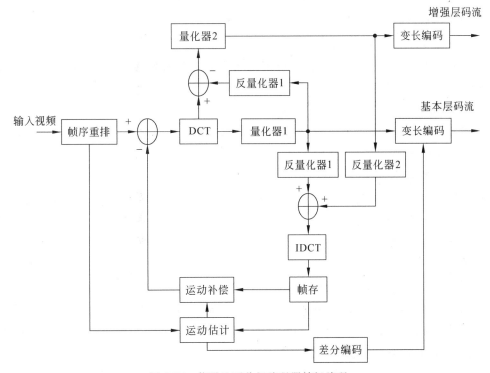

图 2-70 信噪比可分级编码器帧间编码

显然与 MPEG-1 相比,MPEG-2 的不同之处体现在它支持隔行扫描视频,这是理解 MPEG-2 的关键所在。

2.3.10 MPEG-4

1. MPEG-4 概述

1)特点

MPEG-4 标准于 1999 年发布,2003 年发布的 MPEG-4 标准第十部分采纳了联合视频小组 JVT 制定的 H.264 标准。MPEG 小组试图把 MPEG-4 制定成为一个支持多种多媒体应用、支持基于内容的访问和支持根据应用的要求现场配置解码器的标准。MPEG-4 具有以下特点：

(1) 视频对象编码，这是一个新概念，使得视频场景的前景对象和背景对象能独立地进行编码。

(2) 支持 4∶2∶0、4∶2∶2、4∶4∶4 的逐行扫描和隔行扫描的视频序列编码，核心的编码工具是基于 H.263 和 H.264，编码性能优于 MPEG-2。

(3) 多种新的功能，例如基于内容的交互性、传输错误的鲁棒性、基于对象的时间和空间可扩展性。

(4) 开放性与兼容性，MPEG-4 并不是开发指南，而是为不同制造商的编解码器提供兼容性。MPEG-4 定义了比特流格式和体系框架，而不是具体算法。允许技术竞争和改进，例如视频分割和比特率控制部分。可根据具体应用要求来现场配置解码器，同时其编码系统也是开放的，可以随时加入新的有效编码算法。

(5) 专业级应用的编码，例如演播室质量的视频编码等。

MPEG-4 共有 16 个部分(包括发布和未发布的)，主要有系统、音频、视频、一致性测试、参考软件等，下面主要介绍第二部分视频。

2) 数据类型

MPEG-4 标准处理的数据类型主要有：

(1) 运动视频(矩形帧)；

(2) 视频对象(任意形状区域的运动视频)；

(3) 二维和三维的网格对象(可变形的对象)；

(4) 人脸和身体的动画；

(5) 静态纹理(静止图像)。

3) 编码工具

为了实现有效压缩编码的目的，MPEG-4 标准采用了更先进的压缩编码算法，提供了更为广泛的编码工具集。MPEG-4 视频部分包括一个核心编解码模型和大量附加工具，其核心模型基于 DPCM/DCT 模型，通过附加的编码工具来扩展系统的性能，以达到更高的编码效率、更高的传输可靠性和更广泛的应用。

任何单一的应用不太可能需要 MPEG-4 视频框架中的所有工具，为此，通过工具、对象和档次的组合来提供编码功能。一个工具是支持特性(例如基本的视频编码，隔行扫描的视频编码，对象形状的编码等)的编码工具的子集。

4) 视频对象

一个对象是一个使用一种或多种工具的视频元素(例如矩形帧序列，任意形状区域序列，一幅静止图像等)。视频序列是一个或多个视频对象的集合。MPEG-4 对视频对象(VO)的定义是：用户可以访问(例如定位和浏览)和操纵(例如剪切和粘贴)的实体。视频对象是持续任意长时间的、任意形状的视频场景的区域。视频对象可以是视频场景中的某一个物体或者某一个层面，如新闻解说员的头肩像，即自然视频对象；也可以是计算机产生的二维、三维图形,即合成视频对象;还可以是矩形帧。一个视频序列可能包含多个可分离的背景对象和前景对象。按照对象的形状,视频对象可分为矩形的视频对象和任意形状的视频对象。分离出的视频对象可单独进行处理,视频对象可用不同的视频质量和时间分辨率来编码,以反映它们在场景中的"重要"程度。简单对象可使用针对矩形视频序列工具的子集来编码;复杂对象可使用针对任意形状对象的工具进行编码。

2. 数据组织和编码框架

MPEG-4 把视频序列视为视频对象的集合,对视频序列进行编码,就是对所有的视频对象进行编码。因此,MPEG-4 的码流结构也是以视频对象为中心的。按照从上至下的顺序,MPEG-4 采用视频序列、视频会话 VS、视频对象(VO)、视频对象层(VOL)、视频对象平面组(GOV)和视频对象平面(VOP)的 6 层结构,如图 2-71 所示。其中一个视频序列由多个视频会话组成,一个视频会话则由多个视频对象组成;MPEG-4 支持对象的可分级编码,一个对象可以编码成一个基本层和一个或多个增强层,视频对象层 VOL 即指该基本层或增强层,如果不采用分级编码,则可以认为 VO 与 VOL 等价;视频对象平面 VOP 是视频对象某一个时刻的实例,处于一帧图像中,根据采用编码方式的不同,可以分为 I-VOP、P-VOP、B-VOP 三类,定义与 I 帧、P 帧、B 帧类似;视频对象平面组 GOV 由时间上连续的多个 VOP 组成,用于提供码流的随机访问点。

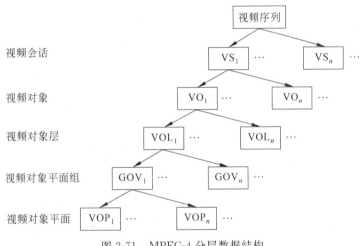

图 2-71 MPEG-4 分层数据结构

MPEG-4 以对象为基本编码单位,对一系列 VOP 的纹理、形状和运动信息进行编码。MPEG-4 的编码框图如图 2-72 所示。首先编码器的对象分割单元分析输入视频,按照某种方法把视频分割成多个 VO,然后编码器对每个视频对象平面 VOP 进行纹理、运动和形状编码,最后利用码流复用器组织码流。如果对象为矩形帧,则不需要进行形状编码。

3. 档次和级别

在 MPEG-4 标准中,一个档次是一组工具的组合,能够实现一定的功能。具体应用时,根据需求实现某些档次即可。表 2-25 列出了用于自然视频编码的档次,表 2-26 列出了用于合成视频(例如动画网格、脸部/人体模型)或混合视频(包括合成视频和自然视频)编码的档次。目前,简单档次和先进简单档次应用最为广泛。

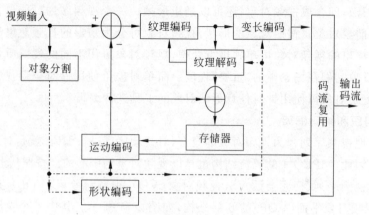

图 2-72　MPEG-4 编码框图

表 2-25　MPEG-4 自然视频编码档次

MPEG-4 档次	主 要 特 征
简单	矩形帧的低复杂度编码
先进简单	矩形帧编码,高效而且支持隔行扫描视频
先进实时简单	实时的矩形帧编码
核心	任意形状对象的基本编码
主要	特征丰富的视频对象编码
效率先进编码	视频对象的高效编码
N 比特	取样精度非 8 比特的视频对象编码
简单分级	矩形帧的可分级编码
精细粒度分级	矩形帧的先进可分级编码
核心分级	视频对象的可分级编码
分级纹理	静止纹理的可分级编码
先进分级纹理	基于对象特征、高效、可分级的静止纹理编码
先进核心	简单、核心和先进分级纹理的结合
简单演播室	高品质、基于对象的视频序列编码
核心演播室	基于对象、高效、高品质的视频序列编码

表 2-26　MPEG-4 合成或混合视频编码档次

MPEG-4 档次	主 要 特 征
基本动画纹理	静止纹理的二维网格编码
简单的面部动画	人脸的动画模型
简单的面部和肢体动画	面部和肢体的动画模型
混合	简单、核心、基本动画纹理和简单面部动画的组合

档次规定了编码器采用的编码方法,级别则定义了解码器码率、缓存大小、解码图像尺寸、视频对象数目等参数的限定。表 2-27 列出了简单、先进简单和先进实时简单三个档次的级别及其参数限定。

表 2-27 级别及其参数限定

档 次	级别	典型分辨率	最大比特率	最多对象数
简单 (simple)	L0	176×144	64Kb/s	1 simple
	L1	176×144	64Kb/s	4 simple
	L2	352×288	128Kb/s	4 simple
	L3	352×288	384Kb/s	4 simple
先进简单 (AS)	L0	176×144	128Kb/s	1 simple or AS
	L1	176×144	128Kb/s	4 simple or AS
	L2	352×288	384Kb/s	4 simple or AS
	L3	352×288	768Kb/s	4 simple or AS
	L4	352×576	3Mb/s	4 simple or AS
	L5	720×576	8Mb/s	4 simple or AS
先进实时简单 (ARTS)	L1	176×144	64Kb/s	4 simple or AS
	L2	352×288	128Kb/s	4 simple or ARTS
	L3	352×288	384Kb/s	4 simple or ARTS
	L4	352×288	2Mb/s	16 simple or ARTS

4. 矩形帧编码

在 MPEG-4 标准中,基于矩形帧的编码得到了广泛的应用。用于矩形 VOP 编码的工具集称为简单档次。简单档次建立在混合 DPCM/DCT 模型的基础上,增加了改善编码和传输效率的编码工具。先进简单档次进一步改善了编码效率,先进实时简单档次则增加了用于实时视频应用的编码工具。

1) 简单档次

简单档次实现简单视频对象的编码和解码,应支持以下主要编码工具。

(1) I-VOP。

矩形 I-VOP 是以帧内模式编码(即帧内 VOP 编码,无需从其他已编码的 VOP 做预测)的视频帧,如图 2-73 所示,支持逐行扫描视频格式。其中:DCT 和 IDCT 表示对 8×8 的亮度块和色度块分别进行前向 DCT 和反向 DCT 变换。RLE 和 RLD 分别表示游程编码和游程解码,采用 Zigzag 扫描。VLE 和 VLD 分别表示可变长编码和可变长解码。

Q 和 Q^{-1} 表示对 DCT 系数进行量化和反量化。MPEG-4 标准规定了解码器中量化的尺度变化方法,即由尺度变换由变化参数 QP 来控制,其取值范围为 1~31。QP 越大,量化步长越大,压缩比越高,失真越大。MPEG-4 标准给定了两种尺度变换的方法,其中方法 1 是基本方法,方法 2 更为灵活和复杂。

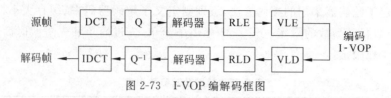

图 2-73 I-VOP 编解码框图

(2) P-VOP。

P-VOP 即帧间 VOP 编码，P-VOP 是通过已编码的 I-VOP 或 P-VOP(参考 VOP)做帧间预测来编码的，如图 2-74 所示，支持逐行扫描视频格式。

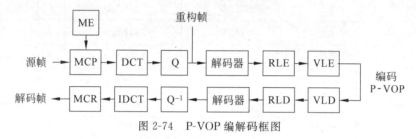

图 2-74 P-VOP 编解码框图

ME 表示运动估计，MCP 表示运动补偿预测，MCR 运动补偿恢复。基本的运动补偿方案是基于宏块(16×16 像素)的补偿。当前块和参考帧中补偿区域的位移(运动矢量)可以是半像素精度的。在半像素位置的预测点由整数像素位置的像素点做双线性插值得到。标准没有指定运动估计方法，用户可采用不同的运动估计算法来寻求最佳的运动适量。当前宏块与预测宏块相差得到残差宏块；然后对残差宏块进行 DCT 变换、量化、重排序、游程编码和熵编码。

在 P-VOP 中，宏块可能以帧间模式(从参考 VOP 做运动预测)或帧内模式(无需运动补偿预测)进行编码。通常，帧间模式的编码效率较高。

(3) 短头。

"短头"工具使得 MPEG-4 简单档次的编解码器与 H.263 基本档次的编解码器兼容。

(4) 改进编码效率的编码工具，只有当短头模式被禁止时，这些工具才会有效，主要工具有：

- 每个宏块有 4 个运动矢量。通常块尺寸越小，运动补偿越有效。运动补偿的默认块尺寸为 16×16 像素(亮度)、8×8 像素(色度)，每个宏块有一个运动矢量。该工具可使编码器能选择更小尺寸的块，例如 8×8 像素(亮度)、4×4 像素(色度)，每个宏块有 4 个运动矢量，这有利于减小运动补偿后的残差能量，特别适合复杂运动的视频场景。其代价是 4 个运动矢量要比一个运动矢量占用更多的比特。
- 不受限制的运动矢量(UMV)。在某些视频场景中，宏块的最佳匹配块可能在参考 VOP 外的区域。不受限制的运动矢量允许运动矢量指向参考 VOP 边界之外，因此可得到更好的匹配块。
- 帧内预测。帧内预测的依据是邻近帧内的 8×8 块的低频变换系数的相关性比较强。

(5) 改进传输效率的编码工具，传输差错(如随机差错、丢包等)可能会严重影响视频质量,即解码器对误码发生后的部分码流或全部码流不能正确地解码,这意味着部分或所有的 VOP 会失真或完全丢失。进一步的影响是:其后的 VOP 根据已失真的 VOP 预测,失真区域可能被用做预测的参考区域,从而导致其后的 VOP 错误传播扩散。为此,在差错发生时,需要在码流中插入重新同步标记。主要工具包括:

- 视频包,视频包由一个重新同步标记、一个头和宏块数据组成。
- 数据划分,数据划分使得编码器具有再视频包中重新组织编码数据而减少传输差错影响的能力。
- 可逆变长编码,在编码 DCT 系数时,可以使用可逆变长编码(RVLE)。RVLE 码能从正向或反向进行解码,使得解码器能降低差错的影响。

2) 先进简单档次

先进简单档次除包括简单档次的工具外,还支持以下工具。

(1) B-VOP。

B-VOP 使用双向预测来改进运动补偿的性能。每个块或宏块可使用从前面的 I-VOP 或 P-VOP 的前向预测、从后面的 I-VOP 或 P-VOP 的后向预测或前向预测与后向预测的平均。与基本的前向预测相比,B-VOP 模式具有更好的编码性能。

(2) 四分之一像素精度的运动矢量。

简单档次支持半像素精度的运动矢量,而先进简单档次则支持四分之一像素精度的运动矢量,由此可明显地提高编码效率。具体做法是:在进行运动估计和补偿之前,参考 VOP 的像素线进行半像素精度的插值,然后再做四分之一像素精度的插值。

(3) 可选的量化器。

先进简单档次支持一个可选的尺度变化(反量化)方法。

(4) 全局运动补偿。

全局运动是指同一个视频对象中的宏块可能经历相似的运动。例如摄像机的摇摆会使整个视频场景产生明显的线性移动等。全局运动补偿能有效地减少运动的参数,改善编码效率。

(5) 支持隔行扫描视频序列。

隔行扫描的 VOP 包括来自两场交替行的像素。由于两场的取样在不同的时刻发生,因此水平方向的运动可能会降低行与行之间的相关性。为了改善隔行扫描视频序列的编码效率,先进简单档次支持隔行扫描视频序列的编码工具。例如,编码器可选择逐行 DCT 或隔行 DCT 模式对宏块进行编码。在隔行 DCT 模式下,来自第 1 场的亮度像素位于宏块的前 8 行,来自第 2 场的亮度像素位于宏块的后 8 行。当两场去相关的情况下,隔行 DCT 模式能改善编码性能。

3) 先进实时简单档次

先进实时简单档次进一步增加了改进容错性能和编码灵活性的工具,以适应网络流媒体应用对编码效率、差错鲁棒性和实时性的要求。

(1) 新预测(NEWPRED)。

NEWPRED 工具使得编码器能为每个视频包从以前编码的 VOP 中选择一个参考 VOP,从而可限制传输差错通过 VOP 传播。基本原理是:当在解码 VOP 过程中若检测到一个错误时,解码器会反馈一个指示视频包发生错误的消息给编码器。编码器会选择视频包发生错误之前的参考 VOP 来对余下的 VOP 进行编码，由此可终止错误的继续传播。显然，这要求编码器和解码器都要保存多个参考 VOP。

(2) 动态分辨率转换。

动态分辨率转换使得编码器可以对降低空间分辨率的 VOP 进行编码，可有效地限制码率的突然增加。图像细节的增加、场景的快速运动和场景切换等都会导致码率的激增。

5. 任意形状区域的编码

1) 基本方法

任意形状区域的编码需要对基于矩形视频对象的混合 DPCM/DCT 模型进行扩展。当处理对象的边界问题时，需要采用特殊的方法。例如形状编码、任意形状的视频对象的运动补偿、纹理编码等。

(1) 形状编码。

在 MPEG-4 中，既定义了二值形状编码的方法，也定义了灰度形状编码的方法，各自用于不同的档次。对二值形状，MPEG-4 采用基于上下文的算术编码；对灰度形状，MPEG-4 则采用 DCT 变换的方法。核心档次采用二值形状编码，主要档次则采用灰度形状编码。

基于上下文的二值形状编码首先把待编码对象的边界框划分为多个宏块，根据宏块内像素的取值，宏块可以分为三类：

① 不透明的，所有像素均在 VOP 内；

② 透明的，所有像素均在 VOP 外；

③ 处于 VOP 的边界。编码器对每一个宏块传输一个块类型标志，用于指示宏块类型。此后，编码器只需要对边界宏块形状进一步编码，即对二值 α 块 BAB(Binary Alpha Block) 的每个像素进行基于上下文的算术编码。上下文定义为某个像素相邻几个像素的取值。编码 BAB 的像素 X 时，编码器首先计算它的上下文，根据上下文查表可得 X 取值为 0 的概率 $P(0)$，然后对 X 进行算术编码。

帧内编码时，当前 BAB 待编码像素 X 的上下文由 10 个已编码的相邻像素取值组成，如图 2-75(a)所示。显然，上下文一共有 1024 种可能，编码器和解码器对每个可能的上下文，均存储一个对应的 $P(0)$ 用于编码和解码。如果其中某些像素尚未编码，则以与该未编码像素最为邻近的像素取值代替。

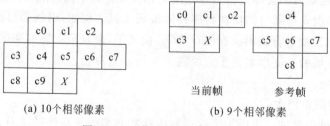

(a) 10个相邻像素　　(b) 9个相邻像素

图 2-75　二值形状编码的上下文

帧间编码时，当前 BAB 待编码像素 X 的上下文由 9 个已编码的相邻像素取值组成，包括当前帧的 4 个和参考帧的 5 个，如图 2-75(b)所示。参考帧 5 个像素中心位置允许与 X 位置有整像素精度的偏移，即允许采用整像素精度的运动预测和补偿。如果 VOP 为 P-VOP，则形状编码所用参考帧为先前的 I-VOP 或 P-VOP，如果为 B-VOP，则使用时间上最近的 I-VOP 或 P-VOP。

自然视频的对象与区域有可能是半透明的,而二值形状编码显然不能表现半透明的对象,直接对完整 α 平面编码的灰度形状编码则可以有效地解决这个问题。

为了确保对象边界的准确性,MPEG-4 的灰度形状编码同时对二值形状和灰度形状进行编码。二值形状仍采用前面介绍的基于上下文的算术编码,以获得精确边界;对灰度形状,则首先把边界框分成 8×8 块,然后对每个块进行 DCT 变换和量化。DCT 变换编码会产生误差,这是为什么需要同时采用二值形状编码的理由。灰度形状编码图像质量的提高是以码率增大为代价的。

(2) 纹理编码。

所谓纹理是指反复出现的局部模式和它们的排列规则。纹理编码仍采用分块 DCT+运动补偿的方法,对象的纹理宏块仍有三类:VOP 内宏块、VOP 外宏块和边界宏块,VOP 内宏块直接用传统的 DCT 变换,VOP 外宏块不需要编码,边界宏块则有纹理外推和形状自适应 DCT 两种方法唯一不同的是标准中以宏块为单位而不是以 8×8 块为单位。

如果纹理是当前对象纹理与预测纹理的残差,则直接填补 0 后再进行编码。如果是帧内纹理编码,则首先计算 VOP 所有像素的纹理平均值,把它作为填充值,得到初步填充的宏块,然后按照式(2-101)修改所有位于 VOP 外的像素取值,得到最后填充的宏块。

$$f(i,j) = \frac{f(i,j-1) + f(i-1,j) + f(i,j+1) + f(i+1,j)}{4} \tag{2-101}$$

式中,右端像素如果不属于 VOP,则不参与运算,分母也作相应调整。

(3) 运动编码。

MPEG-4 对 VOP 进行编码时用到形状运动矢量和纹理运动矢量。形状运动矢量的获取方法与前面介绍的一般方法相同,而纹理运动矢量的获取则需要采用填充技术。原因是 VOP 的外形不规则,用它来作当前宏块的预测宏块有可能不完全处于 VOP 中,此时当前宏块的部分像素需要参考透明像素,但编码器并不能编码透明像素,因此需要采取填充的方法给透明像素赋值。出于编解码一致的原因,编码端获得运动矢量时也需要对参考 VOP 边界框内透明像素进行填充,编解码端填充方式相同。MPEG-4 给出的填充方法分为边界宏块和透明宏块两种。值得注意的是,被预测的边界宏块并不需要填充,选择最佳参考宏块时,只需要计算被预测宏块在 VOP 内的像素与参考宏块对应像素的匹配误差。

边界宏块的填充分为两步。首先用 BAB 边界上不透明像素填充与它同一行的透明像素,如果一行内相邻的多个透明像素两边均有不透明像素,则填充值取为这两个不透明像素的均值。第二步,参考当前所有的不透明像素(包括第一步填充所得),按照与第一步相同的方法沿竖直方向填充剩下的透明像素。图 2-76 给出了一个填充示例,以 6×6 块示意宏块。其中白色为透明区域,灰色为不透明区域,不同的灰度代表了不同的纹理。

透明宏块的填充在边界宏块填充完后进行,需要分类处理。如果一个透明宏块的相邻宏块中只有一个边界宏块,则使用该边界宏块的一行或一列边界像素进行来填充透明宏块,例如边界宏块在透明宏块下方,则填充完后,透明宏块的每一行均与该边界宏块的第一行相同。如果一个透明宏块有一个以上的相邻宏块是边界宏块,则按照左、上、右、下的顺序来选择边界宏块进行填充。如果透明宏块周围没有边界宏块,则所有像素填充为 2^{N-1},式中 N 为每个像素纹理所用的比特数。

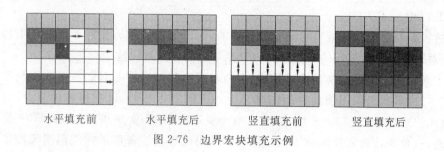

| 水平填充前 | 水平填充后 | 竖直填充前 | 竖直填充后 |

图 2-76 边界宏块填充示例

运动矢量的编码可以采用先进预测编码和重叠预测编码,H.263 标准中已经详细介绍,此处不再重复。

(4) Sprite 编码。

MPEG-4 中把所有视频序列的背景拼接而成的图像称为 Sprite 图像,利用它进行编码的方法就是 Sprite 编码。

在某些视频中,从一个特定角度观看,整个背景是不会发生改变的,但是图像帧的背景往往是从另外一个角度拍摄所得,而且往往只是整个背景的一个部分,它是有可能改变的。针对这样的情况,MPEG-4 提出了 Sprite 编码,即首先把整个背景编码传输到接收端,然后在传送每个 VOP 时,以 4 个参数确定当前 VOP 的背景在整个背景中的位置和拍摄当前 VOP 时摄像机的角度。

如果 Sprite 图像是规则的矩形,则只需要编码纹理;否则还需要编码形状。另外,有两种方法来传输和操作 Sprite:基本 Sprite 和低延迟 Sprite。

基本 Sprite 编码方法在第一个 VOP 中包含整个 Sprite 图像,解码端收到后将它存储起来。以后编码器在每个发送的 VOP 中均附加 4 个变形参数(这样的 VOP 称为 S-VOP),用于从解码端存储器中选择合适的数据形成当前 VOP 的背景。显然,在开头传输整个 Sprite 图像可能会带来大的延迟,低延迟 Sprite 模式用于减少延迟。为了达到低延迟的目的,既可以在第一个 VOP 中传输部分 Sprite 图像(满足随后数个 VOP 的需要即可),以后每一个 VOP 均附带传输 Sprite 图像的一部分,直到所有的 Sprite 图像传输完毕;也可以第一个 VOP 传输一个低质量的 Sprite 图像,随后每个 VOP 附带部分数据以提高 Sprite 图像的质量。

2) 核心档次

核心档次的编解码器能对简单视频对象和核心视频对象进行编解码。除支持简单档次工具外,还支持二值形状编码、任意形状 VOP 的运动补偿编码、边界宏块的纹理编码等工具。

3) 主要档次

主要档次的编解码器支持简单对象、核心对象、可分级纹理对象和主要对象,增加了隔行扫描编码、灰度形状编码和 Sprite 编码等工具。

4) 有效先进编码档次

有效先进编码档次是核心档次的超集,增加了以下工具:四分之一像素精度补偿、全运动补偿、隔行扫描编码、灰度形状编码和自适应形状 DCT 等。

5) N-bit 档次

N-bit 档次支持简单对象和核心对象,增加了 N-bit 工具。N-bit 工具支持每个取样点 4 或 12 比特的亮度和色度编码(通常是每个取样点用 8 比特表示)。主要用于低色彩深度(4 比特)显示或高色彩深度(12 比特)显示。

6. 可分级视频编码

1) 可分级编码方法

MPEG-4 提供多种可分级编码的工具,使解码器可以有选择低对部分码流进行解码,以获得相应质量的视频图像。可分级编码是指码流可分为一个基本层和一个或几个增强层。

(1) 空间可分级。

在空间可分级视频编码中,对基本层进行解码可获得一个分辨率较低的视频图像,加上对增强层的解码,就可以获得高质量的视频图像。

(2) 时序可分级。

在时序可分级视频编码中,对基本层进行解码可获得一个低帧率较低的视频图像,而增强层则包括 I-VOP、P-VOP、B-VOP 帧。

(3) 精细粒度可分级。

精细粒度可分级编码也采用基本层和增强层编码的方式,其中增强层可以在编码前或编码后任意截断,从而能有效地控制码率的大小,截断的位置由给定的码率确定。

2) 简单分级档次

简单分级档次支持简单对象和简单分级对象。简单分级对象包括以下编码工具:I-VOP 帧,P-VOP 帧,B-VOP,4 个运动矢量,不受限制的运动矢量,帧内预测编码;视频包,对象分割,可逆变长编码;矩形空间分级(一个增强层),矩形时序分级(一个增强层)等。

3) 核心分级档次

核心分级档次包括简单对象、简单分级对象、核心对象和核心分级对象。其中,核心分级对象包括以下工具:矩形空间分级,矩形时序分级,基于对象的空间分级,每个对象最多可以有两个增强层。

4) 精细粒度分级档次

精细粒度分级(FGS)档次包括简单对象、先进简单对象和精细粒度分级对象。其中,精细粒度分级对象包括 B-VOP 帧、隔行视频编码、可变量化器、FGS 空间分级、FGS 时序分级。

7. 纹理编码

在 MPEG-4 视频编码标准中,离散小波变换(DWT)是压缩静止图像的基本工具,可用于矩形纹理对象(如整帧图像)、任意形状的纹理图像、映射到动态二维或三维网格上的纹理图像等的编码。

1) 分级纹理档次

分级纹理档次只有一个对象和一种工具,可分层纹理工具仅用于矩形的对象,通过不同的扫描模式和量化方式,可以实现不同的分级编码方式。

(1) 单量化器:按树排序进行扫描,无分级编码。

(2) 子带到子带的排序:空间分级,通过对部分子带进行编码来实现。

(3) 两级量化:基于位平面的分级,与精细粒度分级编码类似。

(4) 多级量化：按质量分级，每个量化器对应一种分级。

2) 先进分级纹理档次

先进分级纹理档次包含先进分级纹理对象，对分层纹理增加一些工具，例如小波子带编码、形状编码和容错工具等。

8. 演播室质量的编码

所谓演播室质量，是指在演播室采集、存储、编辑和传送的高质量视频。MPEG-4 支持简单演播室档次和核心演播室档次。

1) 简单演播室档次

简单演播室对象用于高质量视频的采集、存储和编辑，简单演播室档次指支持 I 帧，主要特点有：

(1) 视频格式。

简单演播室档次支持 4∶2∶0、4∶2∶2、4∶4∶4 的 YC_bC_r 色度空间取样格式。

(2) 变换和量化。

取样点采用 11 比特表示，提高了 DCT 和 IDCT 变换精度；对量化和反量化进行了调整，使基于 DCT 的无损编码成为可能；在某些情况下，可选用 DPCM 编码方式而非 DCT 变换编码方式。

(3) 形状编码。

二值形状编码采用 PCM 编码而非算术编码，以简化编解码的复杂度；灰度形状编码可以对 12 比特分辨率的数据进行编码。

(4) 片结构。

采用 MPEG-2 类似的片结构来组织数据，以简化与 MPEG-2 之间的转换。

2) 核心演播室档次

核心演播室对象可提供演播室质量的视频，相对于简单演播室工具，增加了 Spirite 编码和 P-VOP 帧。

9. 合成视频场景的编码

MPEG-4 包括了很多用于合成视频（动画等）和自然视频（来自真实自然世界的视频场景）处理的对象和工具。基于动画纹理和动画网格对象支持代表形状和运动的网格的编码，人脸与人体的动画工具。

习 题 2

2-1 对于低通模拟信号而言，为了无失真地恢复信号，取样频率与带宽有什么关系？发生频谱混叠的原因是什么？

2-2 何谓量化噪声？用什么方法可减小（或消除）它？

2-3 若一个信号为 $s(t)=\cos(314t)/314t$，试问最小取样频率为多少才能保证其无失真地恢复信号？在用最小取样频率对其取样时，要保存 10 分钟的取样，需要保存多少个取样值？

2-4 假设黑白电视信号的带宽为 5MHz，若按 256 级量化，试计算按无失真取样准则取样时的数据速率。若电视节目按 25 帧/秒发送，则存储一帧黑白电视图像数据需要多大的存储容量。

2-5 设有一个 8×8 图像 $\{x(n,m)\}$：

```
      n →
    8 8 8 8 8 8 8 8
    8 7 7 7 7 7 7 8
    8 7 6 6 6 6 7 8
m ↓ 8 7 6 5 5 6 7 8
    8 7 6 5 5 6 7 8
    8 7 6 6 6 6 7 8
    8 7 7 7 7 7 7 8
    8 8 8 8 8 8 8 8
```

(1) 计算该图像的熵值；

(2) 对该图像做前值预测（即列差值，假设 8×8 区域之外的图像取值为 8）：
$$\hat{x}(m,n) = x(m,n-1)$$
试给出误差图像及其熵值；

(3) 试比较上述两个熵值，得到的结论是什么？

2-6 设有离散无记忆信源 X 为
$$\begin{pmatrix} X \\ P(x) \end{pmatrix} = \begin{pmatrix} x_1 & x_2 & x_3 & x_4 & x_5 & x_6 \\ 0.3 & 0.2 & 0.2 & 0.1 & 0.1 & 0.1 \end{pmatrix}$$

(1) 计算该信源的熵；

(2) 用霍夫曼编码方法对此信源进行编码；

(3) 计算平均码长，并讨论霍夫曼编码的效率。

2-7 试比较预测编码和变换编码的优缺点。

2-8 简述帧内二维预测原理，如何确定最佳预测系数？

2-9 简述帧间预测块匹配法的原理，并说明为什么全搜索算法的运动估值效果优于其他快速搜索算法。

2-10 计算下列图像块的 K-L、DFT 和 DCT 变换，比较上述 3 种变换的能量集中情况。

2-11 试解释 DCT 压缩编码中为什么要使用 Zig-Zag 扫描。

2-12 简述 JBIG、JPEG、H.261、MPEG-1 和 MPEG-2 标准的主要应用。

2-13 简述 DCT 编码原理。

2-14 简述基于对象视频编码的原理。

2-15 简述可分级编码的方法、原理和应用，如何理解 MPEG-2 编码的"档次和等级"？

第 3 章 数字视频系统

3.1 卫星电视广播系统

3.1.1 概述

通常地面无线电视台的最大有效服务半径在 60km 左右的范围内,为了提高覆盖率,就必须设置大量的地面电视发射台或差转站,电视节目要传送较远距离就必须经过众多的地面微波中继站。这样一来,不但建造和维修费用大,而且,经过中继站的多次传递和变换后,信号失真变得比较严重。对于海洋、高山、湖泊、岛屿和沙漠等环境,使用上述方法是相当困难甚至是不可能实现的。采用卫星电视系统是目前解决电视覆盖问题和传输(特别是远距离)高质量电视节目的最好办法。

所谓卫星电视系统,就是利用地球同步静止卫星来直接转发电视信号,其作用相当于一个空间电视转发站,主发射站将电视信号以 f_1 的上行频率发射给卫星,卫星收到该信号,经过变换和放大后以 f_2 的下行频率向地球上预定的服务区发射广播信号,预定服务区的电视接收站接收卫星电视信号,经过变频、解调后送给电视机。

专用电视接收站主要用于收转站和电视台,其性能指标要求较高。普通电视接收站是一种简易的电视接收系统,用于集团和家庭接收电视,性能指标要求不高,造价便宜。

卫星电视系统的主要特点为覆盖面积大、相对投资少,载波频率高,频带宽,传输容量大,信道特性稳定,图像质量好,但卫星电视的信号很弱,对接收天线及设备要求较高。由于卫星电视系统具有明显的优点,因此许多国家都在积极发展卫星电视系统。

3.1.2 卫星电视广播系统组成

卫星电视广播系统主要由电视广播卫星、上行电视发射站、卫星电视接收站和卫星测控站组成,如图 3-1 所示。

1. 电视广播卫星

电视广播卫星实质上是一个安装在赤道上空的电视中继站,其工作原理与地面差转站类似。电视广播卫星主要由收发天线、转发器、控制设备、电源系统和控制系统等组成。

转发器由高灵敏度的宽带低噪声放大器、变频器、C/Ku 波段功率放大器组成,是决定电视广播卫星的关键设备。通常,在电视广播卫星上有多个 C/Ku 波段转发器,它接收来自上行地球站(电视发射站)的信号,并向卫星电视广播地球站转发下行信号。

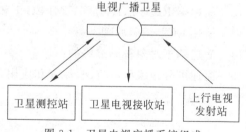

图 3-1 卫星电视广播系统组成

电视广播卫星上有大功率电视转发器。电视广播卫星一方面接收地球上行站发射的信号(上行信号),另一方面又将收到的微弱信号进行放大、变频后向地面接收站转发(下行信号)。下行信号频率可能是 4GHz(C 波段),也可能是 12GHz(Ku 波段);上行信号频率可能是 6GHz(C 波段),也可能是 14GHz(Ku 波段)。

2. 卫星电视广播上行地球站

上行地球站把节目制作中心送来的电视信号(可以是数字电视信号、数字广播信号;也可以是模拟电视信号、模拟音频信号)加以处理,并经过调制、上变频和高功率放大,通过定向天线向电视广播卫星发射上行 C、Ku 波段电视信号;同时也接受由卫星下行转发的微弱微波信号,以监测电视广播卫星转播节目的质量。

3. 卫星测控站

卫星测控站的作用是测量、控制卫星的轨道和状态,使卫星保持相对于地球静止状态,确保卫星天线波束对地球表面的覆盖图不变。

4. 卫星电视接收站

卫星电视地球接收站包括接收天线、集体接收设备和个体接收设备等,既可以作为有线电视系统和电视转播台的一部分,也可以供大楼的数百用户或单个家庭使用。

目前卫星电视接收系统,按不同的地理条件和不同的应用范围可采用下面几种方式。

(1) CATV 方式,将接收到的卫星电视信号处理后送入有线电视系统,这种方式适合于有线电视台、人口集中的小区和城镇居民区等,收视能统一管理。

(2) TVRO 方式,该方式的特点是一户一个天线,可自由收看不同的卫星电视节目,随着国家政策的逐步放宽,越来越多的家庭安装这种卫星地面接收站。

(3) SMAR TV 方式,该方式是卫星电视公共接收分配系统,其特点是多个用户共用一套卫星电视接收天线,电视信号经分配和分支后送到各用户,各用户自己配备卫星电视接收机,自由选择频道收看该卫星所传送的各套电视节目。

(4) 卫星电视接收收费系统,该方式的特点是将接收到的信号加扰后发送出去,用户必须刷卡,通过解码器后才能收看,达到收费管理的目的。

(5) 太阳能卫星电视接收系统,该方式的特点是利用太阳能给卫星电视系统供电,特别适合于交流电没有到达的地区和野外工作人员收看电视节目。

5. 卫星电视信号传输

目前通过卫星信道传输的模拟彩色电视制式有 NTSC(美国,日本等)、PAL(中国、英国、德国等)和 SECAM(俄罗斯、法国等),根据行数频带宽度等又分为 A、M、B、G、H、I、E、D、K 和 I 等类别,各种制式可用专用设备进行互相转换。我国采用 PAL D/K 制、每帧 625 行,场频为 50 场/秒,行频为 15 625Hz,彩色副载频为 4.433MHz,额定视频带宽为 6.0MHz,全电视信号峰峰值为 1V,同步脉冲幅度为 0.3V,在卫星电视广播系统中通常采用正极性传输,即行、场同步脉冲在黑电平以下。

在卫星电视广播系统中,电视图像信号的传输一般采用调频方式,电视伴音的传输方式有好几种。按图像和伴音传输方式的不同,电视节目的卫星传输方式可分为以下 3 种。

(1) 图像信号和伴音信号单独调制频分传输,图像和伴音信号分别调制在不同的载波上。

(2) 图像和伴音载波形成基带频分传输,伴音信号先对一个高于图像信号最高频率的载波(称为伴音副载波)进行调频,有的先将伴音数字编码(如准瞬时压扩 PCM),然后再调制到副载波上,图像信号和这些副载频信号合成基带信号。多个伴音就是采用多个副载波,各副载波间留有一定间隔。

（3）图像和伴音时分传输,将伴音信号进行数字编码(一般采用 PCM 编码)后进行存储,在规定的时刻插入行消隐期(对 625/50 制电视系统约为 12us),这种传输方式比较节省卫星频带和功率,并能同时传输多个伴音。

3.1.3 卫星电视接收系统

1. 卫星电视接受系统组成

通常,卫星电视接收系统由接收天线、室外单元(高频头)和室内单元(接收机)组成,如图 3-2 所示。室外单元和室内单元之间用同轴电缆连接,用以传输中频信号和供电。室内单元也叫调谐解调器,室外单元也叫下变频器,在室外与室内单元之间可连接功率分配器,以实时接收同一卫星传送的多路电视节目。卫星电视接收系统分为转发接收站、集体接收站和个体接收站。

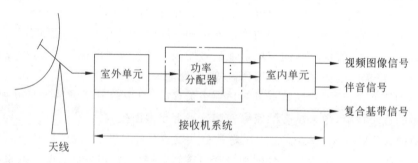

图 3-2 卫星电视接收站组成

典型的直播卫星电视接收系统如图 3-3 所示,天线通常都设置在不受遮挡的建筑物顶部,根据需要有时要架设多个天线,接收到的电视信号(基带)按要求调制到指定的射频载波上,然后通过混合器合路后送入 CATV 系统传输给电视用户。

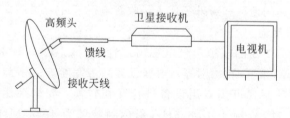

图 3-3 直播卫星接收系统

当接收非 PAL 制式的电视节目时,在接收机和调制器之间要插入制式转换器,以适应我国 PAL 制电视机收看电视节目。

高频头的作用是将天线馈源送来的卫星电视信号(4GHz 或 12GHz)进行放大,变频为第一中频信号,并送给卫星接收机。卫星接收机的作用是高频头送来的第一中频信号进行放大,变频为第二中频信号,经解调后输出电视信号给电视接收机,供用户收看。

2. 卫星电视接收系统的频段

卫星电视接收系统的频段与卫星广播用的频段是一致的,如表 3-1 所示。

表 3-1 卫星广播用频表段

波段名称/GHz	频率范围/GHz	地区分配			备 注
		欧洲、非洲	南北美洲	亚洲、澳洲	
		1区	2区	3区	
L(0.7)	0.62—0.72	√	√	√	与主管部门协商
S(2.5)	2.5—2.69	√	√	√	共同接收
Ku(12)	11.7—12.2	—	—	√	广播卫星业优先使用
	11.7—12.5	√	—	—	广播卫星业优先使用
	12.1—12.7	—	√	—	广播卫星业优先使用
	12.5—12.75	—	—	√	共同接收
Kz(23)	22.5—23	√	√	√	与主管部门协商
Q(42)	40.5—42.5	√	√	√	广播卫星业务用
V(85)	84—85	√	√	√	广播卫星业优先使用

3. 卫星电视接收天线

卫星电视接收天线通常采用抛物面天线,它对准卫星时将卫星转发器传到地面的极其微弱的信号反射聚焦到馈源处,然后送到高频头进行处理。接收天线的口径与接收信号的频率有关,频率越高天线口径越小。

按馈电方式划分,卫星电视接收天线分为前馈式天线和后馈式天线(卡塞格伦天线),按反射面不同划分有板状天线和网状天线,不论是何种天线其主反射面都是抛物面。

1) 前馈式抛物面天线

前馈式抛物面天线由馈源(也称辐射器)和抛物面反射器组成,如图 3-4 所示,馈源相位中心位于抛物面反射器的焦点上,反射器将接收到的卫星发射来的平行平面电磁波聚集,校正为球面波送给馈源,再通过波导送给室外单元(高频头)。

当抛物面天线对准卫星时,金属抛物面将卫星转发器传送下来的极其微弱的 C/Ku 波段电磁波反射并聚焦送入馈源,电磁波经过馈源变成高频电流进入高频头,高频头将 C/Ku 波段信号变换成第 1 中频信号(0.97~2.05GHz),并通过同轴电缆传输到功分器和卫星电视接收机。

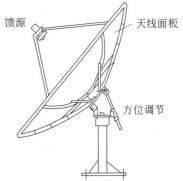

图 3-4 前馈式抛物面天线结构

馈源的作用是将卫星接收天线接收的电磁信号转换为电视信号。馈源由波纹喇叭、圆-线极化变换器、圆-矩波导过渡器、波导同轴转换器等组成,馈源性能指标的优劣直接关系到卫星电视接收质量。

馈源有 C 波段单馈源、Ku 波段单馈源、S 波段单馈源、双极化馈源(能同时接收同一个卫星转发的水平极化和垂直极化波)、C/Ku 波段双馈源(能同时接收同一个卫星转发的

C 和 Ku 波段节目)、多端口馈源等。此外,还有馈源和高频头制作在一起的一体化高频头馈源。

2) 后馈式(卡塞格伦)天线

在有线电视系统中,后馈抛物面天线(又称卡塞格伦天线)如图 3-5 所示,主要用于接收卫星电视信号很弱的地区或大型系统中,其主反射面(简称主面)仍然是抛物面,而副反射面(简称副面)是一个双曲面,副面用金属支杆固定在主面上,位于主面的焦点和顶点之间。双曲面有两个焦点,一个焦点 F1(虚焦点)与主面的焦点 F 重合,馈源放在它的另一焦点 F2(实焦点)上,电磁波经过副面和主面的两次反射到达馈源。

与前馈天线相比,后馈天线主要优点是:改善了天线的电性能,尤其是提高了天线口面的利用系数;结构紧凑、馈电方便,馈线可方便地从主面后面伸出,从而减少了馈线长度。用短焦距抛物面实现了长焦巨抛物面的性能,缩短了天线的纵向尺寸。

图 3-5 卡塞格伦抛物面天线结构

4. 卫星电视接收站的一般要求

卫星电视接收站的一般要求(G/B11442—1955)见表 3-2。

表 3-2 卫星电视接收站的一般要求

项 目	性 能 要 求
图像传输形式	端口数:≥3(专业型含一路复合基带输出)≥2(普及型) 阻抗:75Ω(不平衡) 电平 1V(峰峰值,正极性)
伴音传输形式	端口数:≥2 阻抗:600Ω(不平衡) 电平(0±6)dBm(可调)
连接电缆	损耗:≤dB 长度(m):10、20、30 室外、室内单元间连接 30m 电缆时,不影响接收质量
功率分配器	连接端口号:FL10-ZY1(输出、输入) 端口数:2、4 隔离度:≥20dB 插入耗损:≤0.5dB 回波损耗:≥17dB(输入、输出口)
天线的抗风能力与环境要求	8 级风:正常工作;10 级风:将精度工作;12 级风:不破坏(天线朝天锁定) 环境温度:-25～55℃;相对湿度:5%～95%;气压:86～106kPa

在 CATV 系统里,由于信号在传输过程中有增益量、衰减量,这本是倍数概念,即乘、除法,但是,即使是最简单的系统,对信号电平的计算采用乘、除法都将是十分复杂的。引入了 dB(分贝)这个概念后,将复杂的乘、除法化简为加、减法,大大简化了计算,因而对工程设计有着十分重要的意义。在计算时,要给出一个参考电平,在 CATV 系统内的参考电平规定如下:

(1) 对电场的表示定为 $0dB\mu=1\mu V/m$,俗称 $dB\mu/m$。

(2) 对输入、输出电平的表示定为 $0dB\mu=1\mu V$,俗称 $dB\mu$,即 $1\mu V$ 电压为 0dB,那么 $2\mu V$ 电压为 $20lg2=6dB\mu$。

(3) 对增益和衰减的表示。$dB=20lg\dfrac{E_2}{E_1}$,$E_2>E_1$,dB 为正值,表示为增益;若 $E_2<E_1$,

则 dB 为负值,故为衰减。对增益和衰减而言,它是一个比值,故只能用 dB,而不能用 $dB\mu$。

根据对数原理可看出,对于电压增益,20dB 为 10 倍,即 dB 值 $=20\lg\dfrac{U_2}{U_1}$。若 $U_2=10U_1$,则 dB 值 $=20\lg10=20$。对于功率增益,10dB 为 10 倍,即

$$dB 值 = 20\lg\dfrac{U_2}{U_1} = 20\lg\dfrac{\sqrt{RP_2}}{\sqrt{RP_1}} = 20\lg\sqrt{\dfrac{P_2}{P_1}}$$

$$= 20 \times \dfrac{1}{2}\lg\dfrac{P_2}{P_1} = 10\lg\dfrac{P_2}{P_1}$$

引入 dB 值后,对于一个系统的计算,就只要运用加、减法的运算即可以了。例如,一个系统输入为 $85dB\mu$,经过 $5dB\mu$ 的衰减,又经过一个增益为 $20dB\mu$ 的放大器,其最终输出电平为 $85dB\mu - 5dB\mu + 20dB\mu = 100dB\mu$。

3.1.4 数字卫星电视

数字电视(Digital Television,DTV)是对模拟电视系统的一次革命,大大提高了电视节目的传输质量和信道资源的利用率。同时数字电视系统作为一个新的数字信号传输平台,还可以提供诸如数据广播、视频点播(VOD)、交互式电视(ITV)、多媒体杂志、信息咨询和电视购物等增值业务。

目前,我国采用有线数字电视传输标准是 DVB-C,卫星数字电视传输标准是 DVB-S,即欧洲的 DVB 标准(见表 3-3)。

表 3-3 欧洲 DVB 标准电视制式主要技术及特点

制式名称	欧洲 DVB		
视频编码方式	MPEG-2		
音频编码方式	MPEG-2 Layer2		
复用方式	MPEG-2		
调制方式	卫星(DVB-S)	有线(DVB-C)	地面(DVB-T)
	QPSK	QAM	2PSK/8PSK
频带宽度	8MHz		
外纠错编码	RS 码(204,188)		
内纠错编码	卷积码(1/2,2/3,3/4,5/6,7/8)		

3.2 有线电视系统

3.2.1 概述

通常,有线电视系统用一组电视天线(含卫星电视天线),将接收的广播电视信号进行放大处理后,以有线方式把电视信号分送给有线电视用户。这样既解决了无线接收电视信号由于反射而产生重影的问题,也改善了由于高层楼宇遮挡而形成的电波阴影电视信号盲区的接收效果。此外,有线电视系统不占用非常紧张的无线频谱资源,不干扰其他无线电系

统,也不容易受其他系统干扰。因为有线电视系统不向外界辐射电磁波,以有线闭路形式传送电视信号,所以也称为闭路电视或电缆电视(Cable Television,CATV)。

3.2.2 CATV系统的主要特点

(1) 高质量传输和接收广播电视信号,差转一般用户无法接收到其他地区的广播电视节目。

(2) 在不干扰相邻频道的前提下,在VHF波段的空频道中发送自办电视节目,CATV系统只要配备包括摄像机和小型演播等设备,就可开办电视广播节目。

(3) 有线电视系统用户能共享录像机、电影电视转播机、高传真音响设备和卫星直播接收机等昂贵前端设备。

(4) 有线电视系统用户能共享有线电视台丰富的节目资源。

(5) 可将一般用户不能接收的中、短波段广播或调频广播纳入CATV系统,每个用户就能通过广播插座收听这些无线电广播。

(6) 有线电视系统比普通电视广播优越得多,它能有效地克服高山或高大建筑物造成"阴影电视信号盲区",防止有害电波的干扰,提高电视信号的接收质量,避免天线林立,特别适合集体单位收看电视,如大饭店、学校、部队、厂矿、村庄等。

3.2.3 CATV系统分类

1. 按系统规模大小分类

(1) 大型系统,终端10 000户以上,也称为A类系统。

(2) 中型系统,终端5001~10 000户,也称为B_1类系统;终端2001~5000户,也称为B_2类系统。

(3) 中小型系统,终端301~2000户,也称为C类系统。

(4) 小型系统,终端300户以下,也称为D类系统。

2. 按工作频率分类

按传输的工作频率不同,可分为全频道系统、300MHz邻频传输系统、450MHz邻频传输系统、550MHz邻频传输系统和750MHz邻频传输系统,如表3-4所示。

表3-4 按工作频率分类的CATV系统

名称	工作频率	频道数	特点
全频道系统	48.5~958MHz	VHF有DS1~12频道,UHF有DS13~68频道,理论上可容纳68个频道	(1) 只能采用隔频道传输方式 (2) 受全频道器件性能指标限制 (3) 实际上可传输约12个频道左右 (4) 适于小型系统,传输距离小于1km
300MHz邻频传输系统	48.5~300MHz	考虑增补频道,最多有28个频道:DS1~12,Z1~Z16(其中DS5一般不采用)	(1) 因利用增补频道,故需增设频道变换器 (2) 适于中小型系统
450MHz邻频传输系统	48.5~450MHz	最多47个频道:DS1~12,Z1~Z35	适于中大型系统

续表

名 称	工作频率	频 道 数	特 点
550MHz 邻频传输系统	48.5～550MHz	最多 59 个频道：DS1～22，Z1～Z37	(1) 因可传输 22 个标准 DS 频道，故在要求资源不太多时，可不增设频道变换器 (2) 便于系统扩容，广泛用于中、大型系统
750MHz 邻频传输系统	48.5～750MHz	最多 79 个频道：DS1～42，Z1～Z37（其中 566～606MHz 未开发）	(1) 可采用光纤传输，能适应未来信息高速公路的发展 (2) 适于大型系统

3. 按传输频率范围分类

按传输频率可分为 300MHz 系统、450MHz 系统、550MHz 系统、750MHz 系统和 1000MHz 系统。

3.2.4 有线电视系统频道段和频道

图 3-6 给出了我国标准电视频段和频道分配，每个电视频道的带宽为 8MHz，其中 1000MHz 的有线电视系统共有 68 个标准电视频道(DS1-DS68)。为了提高有线电视频谱的利用率，可采用邻频道技术来增补非标准频道，其中，在 111～167MHz 频段可增加 7 个增补频道(Z1～Z7)，在 223～463MHz 频段可增加 30 个增补频道(Z8～Z37)，在 DS24～DS25 之间还可以增加 5 个增补频道(Z38～Z42)。所谓邻频道是指电视节目频道一个紧挨一个，不留空频道间隔。邻频道技术是指为了避免因增补频道而导致相邻频道之间相互干扰所采用的技术措施。目前采用的邻频道技术如下所示。

图 3-6 我国标准电视频道频率

（1）采用严格的残留边带滤波，使相邻频道之间的频谱无重叠，避免出现相互干扰。

（2）由于低频道的伴音载频与高一个频道的图像载频相隔仅 1.5MHz，故音视频功率之比不仅对本频道有影响，同时对上一个频道也有影响，因此，要求音视频功率比在一定范围内可以调整，而不是固定的 10dB 关系。

（3）对载频的频率偏差有比较严格的要求，与标称值的偏差不超过±20kHz。

（4）为了消除信号处理器内放大器非线性所产生的三音互调产物对相邻频道和本频道的影响，往往在中频部分采用陷波器。

通过增补频道后，300MHz 有线电视系统可由 12 个标准频道增加到 28 个频道；450MHz 有线电视系统可提供 47 个频道；550MHz 有线电视系统可达 59 个频道，依次类推。

值得注意的是，在双向有线电视系统中，为了给上行系统留出足够的带宽，通常 DS1～DS5 不再传送下行电视广播信号，其中 5～65MHz 分配给上行信号使用，65～87MHz 作为过渡频带。

3.2.5 有线电视系统组成

通常,有线电视系统由前端部分、干线部分和用户分配部分组成,如图 3-7 所示。

1. 前端部分

前端部分是有线电视系统的节目源,其主要作用如下所示。

(1) 将各种天线接收到的电视信号分别进行频道变换和电平变换,变换后的信号经混合器混合后送入传输干线。

(2) 向干线放大器提供用于自动增益控制和自动斜率控制的导频信号。

(3) 将自播节目通过调制器后,按规定的频道将电视信号送入混合器。

(4) 将卫星地面站接收的电视信号通过调制器后,按规定的频道将电视信号送入混合器。

(5) 将电平大致相等的各频道电视信号混合成一路,送入干线进行传输。

2. 干线部分

干线是指在室外将前端部分的电视信号进行远距离传输的线路。常用的干线传输技术有微波、同轴电缆和光纤。

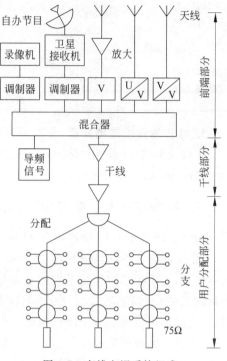

图 3-7 有线电视系统组成

1) 微波

目前,微波多路分配系统(MMDS)只作为辅助或补充传输手段,即将多路电视复用后上变频为微波频段,用天线直接向各用户发送电视信号。

微波接力系统多用于一些地形特殊、用户分散、不便于铺缆架线的地区。也可以用定向(抛物面)天线点对点的收发,作为干线传输的一个环节,用于跨越崇山峻岭、地势险恶的区间。

2) 同轴电缆

同轴电缆具有成本低、信号传输质量稳定、信号分配方便等优点,在有线电视网络发展初期几乎成为唯一的传输形式。

但由于同轴电缆的衰耗比较大(通常大于 20dB/km),采用干线放大器的维护成本高,可靠性差,因此通常只在大楼内部或几栋楼之间采用同轴电缆作为干线。

3) 光纤

光纤是一种细长(直径大约为 0.1mm)的玻璃纤维,全称为光导纤维,光波封闭在光纤内进行传播。图 3-8 给出了有线电视模拟光纤传输系统组成,光发送机与光接收机之间构成了光纤传输主干部分。光纤通信具有以下优点:

(1) 频带宽,通信容量极大,单模光纤的可用带宽高达 200THz。一对单模光纤的潜在容量可传输上亿路电话。

(2) 损耗低,传输距离远,$1.55\mu m$ 波长单模光纤传输系统的中继距离可超过 100km。由于中继距离长,长途干线传输中所需要的中继器数量大大减少,提高了传输系统的可靠

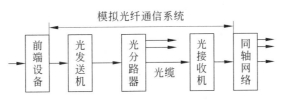

图 3-8　有线电视模拟光纤传输系统组成

性,降低了成本,也减少了日常维护的工作量及维护费用。

（3）节约大量稀有有色金属,通信电缆的主要材料为稀有金属铜,其资源严重紧缺。1km 长的 8 管同轴电缆要耗铜 1.2t,利用石英光纤代替同轴电缆实现通信,可以节约大量的铜（铝）和铅。

（4）抗干扰性好,保密性强,使用安全,光波频率高,光纤光缆密封性好,有很强的抗电磁干扰能力,不易引起串音与干扰。光波集中在纤芯中传输,在纤芯外很快地衰减,因而保密性好。光纤材料是石英介质,光缆中不含金属,不打火花,并具有抗高温和耐腐蚀等性能,因而可抵御恶劣的工作环境。

（5）体积小,重量轻,便于敷设,光导纤维细如发丝。光纤的外直径为 $125\mu m$,加套塑后的外径也小于 1mm,加之光纤材料的比重小,成缆后的重量也轻。例如,一根 18 芯的光缆质量约为 150kg/km,而 18 管同轴电缆的质量约为 11t/km。光纤便于敷设,可架空、直埋或置入管道。适用于陆地、海底,也适用于飞机、轮船、人造卫星和宇宙飞船上。

（6）材料资源丰富,石英光纤的材料是 SiO_2,资源非常丰富。

（7）技术优势,与模拟传输方式相比,数字光纤传输系统有许多优势：数字光纤传输系统易与程控交换机连接；数字光纤传输设备可采用超大规模集成电路,设备的可靠性大大提高；利用数字光纤传输系统可方便地实现全系统的监测与监控；扩容方便,只需要增加若干光电设备,不必更换光缆和增加中继站数量；光纤/同轴电缆混合（Hybrid Fiber Coax,HFC）技术可广泛地应用于有线电视网中；采用波分复用（Wavelength Division Multiplex,WDM）技术可大大扩展光纤通信的容量,而不用增加光纤芯数。

因此,目前城市有线电视网络大多采用混合光纤同轴网（HFC）,将干线分为主干线和分干线：前端至小区（或大楼）段采用单模光纤作为主干线,由于单模光纤的衰耗很小（小于 0.2dB/km）,无中继传输距离可超过 100km,因此可满足城市内有线电视传输的需要；小区楼宇之间（或大楼内部）采用同轴电缆作为分干线,如图 3-8 所示。

前端设备是有线电视（CATV）电视信号的发送设备,它将所要传输的电视信号进行调制,按频分多路复用（FDM）方式送至光发送机。光发送机将该电信号转换成光信号送入光纤。光分路器将光发送机的输出光信号分成几路。光接收机将接收到的光信号转换成电信号进行处理,恢复原电视信号,然后将电视信号送入同轴分配网络。由于传送的是模拟信号,因此光发送机采用的光源通常是分布反馈式 DFB 激光器,这是因为 DFB 激光器的线性度比较好。光分路器的作用是将光发送机的输出光信号分成多路,分别将电视信号送到各个光节点小区。

3. 分支分配部分

目前,在 HFC 有线电视系统中,干线普遍采用光纤,正逐步发展为光纤到小区、光纤到路边、光纤到大楼,甚至未来可能光纤到家庭。但在目前技术条件下,分配网通常采用经济灵活的同轴电缆。

CATV 系统的分配分支部分主要包括分配放大器、线路延长放大器、分配器、分支器、支线和输出终端（用户插座），其作用是将电视信号传输到每家每户。

3.2.6 前端

前端是有线电视系统的核心，前端的输入是信号源，后接光发射机、微波发射机或电缆干线。前端的输入信号频率范围从几十 Hz 到 1GHz，包括视频、音频和电视频道信号；前端的输出频率范围小于 1GHz，因此也称为射频前端（或邻频前端）。

前端的功能主要有调制、解调、频率变换、信号处理、低噪声放大、抑制非线性失真/寄生输出、中频处理、混合、监测和控制、完成频道配置等。

1. 前端组成

通常有线电视系统前端包括接收天线、频道处理器、频道放大器、导频信号发生器、调制器、混合器、自播节目设备和卫星电视接收设备等。

2. 接收天线

接收天线接收载有图像和伴音信号的空中高频电磁波，使之变为感应电压或感应电流，并经过电缆传输到系统。

天线的增益越高，输出的电平就越高，系统的信噪比就越好。在信号场强较弱或干扰较大的地区，应选用高增益、抗干扰能力强的天线。同时，天线结构应牢靠，并有足够的机械强度以承受高空风力负载。同时，应选用抗腐蚀、抗氧化、重量较轻的材料。

接收天线可分为卫星电视接收天线、微波接收天线和开路电视接收天线。通常卫星电视接收天线、微波接收天线均采用抛物面天线，开路电视接收天线大致可分为甚高频（VHF）接收天线、超高频（UHF）接收天线和甚高频超高频（UHF+VHF）全频道接收天线等。

VHF 接收天线主要有：VHF 宽频带接收天线（1～12 频道），VHF 低频段接收天线（1～5 频道），VHF 高频段接收天线（6～12 频道）。

UHF 超高频接收天线主要有：UHF 宽频带接收天线（13～68 频道），UHF 低频段接收天线（13～44 频道），UHF 高频段接收天线（45～68 频道）。

在距离电视台较远或接收卫星电视信号非常微弱等场合，通常需要采用天线放大器。天线放大器位于天线和接收机之间，其主要作用是低噪声放大微弱电视信号。

3. 频道放大器

频道放大器位于接收机与电视机之间。频道放大器又分单频道放大器和宽频道放大器。

（1）单频道放大器：用来放大某一频道全电视信号，带宽只要求满足电视频道带宽 8MHz 即可。

（2）宽频道放大器：是将几个天线接收到的各频道信号经过混合器后一同放大。特点是频道范围宽，可节省放大器的数量，但要求输入的各频道信号强度相差不能太大。当用户很多、范围较大和线路损耗较大时，可用线路放大器提高增益。宽频带放大器的增益一般用最高频道的增益来表示。通常增益在 $35dB\mu$，最高可达 $110dB\mu$ 以上。

4. 电视调制器

电视调制器的作用是将视频（V）、音频（A）调制成电视射频信号，输入端直接与摄像机、录像机、卫星接收机等连接，输出端通常与多路混合器连接，如图3-9所示。有些电视调制器将视频（V）、音频（A）调制成电视中频（38MHz）信号，经变频器变频后，再送入多路混合器。

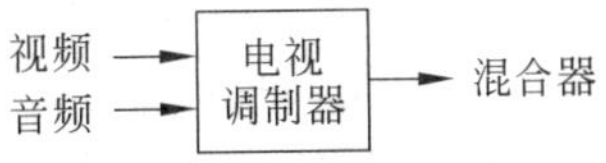

图3-9 电视调制器的作用

电视调制器有射频直接调制器、中频调制器、广播级调制器等。射频直接调制器线路简单，价格低，多用于小型系统。中频调制器性能好，采用声表面滤波器，常用于中型系统。广播级调制器采用频率变换，输出频道可变，常用于大型系统。

声表面波滤波器（SAWF）是实现邻频传输的关键器件，包括电视图像中频声表面波滤波器、电视频道伴音声表面波滤波器、电视频道残留边带声表面波滤波器等。

声表面波滤波器由压电材料基片和叉指换能器组成，在压电基片（如铌酸锂基片、石英基片）上沉淀形如手指的叉指换能器，基本原理是压电效应。

与其他滤波器相比，声表面波滤波器的特点主要有：
(1) 频率响应平坦，不平坦度仅为±0.3～±0.5dB，群延迟±30～50ns。
(2) 矩形系数好，带外抑制可达40dB以上，这是提高邻频抑制的关键指标。
(3) 插入损耗虽高达25～30dB，但可用放大器补偿电平损失。

采用锁相频率合成技术可保证图像载频稳定度，以防止载频偏移使本频道信号频谱搬移至相邻频道，对相邻频道造成干扰。

锁相频率合成器如图3-10所示，由鉴相器（PD）、环路滤波和放大器、压控振荡器（VCO）、分频器（分频器的分频数为N）组成。当输出频率f_{out}和分频器输出频率f_{out}/N相等且相位相同时，鉴相器输出电压为0，压控振荡器输出频率为$f_{out}=N\times f_{out}$。如果f_{out}不等于f_{out}/N，两者在鉴相器内进行相位比较，相位差使鉴相器输出电压不为0（称为误差电压），该电压经环路滤波和放大，改变压控振荡器输出频率，直至输出频率$f_{out}=N\times f_{out}$为止。只要输入频率f_{out}准确稳定，输出频率f_{out}就是准确稳定的。如果输入频率由晶体振荡器产生，频率稳定度可达到10^{-5}。使用锁相频率合成器很容易改变输出频率，改变分频数N即可实现变频。

5. 频道处理器

频道处理器（又称为电视信号处理器）由下变频器、中处理器和上变频器组成，如图3-11所示。使用频道处理器可将开路电视信号引入有线电视系统。

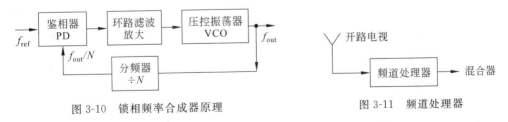

图3-10 锁相频率合成器原理　　　图3-11 频道处理器

在有线电视系统中，频率变换器是一个比较重要的器件，例如U/V、V/V、V/U频率变换器；在邻频传输系统中，IF/V、IF/U、U/IF和V/IF等频率变换器更是不可缺少。

图 3-12 给出了频率变换的基本原理,由接收天线收到的开路电视信号 f_i,经滤波器滤波后送入高频放大器放大和混频。同时由晶振产生的单频信号经过倍频到频率 f_L。在混频器中,高频信号和本振信号产生和频、差频等分量,如 $f_0=f_L-f_i$,$f_0=f_i+f_L$。经过带通滤波选出所需要的分量,其他分量被抑制掉。和频分量 $f_0=f_i+f_L$,对 f_i 来说就是上变频;差频分量 $f_0=f_L-f_i$,对 f_i 来说就是下变频。

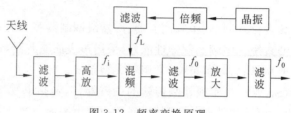

图 3-12 频率变换原理

与频率变换器相比,频道处理器除增加了中频处理器外,它还具有以下特点:

(1) 在中频处理器中,分别处理图像和伴音。图像和伴音分别用声表面波滤波器,以抑制邻频道干扰。

(2) 在邻频系统中,要求图像电平和伴音电平稳定。因此,在频道处理器中不仅有图像自动增益控制,而且有伴音自动增益控制。

(3) 通常,开路电视的图像电平只比伴音电平高 10dB,这不符合有线电视系统的要求。因此,频道处理器不仅要求调整图像信号电平,而且要求调整伴音电平,图像/伴音功率比可调整范围为 −10~−20dB。

(4) 本振源采用基于晶体振荡的锁相频率合成器,其频率变换精度在 20kHz 内。

(5) 对边带特性有严格的要求,带外噪声小于 −60dB。

(6) 由于开路信号电平起伏比较大,时强时弱,因此要求频道处理器具有足够大的动态范围。

6. 混合器

在 CATV 系统中,通常需要把天线接收到的若干不同频道的电视信号合并后再送到宽频带放大器进行放大。混合器的作用就是把几路信号合并为一路信号。混合器能确保各路信号既不会相互影响,也能阻止其他信号通过。

混合器也可将多个单频道放大器输出的不同频道的电视信号合为一路,再传输到各电视用户供选用,常用的混合方式有 VHF/UHF 混合、VHF/VHF 混合、UHF/UHF 混合、专用频道混合等。

7. 立体声调频器

立体声调频器是广播和电视兼容传输的重要设备,其作用是将立体声声源(如激光唱机、录音机、电唱机的输出)调制到 87~108MHz 调频频段上,并送入多路混合器,如图 3-13 所示。

立体声调频器一般采用频率锁相技术,输出频率可变,以满足用户方便设置调频载频点的需要。可同时输入 2~4 路立体声(L,R 声道),每一路输入有 2~4 路输出,频率和

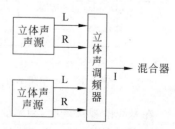

图 3-13 立体声调频器

输出电平均可调整。

3.2.7 同轴电缆传输

目前,我国绝大多数小型有线电视系统仍采用同轴电缆传输,由电缆干线放大器、干线站、均衡器、供电电源、线路延长放大器、各种连接器、电缆和干线辅助材料(如钢缆、挂钩)等组成。

电缆和干线设备大多数在室外,受气温、湿度、雨雪、大风等的影响比较大。加上干线分布区域广,电磁干扰复杂,这对干线设备提出较高的要求。例如要求干线设备密封性好,防水防潮防雨;要求具有强抗电磁干扰能力;要求连接点接触良好且长时间可靠;要求干线放大器(或站)具有多路桥接输出口;要求干线放大器由方便接插的组件组成,具有状态监控功能,便于维护管理;要求干线放大器具有自动增益控制(AGC)和自动斜率控制(ASC)能力,以适应远距离传输;为了回转节目,要求具有双向传输功能;为了适用于邻频系统,要求干线放大器具有较高的性能指标,如带内平坦度、频率响应、输出电平、噪声系数、反射损耗、交调比、互调比、AGC 和 ASC 等。

1. 同轴电缆

1) 结构

CATV 同轴电缆由内导体、绝缘体、外导体(屏蔽层)和护套组成,如图 3-14 所示,绝缘体(介质)使内外导体绝缘且保持轴心重合。

内导体可用铜棒或铜管、镀铜的铝棒或铝线,或镀铜的钢线制成。同轴电缆内有一层称为屏蔽层的金属网或金属管,屏蔽层与内导体之间是电介质,电介质在很大程度上决定了同轴电缆的传输速率和损耗特性,常用的电介质是干燥空气、聚乙烯(PEV)、聚丙烯、聚氯乙烯(PVC)和氟塑料材料的混合物。屏蔽层外面有一层护套(或外套),通常采用聚乙烯或乙烯基类材料。表 3-5 给出了各种型号电缆的内导体、绝缘体、外导体和护套的结构尺寸。

图 3-14 同轴电缆

表 3-5 各种型号电缆的内导体、绝缘体、外导体和护套的结构尺寸

型 号	SYKV-75				SYWV-75						
	-5	-7	-9	-12	-5	-7	-9	-12	-13	-15	-17
内导体/mm	1.00	1.60	2.00	2.60	1.0	1.66	2.15	2.77	3.15	3.50	4.00
绝缘体/mm	4.80	7.25	9.00	11.5	4.80	7.25	9.00	11.5	13.0	15.0	17.3
外导体/mm	5.80	8.30	10.1	12.6	5.80	8.30	10.1	12.6	13.7	15.7	18.1
护套/mm	7.50	10.6	12.6	15.6	7.20	10.3	12.2	15.0	16.7	18.7	21.1
中量/kg/mm	46	75	108	165	43	70	93	142	190	229	291

2) 特性阻抗

特性阻抗定义:在同轴电缆终端匹配的情况下,电缆上任意点的电压与电流之比,它与外导体直径、内导体直径和内外导体之间绝缘材料的相对介质常数有关。CATV 系统的标

准特性阻抗为 75Ω。

3) 衰减常数

信号衰耗与同轴电缆的结构尺寸、介电常数和工作频率有关。衰减常数表示单位长度（如 100m）电缆对信号衰减的分贝数。衰减常数与信号频率的平方根成正比，即频率越高，衰减常数越大；频率越低，衰减常数越小。

4) 屏蔽性

同轴电缆的屏蔽性能是一项比较重要的指标，即防止周围环境的电磁干扰和防止电缆传输信号的泄漏而干扰其他设备。一般来说，金属管状的外导体具有最好的屏蔽特性，采用双重铝塑带和金属网也能得到比较满意的屏蔽效果。

5) 温度系数

温度系数反映了温度变化对电缆损耗特性的影响。通常温度增加，电缆损耗增加；温度降低，电缆损耗减小。温度系数定义为温度每升高 1℃ 电缆对信号的衰减增加（或减少）的百分数。

6) 老化

随着使用时间的增加，安装在室外的电缆的各项性能都会发生变化。其中电缆衰减特性变化最大，通常电缆衰减大约 3 年增加 1.2 倍，6 年增加 1.5 倍。

2. 无源器件

1) 分配器

在 CATV 系统中，分配器的主要作用是分配电视信号电能，即把混合器或放大器送来的信号电平均匀分成若干份，分别送往几条干线，为不同用户区域提供电视信号。常用的分配器有二分配器（如图 3-15(a)所示）、三分配器、四分配器及六分配器等，最基本的是二分配器、三分配器，其他分配器均是二分配器、三分配器的组合。

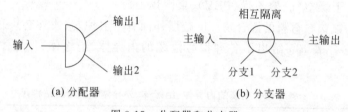

图 3-15　分配器和分支器

2) 分支器

与分配器不同，分支器的作用也是将电视信号分成几路输出，但各路电平不是完全相同，分出的小部分信号电平馈给支线，大部分电平给主干线。常用的分支器有二分支器（如图 3-15(b)所示）和四分支器。

3) 用户插座

用户插座的作用是连接电视机，通常信号电平为 $(70\pm5)\text{dB}\mu\text{V}$，通常安装高度距地面约 0.3m～1.8m，与电源插座相距不应太远。

4) 衰减器

衰减器常多用于放大器的输入端和输出端，调节并控制放大器的输入电平和输出电平。按衰减量是否可调分为固定式衰减器和连续可调衰减器。固定衰减器的输入端和输出端可以互相交换,通常制成插件结构,插入放大器内。连续可调式衰减器常用于需要经常改变衰减量的场合,可调范围一般是 0~20dB。

5) 均衡器

在电缆电视系统中,均衡器用于补偿电缆的衰耗-频率特性,因为电缆对信号的衰减程度与所传信号频率的平方根成正比,即电缆高端损耗较低端损耗大。因此,需要在整个工作频段上对电缆的衰减-频率特性进行补偿,以获得比较平坦的响应特性。

按工作频率均衡器可分为 V 频段均衡器和 U 频段均衡器。目前针对 300MHz、550MHz 和 750MHz 的 CATV 系统,相应的有 300MHz 均衡器、550MHz 均衡器和 750MHz 均衡器。

按均衡器可分为固定均衡器和可变均衡器。在电缆电视系统中,固定均衡器使用最为广泛。均衡器可外接在放大器输入端,也可做成插入式结构安装在放大器内,成为放大器的一部分。

在电缆电视系统中,往往会出现中间某个频道的信号电平比其他频道的信号电平高的情况,这时可采用频率响应均衡器。

3. 放大器

1) 干线放大器

干线放大器也称为线路放大器,其作用是放大补偿干线的信号损耗,频道增益一般为 22~25dBμV。通常干线放大器应具有自动增益控制功能。

2) 分配放大器

分配放大器的作用是提高信号电平,以满足分配器和分支器的信号电平,输出电平约为 100dBμV。分配放大器的增益是指任一输出端的输出电平和输入电平之差(dB 值)。

3) 线路延长放大器

线路延长放大器的作用是补偿支干线上分支器的插入损耗及电缆损耗。线路延长放大器只有一个输入端和一个输出端,通常安装在支干线上,输出端不再有分配器。线路延长放大器的输出电平约为 103~105dBμ。

3.2.8 光缆传输

1. 概述

电缆传输存在很多不足,例如电缆损耗大,电缆干线上大量使用有源器件和无源器件,会大大降低系统可靠性,维护费用高,管理难度大;电缆网的性价比不高。

光缆传输具有很多优点,例如频带宽,容量大,损耗低,光纤损耗在 0.20dB/km 以下,无中继传输距离可达 100km 以上;不受其他电磁干扰,无电磁辐射;体积小,重量轻,使用寿命长。因此,我国新建和扩建的有线电视系统绝大多数采用光缆电缆混合网,个别地方采用光缆、微波和电缆混合网,小城镇仍然采用简单的电缆网。

2. 光缆传输系统的组成

图 3-16 给出了光缆传输系统的组成,主要由光发送机、光纤、光放大器和光接收机等组成。

光发送机的主要功能是将电端机送来的电信号转换为光信号,然后注入光纤传输。光发送机的核心部分是光源、驱动电路和调制器。为了保证光发送机稳定可靠地工作,还必须

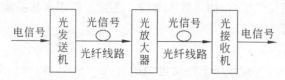

图 3-16　光缆传输系统的组成

有一些附加电路。例如,自动温度控制(ATC)电路和自动功率控制电路(APC)等。

光接收机的主要功能是将光信号还原为电信号。由于光检测器产生的光生电流很小,因此必须经过放大。因为信号在传输过程中会受到光纤色散和噪声的影响,信号会产生畸变,因而需要对数字信号进行判决再生,以提高数字信号的传输质量。

光纤是一种细长(直径大约为 0.1mm)的玻璃纤维,全称为光导纤维。光发送机输出的光信号要经过光纤线路才能传送到光接收机。

光放大器的主要功能是放大经长距离光纤线路传输而衰减的光信号。

3. 光缆

1) 光纤

通常光纤呈圆柱形,利用全反射原理将光波约束在其界面内,并引导光波沿着光纤轴线的方向传播。光纤的传输特性由其结构和材料决定。

图 3-17　光纤的结构

图 3-17 给出了光纤的结构,包括纤芯、包层和涂覆层组成,纤芯的折射率比包层的折射率稍大。当满足一定入射条件时,光波就能沿着纤芯向前传播。涂覆层的作用是保护光纤免受环境污染和机械损伤。

目前,使用的光纤大多是石英系光纤,其主要成分是高纯度的 SiO_2 玻璃。若在石英中掺入折射率高于石英的掺杂剂,就可以制作光纤的纤芯材料,纤芯的主要掺杂剂为二氧化锗(GeO_2)、五氧化二磷(P_2O_5)等。同样,若在石英中掺入折射率低于石英的掺杂剂,就可以制作包层材料,包层的主要掺杂剂为三氧化二硼(B_2O_3)、氟(F)等。

单模光纤常用的低损耗窗口主要是 850nm、1310nm 和 1550nm。目前,在有线电视系统中常用的是 1310nm 和 1550nm 的常规单模光纤,即 ITU-T 建议的 G.652 光纤和 G.654 光纤。

2) 光缆

尽管在拉丝过程中经过涂覆的光纤已具有一定的抗拉强度,但仍经不起弯折、扭曲等侧压力。为了便于工程上安装和敷设,通常将很多根光纤组合成光缆,使光纤能在各种敷设条件下和各种工程环境中使用。

机械性能包括抗拉、抗压、抗弯曲等,为了加强对纤芯和光缆的保护需要增加保护层(简称护层)。根据敷设方式的不同,对护层的要求也不一样,例如:

① 管道光缆的护层要求具有较高的抗拉、抗侧压、抗弯曲能力。

② 考虑地面的振动和虫咬等因素,直埋光缆要加装铠装层。

③ 架空光缆的保护层要考虑环境的影响,还要有防弹层等。

④ 海底光缆则要求具有更高的抗拉强度和更强的抗水压能力。

光缆的结构可分为缆芯、加强元件和护层,缆芯是光缆结构的主体,其作用主要是确定安置光纤的位置,使光纤在各种外力的影响下仍能保持优良的传输性能。多芯光缆还要对光纤进行着色以便于识别。另外,为了防止气体和水分子浸入,光纤中应具有防潮层并填充油膏。

加强元件有两种结构方式,一种是中心加强方式,要求是具有高弹性、高比强度(强度和重量之比)、低线膨胀系数、抗腐蚀性强和柔软性好;另一种是外层加强方式,加强件通常采用钢丝和钢绞丝或钢管等,在强电磁干扰环境和雷区中应使用高强度的非金属材料玻璃丝和凯夫拉尔纤维(Kevlar)。

护层一般分为填充层、内护套、防水层、缓冲层、铠装层和外护套等。填充层是由聚乙烯(PVC)等组成的填充物,起固定各单元位置的作用。内护层是置于缆芯外的一层聚酯薄膜,一方面可将缆芯扎成一个整体,另一方面也可以起隔热和缓冲的作用;防水层多用于海底光缆,由密封的铝管等构成;缓冲层用于保护缆芯免受径向压力,一般采用尼龙带沿轴向螺旋式绕包线芯;铠状层是在直埋光缆中为免受径向压力而在光缆外加装的金属护套;外套层常用的材料有 PVC、聚乙烯等。

根据缆芯结构,光缆可分为层绞式、骨架式、带状式和束管式四大类,如图 3-18 所示。

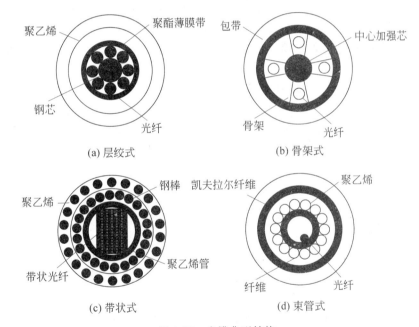

图 3-18 光缆典型结构

层绞式光缆结构如图 3-18(a)所示,其特点是结构比较简单和工艺比较成熟。层绞式光缆结构的中心加强元件承受张力,光纤环绕在中心加强元件周围,以一定的节距绞合成缆,光纤与光纤之间排列紧密。当光纤数目较多时,可先用该结构制成光纤束单元,再把这些单元绞合成缆。由于光纤在光缆中"不自由",当光缆受压时,光纤在护层与中心加强元件之间没有活动余地,因此层绞式光缆的抗侧压性能较差。通常采用松套光纤以减小光纤的应变。

骨架式光缆结构如图 3-18(b)所示,在中心加强元件的外面制作带螺旋槽的聚乙烯骨架,在槽内放置光纤绳并充以油膏,光纤可自由移动,骨架承受轴向压力和侧向压力,因此骨架式结构具有优良的机械性能和抗冲击性能,成缆时引起的微弯损耗也小。骨架式结构的缺点是加工工艺比较复杂,精度要求较高。

带状式光缆结构如图3-18(c)所示,它将一定数目的光纤排列制成光纤带,再把若干光纤带按一定的方式排列扭绞而成。带状式光缆的特点是空间利用率高,光纤易处理识别,可做到多纤一次快速连接。带状式光缆的缺点是制作工艺比较复杂,光纤在扭绞成缆时容易产生微弯损耗。

束管式光缆结构如图3-18(d)所示,其特点是中心无加强元件,缆芯为一充油管,一次涂覆的光纤浮在油中。加强元件置于管外,既可起到加强作用,又可作为机械保护层。构成缆芯的束管是一个空腔,束管式光缆中心无任何导体,因而可避免与金属护层之间的耐压和电磁脉冲等影响。束管式光缆的缆芯做得很细,既减小了光缆外径,又减少了重量,降低了成本,且抗弯曲性能和纵向密封性较好,制作工艺也比较简单。

4. 光源

光源的作用是完成电光转换。目前光通信系统中所使用的光源几乎都是半导体发光器件。最常用的光源是半导体发光二极管(LED)和半导体发光器(LD)。

半导体发光二极管是基于自发辐射发光机理的发光器件。它输出的光功率与注入电流成正比,优点是线性特性好、温度稳定性好、成本低,缺点是输出光功率较小和谱线宽。因而只适用于短距离传输,如局域网(LAN)中的光端机多采用LED作光源,以降低成本。

半导体激光器是基于受激辐射光放大机理的发光器件。LD是一种阈值器件,只有注入电流大于某一阈值电流时,器件才能发射激光。与LED相比,LD具有较大的发光功率(毫瓦量级),很窄的光谱线宽(从数兆赫兹到数百吉赫兹),可实现高速调制(数吉赫兹)。因而光纤传输系统都采用LD作为光源。

激光的含义是"利用辐射的受激发射实现光放大"(Laser, Light Amplification by Stimulated Emission of Radiation)。与普通光相比,激光器不仅发射光功率大,而且所发出的激光具有很强的方向性、非常好的单色性和很窄的频谱。普通光源除发出可见光外,还包含紫外线、红外线等,频谱很宽。

激光也是电磁波,光波长λ、光频率f、光速$c(3\times10^8 \text{m/s})$之间的关系式为$\lambda=c/f$,例如在有线电视中所采用的激光波长$\lambda$为1550nm($1.55\times10^{-6}$m),激光频率$f$为$1.94\times10^8$MHz(194THz)。

激光器是光发送机的光源,目前常用的半导体激光器多为InGaAsP/InP-LD,包括分布反馈式半导体激光器(Distributed Feedback-LD, DFB-LD)和法布理-帕罗式激光器(Fabry-Perot LD, F-P LD),在要求不高的场合可以用F-P激光器,产生1310nm、1550nm波长的激光。

法布理-帕罗式激光器的频谱较窄,分布反馈式半导体激光器的频谱最窄,发出的激光单色性最好。

5. 光电二极管

在光接收机中,需要将光能转变为电流,即光-电转换。实现光-电转换的传感器件是光电二极管(PhotoDiode, PD)。CATV系统中常用的光电二极管有PIN光电二极管

(Positive-Intrinsic-Negative PhotoDiode,PINPD)和雪崩式光电二极管(Avalanche PhotoDiode,APD)。PIN 无增益,灵敏度低,但要求偏压小,暗电流小,动态范围大,适用于高速脉冲和模拟电视的光-电转换;APD 有增益,灵敏度高,但要求偏压高,适用于小信号检测和数字信号的光-电转换。

6. 光调制器

1) 基本原理

对光源的调制可采用直接调制和间接调制两种方式,如图 3-19 所示。直接调制又称为内调制,即用电信号直接控制光源的注入电流,使光源的发光强度随所加的电信号而变化。间接调制又称为外调制,光源发出稳定的激光进入外调制器,外调制器利用介质的电光效应、声光效应或磁光效应来实现电信号对光强的调制。

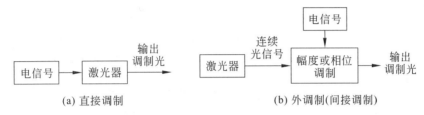

图 3-19 光调制方式

图 3-20 给出了描述了发光二极管模拟信号强度调制原理,由图 3-20 可知,发光二极管的输出功率与输入的模拟信号呈线性关系。

图 3-21 给出了半导体激光器模拟信号强度直接调制的原理,当驱动电流大于阈值电流时,半导体激光器的输出功率与驱动电流呈线性关系;若注入电流在时间上随输入模拟信号电流变化,则激光器发出的光载波功率将在时间上随输入信号变化。

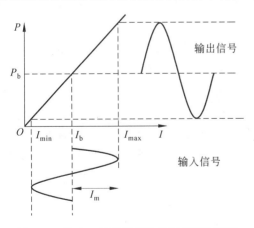

图 3-20 发光二极管模拟信号强度调制原理

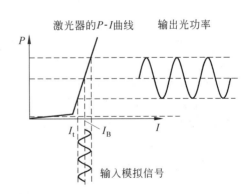

图 3-21 半导体激光器模拟信号强度直接调制原理

图 3-22 给出了数据信号的直接调制原理,图 3-22(a)是用 LED 管进行数字信号直接调制的原理图,图 3-22(b)是采用 LD 管进行数字信号直接调制的原理图。其中,I_B 为偏置电流,I_t 为 LD 管的阈值电流,I_D 为注入调制电流。

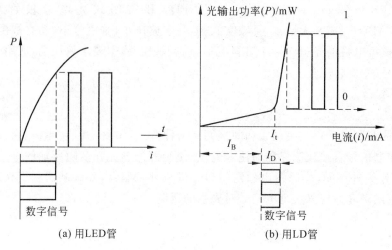

图 3-22　数字信号的调制原理

2）基带-光强调制

图 3-23 给出了模拟基带直接光强调制光纤传输系统的组成框图，由光发送机、光纤线路和光接收机组成。

图 3-23　模拟基带直接光强调制光纤传输系统的组成框图

所谓基带-光强调制（BB/IM），是指用基带信号直接对光源进行强度调制。基带信号是指没有进行任何电调制的模拟信号。

采用基带-光强调制方式时，一根光纤只能传输一路电视信号，其优点是实现方法简单，但为了获得高的传输质量，需要较高的信噪比，即接收灵敏度较低。同时，光源的线性对传输质量的影响很大，一般需要补偿。

3）多信道模拟光纤传输系统

前面所述的基带直接强度调制仅是单信道传输的情况，对于光纤巨大的带宽资源，可以使用多路复用技术。首先可以把基带信号用 AM、FM、PM 等调制方式调制导频率为 f_1，$f_2,\cdots,f_N$ 的 N 个载波（称为副载波）上，然后再把这 N 个信号频分复用（FDM），调制一个光源，如图 3-24 所示。

图 3-24　多信道模拟光纤传输系统原理框图

（1）调幅频分多路（AM-FDM）方式：所谓调幅频分多路（AM-FDM）方式，是指先将各频道的视频基带信号对各自的副载波进行残留边带调幅(AM-VSB),组成频分多路信号;然后对光源进行强度调制。AM-FDM 方式主要用于有线电视系统中的干线多路视频信号的传输。在 AM-FDM 信号光纤传输系统中,光源通常采用 DFB 分布反馈半导体激光器,光检测器采用 PIN 光电二极管,信号采用单模光纤传输。

(2) 调频频分多路(FM-FDM)方式:所谓调频频分多路(FM-FDM)方式,是指先将各频道的视频基带信号对各自的副载波进行调频,组成频分多路信号,再对光源进行强制调制;或者按照微波中继通信方式,先将各视频信号调制在同一中频上,然后对各自的微波进行混频,得到微波调频波,通过多路器组成频分多路信号,再对光源进行强度调制。

由于调频系统具有较好的传输性能,因此,适合长距离、高质量的传输系统。若与掺铒光纤放大器组合,有可能实现全光纤分配和传输。

(3) 副载波复用(SCM)传输方式:副载波复用(SCM)是一种可传输数字信号的模拟传输方式,例如副载波复用(SCM)数字信号光纤传输,副载波复用(SCM)传输方式是将数字电视基带信号对各自的副载波进行调制(例如 FSK,PSK,QAM 等),组成频分多路信号,再对光源进行强调调制。

7. 光发送机

图 3-25 给出了模拟基带-光强调制光纤电视传输系统光发送机组成框图,输入 TV 信号经同步分离和钳位电路后,输入 LD 的驱动电路。

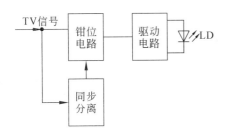
图 3-25 模拟基带-光强调制光纤电视
传输系统光发送机组成框图

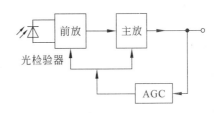
图 3-26 模拟基带-光强度调制光纤电视
传输系统光接收机组成框图

8. 光接收机

光接收机的作用是将由光纤传来的微弱光信号转换为电信号,经放大、处理后恢复原信号。

图 3-26 给出了模拟基带-光强调制光纤电视传输系统光接收机组成框图,光检测器把输入光信号转换为电信号,经前置放大器和主放大器放大后输出,为保证输出稳定,通常要用自动增益控制(AGC)。光检测器可以用 PIN-PD 或 APD。模拟基带-光强调制光纤电视传输系统一般采用 PIN-PD。这是因为 PIN-PD 的偏压较低,电路简单。目前模拟基带-光强调制光纤电视传输系统一般都采用补偿式跨阻抗前放。如采用 PIN-FET 混合集成电路的前放,可获得较高 SNR 和较宽的工作频带。主放大器是一个高增益宽频带放大器,用于把前放输出的信号放大到系统需要的适当电平。

由于光源老化时光功率下降,环境温度影响光纤损耗变化,以及传输距离长短不一,使输入光检测器的功率大小不同,所以需要 AGC 来保证光接收机输出恒定。

9. 光放大器

光放大器有半导体激光放大器和光纤放大器两种。CATV 常常用光纤放大器，光纤放大器有工作波长为 1550nm 的掺镨（Pr）光纤放大器（Praseodymium Doped Fiber Amplifier，EDFA）和工作波长为 1310nm 的掺镨（Pr）光纤放大器（Praseodymium Doped Fiber Amplifier，PDFA）两种。掺铒光纤放大器通常用来放大 1550nm 波长的光，放大 1310nm 波长的掺镨光纤放大器目前已达到实用阶段。

与半导体激光放大器相比，掺铒激光放大器优点有：工作波段为 1550nm，与光纤低损耗波段一致；信号带宽可达 30nm（每 nm 折合 125GHz）以上，可用于宽带信号放大，特别是波分复用系统；有较高的饱和输出功率，可用于光发送机后的功率放大；噪声系数小。

掺铒光纤放大器常常作用中继放大器，用于远距离光缆传输系统，也可以紧接着小功率光发送机，用于提高光功率。

图 3-27 给出了掺铒光纤放大器的基本组成，EDFA 主要是由掺铒光纤（EDF）、泵浦光源、光耦合器、光隔离器和光滤波器等组成。

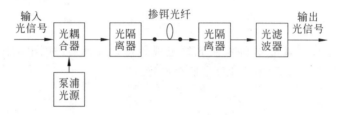

图 3-27 掺铒光纤放大器的基本组成

光耦合器的作用是将输入光信号和泵浦光源输出的光波混合起来，通常采用波分复用器（WDM）；光隔离器的作用是防止反射光影响光放大器工作的稳定性，保证光信号只能正向传输；掺铒光纤是一段长度大约为 10～100m 的石英光纤，其纤芯中注入的稀土元素铒离子 Er，浓度约为 25mg/kg；泵浦光源为半导体激光器，输出功率约为 10～100MW，工作波长约为 $0.98\mu m$；光滤波器的作用是滤除光放大器中的噪声，降低噪声对系统的影响，提高系统的信噪比。

10. 连接器

在光纤通信系统中，光源与光纤、光纤与光纤、光纤与光器件、光纤与测试仪器、光纤与光设备等都需要进行光纤连接。

光纤连接分为永久连接和非永久连接。通常永久连接指的是一个接头，一般常见于线路中间两根光缆中光纤之间的连接；非永久连接要使用连接器，连接器位于光缆终端处，用于将光源或光检测器与光缆中的光纤连接起来。

在光纤连接的接头处都会产生不同程度的光功率损耗。连接损耗取决于光纤的几何特性、波导特性、光纤端面的质量以及它们之间的相对位置等。

连接损耗分为外部损耗和内部损耗。外部损耗为机械对准误差或连接错位损耗，即由于光纤之间的连接错位而引起的损耗。内部损耗是与光纤相关的损耗，主要是由于光纤的波导特性和几何特性差异而产生的损耗。连接错位有轴向位移、连接间隔、倾斜位移、剖面不平整等。光纤的连接方法主要如下所示。

(1) 光纤熔接法：光纤熔接法是指通过加热方法使已经制备好的光纤端面连接在一

起,通常是采用光纤熔接机来实现的。首先将光纤端面对齐,并且对接在一起,然后在两根光纤的连接处,使用电弧或激光脉冲加热,使光纤头尾端被熔化,进而连接在一起。光纤熔接的连接损耗比较小(典型值小于 0.06dB)。

(2) V 形槽机械连接法:首先要将预备好的光纤端面紧靠在一起,然后将两根光纤使用粘合剂连接在一起,或先用盖片将两根光纤固定,V 形槽机械连接法的连接损耗在很大程度上取决于光纤的尺寸(外尺寸和纤芯直径)变化和偏心度(纤芯相对于光纤中心的位置)。

(3) 弹性管连接法:弹性管连接法是一根用弹性材料做成的管子,管子中心孔的尺寸稍小于待连接的光纤,在孔的两端做成圆锥形以便于光纤插入。当插入光纤时,光纤使孔膨胀,于是塑料材料对光纤施加均匀的力,让两根待连接光纤的轴自动准确对齐。尺寸范围较宽的光纤都能插入弹性管中,由于每一根光纤在插入弹性管时,其各自位置与弹性管管轴相关,因此两根待连接的光纤在尺寸上并不一定要相等。

下面介绍常用的光纤连接器。

1) FC/FC 型光纤连接器

FC/FC 型光纤连接器的外部加强件采用金属套,紧固方式为螺丝扣,接头的对接方式为平面对接。FC/FC 型光纤连接器的优点是结构简单和操作方便,但光纤端面对微尘较为敏感,且容易产生反射,提高回波损耗较为困难。

2) FC/PC 型光纤连接器

FC/PC 型光纤连接器是 FC/FC 型连接器的改进型。连接器外部结构没有改变,只是对接端面的结构由平面变为拱形凸面。与 FC/FC 型拱形连接器相比,FC/PC 型拱形连接器的介入损耗和回放损耗性能有较大提高。

3) SC 型拱形连接器

SC 型拱形连接器是一种模塑插拔耦合式单模光纤连接器。其外壳采用模塑工艺,用铸模玻璃纤维塑料制成,呈矩形;插头套管(也称插针)由精密陶瓷制成,耦合套筒为金属缝套管结构,其结构尺寸与 FC 型相同,端面处理采用 PC 或 APC 型研磨方式,紧固方式采用插拔式销闩式,无需旋转。SC 型光纤连接器的优点是价格低廉、插拔操作方便、插入损耗波动小、抗压强度较高、安装密度高。

4) DIN47256 型光纤连接器

DIN47256 型光纤连接器采用的插针和耦合套筒的结构尺寸与 FC 型相同,端面处理采用 FC 型研磨方式。与 FC 型连接器相比,DIN47256 型光纤连接器的结构要复杂一些。内部金属结构中有控制压力的弹簧,可避免因插接压力太大而造成端面损伤。另外,DIN47256 型光纤的机械精度较高,插入损耗值较小。

5) 双锥形连接器

双锥形连接器由两个经精密模压成形的、端头成呈戳头圆锥形的圆筒插头和一个内部装有双锥形塑料套筒的耦合组建组成。

11. 其他光器件

1) 光耦合器与光分路器

光耦合器是一种无源器件,其作用是实现光信号分路、合路和分配,光耦合器的主要功能是在光路上把光信号由一路向多路传送,或把 N 路光信号合路再向 M 路或 N 路分配。

光耦合器可分为微镜片耦合器、波导耦合器和光纤耦合器。光纤耦合器的制作只需要光纤,无需其他光学元件,容易传输光纤连接,且损耗低、耦合过程无需离开光纤,不存在任何反射端面引起的回波损耗,几种典型的光纤耦合器如图 3-28 所示。

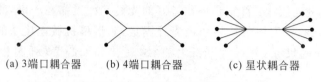

(a) 3端口耦合器　　(b) 4端口耦合器　　(c) 星状耦合器

图 3-28　几种典型的光纤耦合器

光分路器实际上是一种树状耦合器,即将 1 路光信号分为 N 路信号,例如 $N=2$,叫二分路器,依次类推。

2) 光衰减器

所谓光衰减器就是指使传输路线中的光信号产生定量衰减的器件,光衰减器主要用于调整光中继区间的损耗和调整光功率等。光衰减器有可变衰减器和固定衰减器。可变衰减器能改变光衰减量。衰减器可分为耦合型、反射型和吸收型。

耦合型衰减器通过输入、输出两根光纤纤芯的偏移来改变光耦合的大小,从而达到改变衰减量的目的,如图 3-29(a)所示。耦合型衰减器有横向位移型和轴向位移型,衰减器的衰减量与位移、横场直径、纤芯和两端面介质折射率等因素有关。

反射型衰减器通过改变反射镜的角度,控制透射光的大小,从而达到改变衰减量的目的,如图 3-29(b)所示。

吸收型衰减器采用光吸收材料制成衰减片,通过吸收透射光。从而达到改变衰减量的目的,如图 3-29(c)所示。

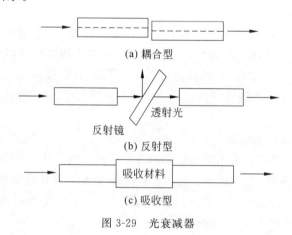

图 3-29　光衰减器

3) 光滤波器

光滤波器是一种波长选择器件,在波分复用(WDM)光纤通信系统中,每个接收机都必须选择所需要的信道,因此光滤波器必不可少。光滤波器有固定滤波器和可调谐滤波器,固定滤波器允许一个确定波长的光信号通过,可调谐滤波器可以在一定光带宽范围内动态地选择波长。固定波长的主要参数有中心波长、带宽 $\Delta\lambda$、插入损耗和隔离度等。可调谐滤波器的主要参数有:调谐范围、带宽、可分辨信道数、调谐速度、插入损耗、偏振相关损耗和分辨率等。其中可分辨信道数是信道范围与最小信道间隔之比。调谐速度是指光滤波器调到指定波长所需要的时间,分辨率是指光滤波器能检测的最小波长偏移。

4) 波分复用器/解复用器

波分复用器/解复用器是构成波分复用多信道光波系统的关键器件,其作用是对光波波长进行合成和分离,它实际上是一种特殊的耦合器,其功能是将若干路不同波长的信号从对应的输入端口被复合后送入同一根光纤中传输(称为复接器),或将在同一根光纤传输的光信号分解(称为解复用器)后分给不同的接收机,如图 2-30 所示。波分复用器/解复用器对利用光纤频带资源,扩展通信系统容量具有很重要的意义。

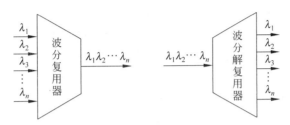

图 3-30 波分复用器/解复用器原理

3.3 数字电视系统

3.3.1 概述

1. 模拟电视不足

目前世界各国播出的模拟电视是从 20 世纪 40~50 年代逐步研制和完善起来的。受当时技术水平的限制,图像传输普遍采用隔行扫描方式,即把一帧图像分成两场:第 1 场传输奇数行,称奇数场;第 2 场传输偶数行,称偶数场。在接收端再将两场组合起来。以 PAL 制式为例,图像帧扫描频率为 25Hz,场扫描频率为 50Hz,行扫描的频率为 15 625Hz。这样做的目的,一是为了降低电网(频率为 50Hz)及其纹波对电视画面的干扰,二是为了降低视频信号的频带宽度。另外,图像采用残留边带式调幅制,伴音采用预加重调频制。目前模拟电视虽然已达到了近乎完美的程度,但其固有的缺陷也逐步凸显出来。例如受 8MHz 带宽限制,图像的清晰度不能满足人眼对其清晰度的要求、隔行扫描易使画面的垂直边缘呈锯齿化现象、50Hz 场扫描会使画面高亮度区产生闪烁、PAL 制式彩色电视特有的亮色干扰及爬行效应、国际间电视节目交换困难、不适应数字化的发展要求等。

2. 数字电视优点

数字电视实际上是数字电视系统的简称,是继黑白电视、彩色电视之后的第三代电视。概括起来讲,就是从电视画面和伴音的摄录开始,包括节目的剪辑、合成、存储等各个制作环节在内,以及经传输直到接收、显示的全过程,统统实现了数字化和数字处理的电视系统。说得通俗一点,数字电视就是将模拟图像信号和伴音信号进行数字信号处理、存储、控制、传输和显示的系统。

在目前,模拟电视向数字电视的过渡阶段可采用数字机顶盒(STB)加上模拟电视接收显示数字电视信号,数字电视对数字信号的处理性质可分为节目录制、一次分配、二次分配、发送和接收;按传输媒介可分为卫星传输系统、地面(开路)传输系统和有线电视传输系统;按使用对象可分为消费类、专业类和演播室类;按图像清晰度的高低或传输视频(活动图像)比特率的大小可粗略划分为 3 个等级:普及型数字电视(PDTV)或称低清晰度电视(LDTV),画面显示清晰度为 300 线(视频比特率为 1~2Mb/s);标准清晰度数字电视(SDTV),画面显示清晰度为 350~600 线(视频比特率为 3~8Mb/s);高清晰度数字电视(HDTV),画面显示清晰度为 800~1000 线(视频比特率为 18~20Mb/s)。所谓 HDTV,ITU-R801 的定义是:具有正常视觉的观众,在距该系统显示屏高度的 3 倍距离上,所看到的图像质量应具有观看原始景物或表演时所得到的质量。这就要求 HDTV 图像的水平与垂直分解力较常规电视都提高 1 倍以上,其图像扫描线在 1000 行以上,每行 1920 像素,信息是常规电视的 5 倍多;其显示屏宽高比为 16:9,水平视角 30°,更符合人们的视觉特性;其图像质量可与 35mm 电影首映质量媲美;其伴音质量则采用多个声道,每个声道的收听质量与激光唱盘(CD)相当。目前,世界各国的 HDTV 毫无例外地采用数字电视信号及数据传输技术。数字电视除了能克服模拟电视的固有缺陷外,还具有很多突出的优点,例如数字电视信号以二进制数码脉冲的形式出现,它只有非常容易区分的 0 和 1 两种电平信号,因而不易受电源波动、器件非线性的影响,在传输过程中能保持稳定、可靠。由于其电平信号是固定的,故可以采用再生技术恢复其原来的幅度,有效避免了模拟信号经多次中继(或复制)后发生的失真、干扰和噪声的积累,采用纠错编码技术后还可以进一步提高其抗干扰能力。所以数字电视信号在传输中能保持信噪比基本不变,使接收端图像、伴音与发送端基本一样,传输距离不受限制。

数字信号一般均可采用大规模或超大规模集成电路进行处理,因而功耗低、设备体积小、重量轻和工作稳定可靠。频率资源利用率高,数字电视采用压缩编码技术,在有限的频谱资源内,可安排更多的电视频道。数字电视信号容易进行加扰/加密,有利于信息安全,同时便于付费电视、视频点播及交互式电视;在数字电视系统中可以互不干扰地同时传递文字、数据、语音、静止图像等多种数字信息;数字电视网可与计算机网、电信网互联互通,不仅使信息资源更为丰富,还可以增加用户与各种信息资源之间的交互性,实现用户自由点播节目、电子商务、网上购物、网上教学、网上医疗、网上游戏等多种高速数据业务。在完成电视广播主功能的前提下,开拓新的增值业务。

3.3.2 数字电视系统组成

数字电视系统由前端、传输与分配网络以及接收、显示终端组成。

数字电视前端通常可划分为信源处理、信号处理和传输处理等三大部分,完成电视节目和数据信号采集,模拟电视信号数字化,数字电视信号处理与节目编辑,节目资源与质量管理,节目加扰、授权、认证和版权管理,电视节目存储与播出功能。

数字电视信号传输与分配网络主要包括卫星、各级光纤/微波网络、有线宽带网、地面发射等,既可单向传输或发射,也可组成双向传输与分配网络。

数字电视接收显示端可采用数字电视接收器(机顶盒)加显示器方式,或采用数字电视接收一体机,也可以使用计算机接收卡和计算机显示器等;既具有接收数字电视节目的功能,也可构成交互式终端。移动接收终端有手机和笔记本计算机等便携设备。

图 3-31 是数字电视系统音视频信号一般处理过程示意图,首先,视频和音频模拟电视

信号分别经取样、量化和编码转换成数字电视信号。接着,音频数字电视信号分别通过编码器压缩数据率,得到各自的基本流(ES),再与数据及其他控制信息复用成传送流(TS),完成信源编码。然后,为赋予编码码流抵御一定程度信道干扰和传输误码的能力,需进行信道编码。为了与不同信道匹配,高效传输数字电视信号,还应进行相应方式的数字调制。此后,数字电视已调信号经信道传输到终端,终端经相反处理过程,恢复音视频模拟信号。

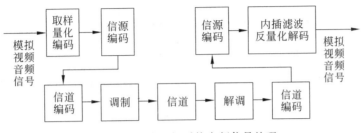

图 3-31　数字电视系统音频信号处理

由于传输数字电视信号的信道不同,所以需要采用不同的信道编码和数字调制技术。广播电视信道主要有卫星、有线和地面三种。卫星数字电视系统多采用四相相移键控(QPSK)调制方式。QPSK 也称正交相移键控。有线数字电视系统多采用多电平正交幅度调制(QAM),使用最多的是 64QAM。作为地面数字电视系统调制方式,使用较多的是多电平残留便带调制(如 8-VSB)和编码正交频分复用(COFDM)。

3.3.3　信道编码技术

1. 概述

在数字通信中,编码可分为信源编码和信道编码。信源编码是为了提高数字通信系统的有效性,即通过各种数据压缩方法尽可能地去除信号中的冗余信息,最大限度地降低传输速度和减少传输频带。信道编码则不同,它是为了提高数字通信系统的可靠性而采取的措施。

数字信号的传输过程中,由于噪声干扰和信道特性不理想等都会产生误码。为了提高数字通信系统的性能,可采取诸如合理设计基带信号,选择合适的调制解调方式,采用时域均衡和频域均衡,加大发射功率,采取分集接收等各种抗噪声干扰措施,以尽量减少噪声干扰的影响。若采取上述措施仍难以满足要求,则可以采用信道编码技术。

信道编码又称差错控制编码或纠错编码,它的基本思想是:按照某种确定的编码规则在待发送的信息码元序列中加入一些多余的码元(监督码元或检验码元),在接收端利用该规则进行解码,以便发现错误和纠正错误,从而提高信息码元传输的可靠性。

1) 信道分类

按照噪声或干扰引起传输差错的变化规律,信道分为以下三类:

随机差错信道,恒参高斯白噪声信道是典型的随机信道。在随机信道中,错码是随机出现的,且各个错码的出现是统计独立的。

突发差错信道,具有脉冲干扰的信道是典型的突发信道。在突发信道中,错码是相对集中、成串、成群出现的,即在短时间内出现大量错码。

混合差错信道,短波信道和对流层散射信道是典型混合信道。在混合信道中,错码既有随机的又有突发的。

对于上述不同类型的信道,应采用不同的差错控制方式。

2) 差错控制方式

常用的差错控制方式主要有以下三种,如图 3-32 所示。

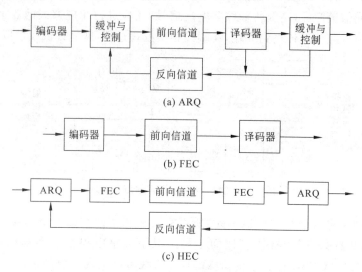

图 3-32　差错控制方式

检错重发(ARQ)。在发送码元序列中加入一些能够发现错误的码元,接收端利用这些检错码元发现接收码元序列中的错码,但不能确定错码的准确位置。此时,接收端通过反方向信道通知发送端重发,直到接收端确认到正确信息码元序列为止。

重发方式的特点是需要使用反方向信道,译码设备简单,适合于突发错误或信道干扰严重的情况。但实时性较差,主要应用于计算机数据通信等。

前向纠错(FEC),发送端发送能够纠错的信息码元序列,接收端不仅能发现错码,而且能确定错码的准确位置,并自动纠正错码。前向纠错方式的特点是无需反向信道,延时小,实时性好,但译码设备比较复杂,随着编码理论和大规模集成电路的发展,性能优良的编译码方法不断涌现,FEC 方式得到了越来越广泛的应用。

混合纠错(HEC),它是 FEC 方式和 ARQ 方式的结合,即发送端发送具有检错和纠错能力的信息码元序列,接收端检查错码情况,如果错码在其纠错能力范围内,则自动纠错;如果错码超过了其纠错能力范围,但能检测出来,则通过反向信道请求发送端重发。由于 HEC 方式具有 FEC 和 ARQ 的优点,可实现较低的误码率,因而得到广泛的应用。在数字电视系统中,由于广播信道是单向信道,不可能反馈检错信息,因此只能采用 FEC 技术。图 3-33 给出了 FEC 的基本分类,纠错码有两大类,即分组码与卷积码,使用都很普遍。

2. 奇偶校验码

1) 基本原理

奇偶校验码也称监督码,是一种最简单的线性分组检错编码。其检错原理是首先把信源编码后得到的信息数据流分成等长码组,在每一

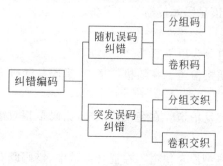

图 3-33　前向纠错码分类

信息码组之后加入 1 位监督码元作为奇偶校验位,使得总码长 n(包括 k 个信息位和 1 个监督位)中的码重为偶数(称为偶校验码)或为奇数(称为奇数校验码)。如果在传输过程中任何一个码组发生一位错码,则收到的码组必然不再符合奇偶校验的规律,因此可以发现误码。奇校验和偶校验两者具有完全相同的工作原理和检错能力,原则上采用任何一种都是可以的。先把二元信息码流分成等长码组,然后对每个二元信息码组附加一位监督码元。设码组长为 n,附加监督码元为 1,则信息位为 $k=n-1$,即为 $(n,n-1)$ 分组码,表示为:$a_{n-1},a_{n-2},\cdots,a_1,a_0$。其中前边 a_{n-1} 到 a_1(共 $n-1$ 位)为信息码元,最后一位 a_0 为监督位。

对于偶校验,应满足 $a_{n-1}\oplus a_2\oplus\cdots\oplus a_1\oplus a_0=0$,监督码元 a_0 可由下式求出:

$$a_0 = a_1 \oplus a_2 \cdots \oplus a_{n-2} \oplus a_{n-1} \tag{3-1}$$

对奇校验,应满足 $a_{n-1}\oplus a_{n-2}\oplus\cdots\oplus a_1\oplus a_0=1$,监督码元 a_0 可由下式求出:

$$a_0 = a_1 \oplus a_2 \cdots \oplus a_{n-2} \oplus a_{n-1} \oplus 1 \tag{3-2}$$

不难理解,这种简单的奇偶校验编码只能检出单个或奇数个误码,而无法检知偶数个误码,对连续多位的突发性误码也不能检知,故检错能力有限。另外,该编码后码组的最小码距为 $d_0=2$,故没有纠错码能力。

2) 行列监督码

行列监督码是二维奇偶监督码,又称为矩阵码或方阵码。为了改进奇偶监督码不能发现偶数个错误的情况,行列监督不仅对水平(行)方向的码元,而且对垂直(列)方向的码元实施了奇偶监督,如图 3-34(a)所示具体编码方法是:将要发送的若干信息码元排列成一个方阵,方阵中的每一行为一个码组,在行的最后一位加上一个监督码元 $a_0^i(i=1,2,\cdots,m)$,进行奇偶监督;同理,在每列的最后一位也加上一个监督码元 $c_{i-0}(i=1,2,\cdots,n)$,形成行列监督码。图 3-34(b)是 (66,50) 行列的一个码字。

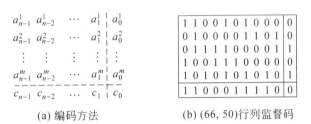

(a) 编码方法　　　　　　(b) (66, 50)行列监督码

图 3-34　行列监督码

行列监督码不仅具有较强的检错能力,还可以用来纠正一些错码。例如,当码组仅在一行中出现奇数个错误时,可以确定错码的位置并加以纠正。

行列监督码适合于检测突发错误。由于突发错误常常集中成串出现,随后较长一段时间无差错,因此在一行中出现多个奇数或偶数错码的机会较多,而行列监督码有可能检测偶数个错误,尽管每行中的偶数个错误不能由本行的监督码元检出,但按列的方向可能由本列的监督码元检测出来。由于行列监督码只是对构成矩形四角的错码无法检测,故其检错能力较强。

3. R-S 码

里德-所罗门码(R-S 码)是一种非常重要的分组纠错码,由里德(Reed)和所罗门

(Solomon)发明。R-S 码具有很强的纠突发差错能力。目前在通信领域得到广泛应用,特别是在数字电视广播。

分组码一般用(n,k)表示,如图 3-35 所示。其中 n 为码组长度(简称码长),即编码后的码元序列每 n 位为一组;k 是信息码元数目;$r=n-k$ 是码组中的监督码元数目。简而言之,分组码是对每段 k 位长的信息码元以规定的编码规则增加 r 个监督码元,组成码长为 n 的码字,称为许用码组,其余 2^n-2^k 个码字未被选用,称为禁用码组。

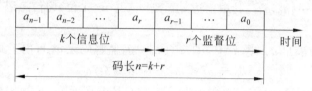

图 3-35 分组码的结构

R-S 码编码时,把输入数据分组,每 km 比特分为一组,每组内有 k 个信息节,而每个信息节有 m 比特数据,外加 r 个校验字节,组成的总码长为 $n=k+r$ 字节,即(n,k)码。它所能纠正的字节数为 $t=r/2$,码组长度为 n,大小为 2^m-1。一般常用 8 位字节(2^8 系统),所以组码有 255 个 8 位字节。字节数据在编成 R-S 码时,用相加和相乘的多项式生成,在 2^8 系统中常用的基本多项式为 $x^8+x^4+x^3+x^2+1$。式中,加号代表模 2 加(即 $1+1=0, 1+0=1, 0+0=0$)。

R-S 码利用多项式确定错误位置,并提供纠错用的校验子,如图 3-36 所示。一个纠 t 个符号错误的 R-S 码的基本参数为:

图 3-36 R-S 纠错码

- 码长:$n=2^m-1$ 个字符,或 $m(2^m-1)$ 个比特;
- 信息段:k 个符号,或 mk 个比特;
- 监督码:$n-k=2t$ 个符号,或 $(n-k)m$ 个比特;
- 最小码距:$d_m=2t+1$ 个字符,或 $m(2t+1)$ 个比特。

在数字视频广播(DVB)系统中采用的 R-S 码为$(204,188,t=8)$,其中 t 是可纠错的符号数,每个符号含 8 比特。该 R-S 码的信息段包含 188 个符号,监督段为 16 符号。

4. 循环码

1) 基本原理

循环码是 1957 年由普兰奇(Prange)提出的。它是线性分组码中最重要的一个子类。目前,实用差错控制编码中所使用的线性分组码几乎都是循环码或循环码的子类。循环码除了具有(n,k)线性分组码的一般性质外,还具有循环性,即若将其任意一个码字$(c_{n-1}, c_{n-2}, \cdots, c_1, c_0)$的码元向右或向左循环移一位,所得的$(c_0, c_{n-1}, c_{n-2}, \cdots, c_1)$或$(c_{n-2}, \cdots, c_1, c_0, c_{n-1})$仍然是码字,表 3-6 是一种$(7,3)$循环码的全部码字和码多项式。

表 3-6 (7,3)循环码

码字序列	码字	码多项式	码字序列	码字	码多项式
c_0	0000000	$c_0(x)=0$	c_4	1001110	$c_4(x)=x^6+x^3+x^2+x$
c_1	0011101	$c_1(x)=x^4+x^3+x^2+1$	c_5	1010011	$c_5(x)=x^6+x^4+x+1$
c_2	0100111	$c_2(x)=x^5+x^2+x+1$	c_6	1101001	$c_6(x)=x^6+x^5+x^3+1$
c_3	0111010	$c_3(x)=x^5+x^4+x^3+x$	c_7	1110100	$c_7(x)=x^6+x^5+x^4+x^2$

循环码的结构完全建立在有限域概念的基础上,可以用代数的方法来描述。为了便于计算,通常用码多项式来表示码字。对于 (n,k) 循环码的码字 $(c_{n-1},c_{n-2},\cdots,c_1,c_0)$,其码多项式为 $C(x)=(c_{n-1}+c_{n-2}+\cdots+c_1+c_0)$。例如码字 (1101001) 对应的码多项式为 $C(x)=x^6+x^5+x^3+1$,其中 x 只是码元位置的标志,不必关心它的取值。

2) 编码

循环编码时,首先要根据给定的 (n,k) 值来选定生成多项式 $g(x)$,即从 (x^n+1) 的因式中选定一个 $r=n-k$ 次多项式作为 $g(x)$。根据循环码中的所有码多项式都可被 $g(x)$ 整除这条原则,就可以对给定的信息码元进行编码。假设编码前的信息码多项式为 $m(x)$,其次数小于 k。用 $x'm(x)$ 除 $g(x)$ 得到余式分子为 $R(x)$,$R(x)$ 次数必小于 $g(x)$ 的次数,即小于 $(n-k)$。将此余数 $R(x)$ 加在信息码元之后作为监督码,即将 $R(x)$ 与 $x'm(x)$ 相加,得到的多项式必为码多项式。因为它必能被 $g(x)$ 整除,且高的次数不大于 $(k-1)$。因此,循环码的码多项式为 $C(x)=x'm(x)+R(x)$,编码方法可归纳如下:

(1) 用 x' 乘以 $m(x)$。该运算的作用是在信息码元后附加上 r 个 0。例如在 (7,3) 码中信息码组为 (110),它可以写成 $m(x)=x^2+x$;由于 $r=n-k=7-3=4$,所以 $x'm(x)=x^4(x^2+x)=x^6+x^5$,它表示码组 1100000,即信息码元附加四个 0。

(2) 用 $g(x)$ 乘以 $x'm(x)$,得到商 $Q(x)$ 和余式分子 $R(x)$,即

$$\frac{x'm(x)}{g(x)}=Q(x)+\frac{R(x)}{g(x)} \tag{3-3}$$

若选定 $g(x)=x^4+x^2+x+1$,则有

$$\frac{x'm(x)}{g(x)}=\frac{x^6+x^5}{x^4+x^2+x+1}=(x^2+x+1)+\frac{x^2+1}{x^4+x^2+x+1} \tag{3-4}$$

即 $Q(x)=x^2+x+1$;$R(x)=x^2+1$。上式等效于

$$\frac{1100000}{10111}=111+\frac{101}{10111} \tag{3-5}$$

(3) 编码器输出的码字为

$$C(x)=x'm(x)+R(x)=1100000+101=11001 \tag{3-6}$$

3) 循环码的译码方法

(1) 循环码的检错。

由于任一码多项式 $C(x)$ 都应被生成多项式 $g(x)$ 整除,因此接收端可以接收码组 $B(x)$ 用生成多项式去除,即 $\frac{B(x)}{g(x)}=Q(x)+\frac{R(x)}{g(x)}$。若传输过程中没有发生差错时,接收码组与发送码组相同 $(C(x)=B(x))$,即接收码组 $B(x)$ 必定能被 $g(x)$ 整除,即 $R(x)=0$,当传输过

程中有发送错误时($C(x) \neq B(x)$),$B(x)$除以 $g(x)$ 时必定除不尽而有余项,即 $g(x) \neq 0$。因此,可以用余项 $R(x)$ 是否为零来判定码组中是否有差错。

显然,当接收码组中的错误数量超出编码的检错能力时,有错误的接收码组也可能被 $g(x)$ 整除。此时,差错就无法检出。这种错误称为不可检错码。

(2) 循环码的纠错。

在纠错时,译码方法比检错要复杂得多。为了能纠错,要求每个可纠正的错误图样必须与一个特定的余式一一对应。只有这样才能按此余式唯一地决定错误图样,从而纠正错误。循环码的纠错译码方法如下:

- 用生成多项式 $g(x)$ 除以接收码组 $B(x)$,得到余式 $R(x)$。
- 按照余式 $R(x)$,用查表方法或计算校正子得出错误图样 $E(x)$,就可以确定错码的位置。
- 从 $B(x)$ 中减去 $E(x)$,便得到已经纠正错码的原发送码组 $C(x)$。

常用的循环码译码方法主要有梅吉特译码、捕错译码和大数逻辑译码等。

5. 卷积码

1) 概述

卷积码是 P.Elias 于 1955 年提出的一种非分组码。在分组码中,为了达到一定的纠错能力和编码效率($R=k/n$),码组的长度通常都比较大。编码时必须把整个码组储存起来,因此处理产生的延时随码长 n 的增大而线性增加。在(n,k)线性分组码中本组 $r=n-k$ 个监督码元仅与本组 k 个信息有关,而各组码之间是彼此无关的,没有利用码组之间的相关性。卷积码的信息码元数 k 和码长 n 通常比较小,故处理时延小,特别适合以串行传输信息的数字通信。同时卷积码的任何一个码组中的监督码元都不仅与本组的 k 个信息码元有关,而且与前面 $N-1$ 段的信息码元有关,相关的码元数为 Nn 个。随着 N 的增加,卷积码的纠错能力随之增强,误码率呈指数下降。一般来说,在编码器复杂性相同的情况下,卷积码的性能优于分组码,因而,卷积码在数字通信中得到了广泛的应用。需要指出的是,目前卷积码尚未找到严密的数学手段将检纠错性能与码的构成有机地联系起来,通常采用计算机来搜索译码。同时,卷积码的译码算法也有待于进一步地研究和完善。

2) 卷积码的编码

卷积码编码器的一般原理框图如图 3-37 所示。编码器主要由移位寄存器和模 2 加法器组成。输入移位寄存器由 N 段组成,每段有 k 级,共有 Nk 位寄存器,用于储存 Nk 个信息码元;各信息码元通过 n 个模 2 加法器相加,产生 n 个码元的输出码组,并寄存在由 n 级

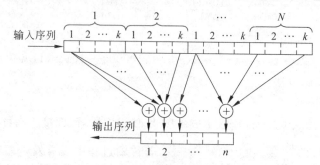

图 3-37 卷积码编码器的一般原理框图

组成的输出寄存器中。显然，n 个输出码元不仅与当前的 k 个输出码元有关，而且与前面的 $m=(N-1)$ 个信息段有关。一个码组中的监督码元监督着 N 个信息段。通常把 N 称为约束长度，把卷积码记作 (n,k,m) 它的编码效率为 $R=\dfrac{k}{n}$。

6. 交织码

1) 基本原理

在无线衰落信道中，差错是突发性的，一个突发差错可能引起一连串的错码。前面介绍的 Fire 码能纠正一个有限长度突发错误，尽管 RS 码具有较强的纠正突发错误的能力，但对于几十位以上的较长突发差错也无能为力。为此通常采用交织编码。

交织编码的基本思想是：通过对码元序列进行交织和去交织处理，将一个有记忆的突发差错信道变成无记忆的随机差错信道，然后用纠正随机差错的方法（如 BCH 码、卷积码等）来纠正错误，如图 3-38 所示。

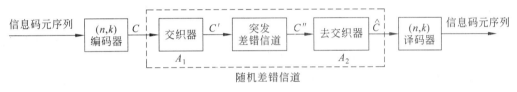

图 3-38 交织编码原理框图

2) 分组交织器

对于一个 (n,k) 分组码进行深度为 m 的交织编码时，设 (n,k) 编码器的输出序列（待交织的一组信息）为 $C=(c_{1,1},c_{2,1},\cdots,c_{1,n},c_{2,1},c_{2,2},\cdots,c_{2,n},c_{m,1},c_{m,2},c_{m,n})$，把 m 个码组按行排列成一个 $m\times n$ 的交织矩阵，即

$$\boldsymbol{A}_1=\begin{bmatrix} c_{1,1} & c_{1,2} & \cdots & c_{1,n} \\ c_{2,1} & c_{2,2} & \cdots & c_{2,n} \\ \vdots & \vdots & \vdots & \vdots \\ c_{m,1} & c_{m,2} & \cdots & c_{m,n} \end{bmatrix}$$

该交织矩阵就是 (mn,mk) 交织码的一个码字，码长为 $L=M\times N$。每行称为交织码的行码或子码，并规定以列的次序自左向右的顺序发送到信道，即 $C'=(c_{1,1},c_{2,1},\cdots,c_{1,n},c_{2,1},c_{2,2},\cdots,c_{2,n},c_{m,1},c_{m,2},\cdots,c'_{m,n})$。假设差错信道使 $c_{1,1}$ 至 $c_{m,1}$ 连错 m 位，则突发差错信道的输出序列为 $C''=(c'_{1,1},c'_{2,1},\cdots,c'_{1,n},c_{2,1},c_{2,2},\cdots,c_{2,n},c_{m,1},c_{m,2},c_{m,n})$，接收端的去交织器执行交织器相反的操作，将收到的码元也排列成一个行列交织矩阵，即

$$\boldsymbol{A}_2=\begin{bmatrix} c_{1,1} & c_{1,2} & \cdots & c_{1,n} \\ c_{2,1} & c_{2,2} & \cdots & c_{2,n} \\ \vdots & \vdots & \vdots & \vdots \\ c_{m,1} & c_{m,2} & \cdots & c_{m,n} \end{bmatrix}$$

按行读出，去交织器的输出为 $\hat{C}=(c_{1,1},c_{2,1},\cdots,c_{1,n},c_{2,1},c_{2,2},\cdots,c_{2,n},c_{m,1},c_{m,2},c_{m,n})$。显然，经过交织编码和去交织后，原来信道中是突发差错（M 位连错）变成了 $\hat{C}$ 中的随机独立差错。再对每一行进行 (n,k) 分组译码，若每一行 (n,k) 分组码能纠正 t 位错误（随机或突发差错），则交织深度为 m 的 (mn,mk) 交织码则能纠正所有长度不大于 mt 的单个突发错

误,或者纠正 t 个长度小于 m 的突发错误。显然,m 越大,则纠正突发错误的能力就越强。

3) 卷积交织器

卷积交织器是拉姆西(Ramsey)和福尼(Forney)首先提出的。卷积交织器的原理如图 3-39 所示,称为 (M,N) 卷积交织器。在发送端,将待交织的信息序列送到一并行寄存器组;接收端的并行寄存器与发端互补。下面以 $(5,5)$ 卷积交织为例加以讨论。

图 3-39 卷积交织器原理框图

假设待交织的一组信息为 $C=(c_1 c_2 c_3 \cdots c_{24} c_{25})$,发交织器将 25 个信息码元分为 5 行 5 列,按行读入,并行的 N 个码元的存储过程为:

(1) c_1 输入到交织器,经直通输出到第一行第一列位置。

(2) c_2 输入到交织器,经 $M=5$ 位延后输出至第二行第二列位置。

(3) c_3 输入到交织器,经 $2M=2\times5=10$ 位延后输出至第三行第三列位置。

(4) c_4 输入到交织器,经 $3M=3\times5=15$ 位延后输出至第四行第四列位置。

(5) c_5 输入到交织器,经 $4M=4\times5=20$ 位延后输出至第五行第五列位置,用矩阵可表示为

$$\begin{bmatrix} c_1 & c_2 & c_3 & c_4 & c_5 \\ c_6 & c_7 & c_8 & c_9 & c_{10} \\ c_{11} & c_{12} & c_{13} & c_{14} & c_{15} \\ c_{16} & c_{17} & c_{18} & c_{19} & c_{20} \\ c_{21} & c_{22} & c_{23} & c_{24} & c_{25} \end{bmatrix} \xRightarrow{交织} \begin{bmatrix} c_1 & c_{22} & c_{18} & c_{14} & c_{10} \\ c_6 & c_2 & c_{23} & c_{19} & c_{15} \\ c_{11} & c_7 & c_3 & c_{24} & c_{20} \\ c_{16} & c_{12} & c_8 & c_4 & c_{25} \\ c_{21} & c_{17} & c_{13} & c_9 & c_5 \end{bmatrix}$$

(输入)　　　　　　　　　　(输出)

然后,按行读出送入信道的码元序列为

$$C' = (c_1 c_{22} c_{18} c_{14} c_{10} c_6 \cdots c_7 c_3 c_{24} c_{20} \cdots c_{17} c_{13} c_9 c_5)$$

假定在突发差错信道中受到突发干扰,导致 $c_1 c_{22} c_{18} c_{14} c_{10}$ 发生五位错码,则接收端收到的码元序列为

$$C'' = (c'_1 c'_{22} c'_{18} c'_{14} c'_{10} c_6 \cdots c_7 c_3 c_{24} c_{20} \cdots c_{17} c_{13} c_9 c_5)$$

在接收端进行去交织,其变换过程可用矩阵表示为

$$\begin{bmatrix} c_1 & c_{22} & c_{18} & c_{14} & c_{10} \\ c_6 & c_2 & c_{23} & c_{19} & c_{15} \\ c_{11} & c_7 & c_3 & c_{24} & c_{20} \\ c_{16} & c_{12} & c_8 & c_4 & c_{25} \\ c_{21} & c_{17} & c_{13} & c_9 & c_5 \end{bmatrix} \xRightarrow{去交织} \begin{bmatrix} c_1 & c_2 & c_3 & c_4 & c_5 \\ c_6 & c_7 & c_8 & c_9 & c_{10} \\ c_{11} & c_{12} & c_{13} & c_{14} & c_{15} \\ c_{16} & c_{17} & c_{18} & c_{19} & c_{20} \\ c_{21} & c_{22} & c_{23} & c_{24} & c_{25} \end{bmatrix}$$

按行读出交织器的输出序列为

$$C = (c_1 c_2 c_3 c_9 c_{10} c_{11} \cdots c_{13} c_{14} c_{15} c_{16} c_{17} c_{18} c_{19} c_{20} c_{21} c_{22} c_{23} c_{24} c_{25})$$

可见,经(5,5)卷积交织器后信道中的突发差错变成了随机独立差错。显然,卷积交织器与去交织器延迟都为(1/2)MN,总延时为 MN,较分组交织器延迟 $2MN$ 减小了一半。

3.3.4 调制技术

1. 概述

数字信号的传输方式可分为基带传输与带通传输(调制传输)两种。前者是指数字基带信号直接在电缆、双绞线及光缆中传输,其最大特点是前者有较强的低频信号能量;后者是采用数字调制技术后,才能在某一特定的通带中传输。

2. 数字电视传输方式

1) 有线传输

有线传输利用同轴电缆、光缆或混合光纤同轴电缆(HFC)以闭路传输方式将数字电视信号传送到千家万户。有线传输的特点是传输条件好、杂波干扰小。目前,我国绝大部分地区的有线电视传输正处于由模拟电视信号向数字电视信号的过渡阶段。在有线传输中,信号的传输又分为下行(正向)传输与上行(反向)传输。下行传输是指从前端向用户端传输,上行传输是指从用户端向前端传输。

2) 卫星传输

卫星传输利用地球同步卫星上的天线作转发器,将地球上行站发射的数字电视信号转发回地球。卫星传输的特点是传输距离远、覆盖面大,一个卫星理论上可覆盖接近1/3的地球表面;传输频段宽,信号质量好;不受地理条件限制等。

在卫星传输中,下行传输是指从同步卫星向地面接收端传输,上行传输是指从地球站向同步卫星传输。

3) 地面传输

地面传输是模拟电视信号最早采用的传输方式,利用架设在发射塔上的天线将 HVF/UHF 波段的电视信号辐射到四面八方,用户利用接收天线收看电视。模拟电视数字化后,地面传输仍是一种重要的电视覆盖手段。数字电视地面传输的特点有:造成重影因地面情况极其复杂,用户接收的信号可能受到高山、丘陵、树林、高大建筑物的屏蔽或反射,信号会受到衰减,并可能造成重影;信号干扰严重,如雷电及各种电火花都会形成干扰,在电视画面上形成亮点、亮线、网纹等,严重时失去同步无法观看;移动接受时受多普勒效应及多径反射的影响,信号接收质量下降。为了确保数字电视的传输质量,通常需要采用不同的调制技术。

3. 调制与解调原理

在实际数字传输系统中,大多数信道具有带通传输特性,例如无线信道,数字基带信号必须经过调制(即将数字基带信号的频谱搬移到高频处)才能在信道中传输。在发送端可以用数字基带信号改变正弦型载波的幅度、频率和相位,形成数字振幅调制、数字频率调制和数字相位调制。也可以用数字基带信号同时改变正弦型载波幅度、频率或相位,产生新型的数字调制。数字调制系统的原理框图如图3-40所示。在接收端进行调解,将已调高频数字信号还原成数字基带信号,达到数字信号的频带传输的目的。

在数字频带传输系统中,调制就是对数字基带信号进行某种变换,使之能跟有效更可靠

图 3-40 数字调制系统的原理框图

地在模拟带通信道中传输。调制方式在很大程度上决定了数字频带传输系统的性能。调制的主要目的有：

(1) 将数字基带信号频谱搬移到高处，以便以高频电磁波（电信号）形式发送出去。

(2) 便于实现信道复用。通过调制使各路基带数字信号频谱搬移到指定的位置，互不重叠，互不干扰。

(3) 便于改善系统性能。香农信道容量公式 $C=W\log_2(1+S/N)$ 指出，给定的信道容量 C 可以用不同的信道宽带 W 和信噪比 S/N 的组合来传输。采用较大的带宽能获得较强的抗干扰能力，这种以带宽换取信噪比的提高是通过调制来实现的。

在实际应用中，调制方式的选择是实现高效率通信的关键。选择调制方式的主要因素有频带利用率、功率利用率、误码率等。

4. 二进制数字调制

当调制信号为二进制数字基带信号时，这种调制称为二进制数字调制。最常用的二进制数字调制方式是二进制幅度键控、二进制频移键控和二进制相移键控。

1) 二进制幅度键控(2ASK)

在二进制幅度键控中，载波幅度随二进制调制信号而变化。假设二进制调制信号是由 0、1 序列组成的单极性全占空比不归零矩形脉冲序列，发送 0 符号的概率为 P，发送 1 符号的概率为 $1-P$，且相互独立，则该二进制数字基带信号可表示为

$$s(t)=\sum_n a_n g(t-nT_s) \tag{3-7}$$

其中，$a_n=0$，发送概率为 P；$a_n=1$，发送概率为 $1-P$。T_s 为二进制数字基带信号码元间隔；假定 $g(t)$ 是持续时间为 T_s 的单个矩形脉冲，即

$$g(t)=\begin{cases}1 & 0\leqslant t\leqslant T_s \\ 0 & \text{其他}\end{cases} \tag{3-8}$$

2ASK 信号的时域表示为

$$s_{2ASK}(t)=\sum_n a_n g(t-nT_s)\cos\omega_1 t \tag{3-9}$$

图 3-41 是二进制幅度键控(2ASK)原理框图，图 3-42 给出了二进制幅度键控解调原理框图。其中，相干解调需要在接收端产生一个与接收 2ASK 信号同频同相的相干载波，实现相对复杂，故一般很少采用。

2) 二进制频移键控(2FSK)

在二进制频移键控中，载波频率随二进制数字基带信号 1 或 0 而变化，1 对应于载波频率 f_1，0 对应于载波频率 f_2，如图 3-43 所示。

$$\begin{aligned}s_{2FSK}(t)&=\left[\sum_n a_n g(t-nT_s)\right]\cos\omega_1 t+\left[\sum_n \bar{a}_n g(t-nT_t)\right]\cos\omega_2 t\\&=s_1(t)\cos\omega_1 t+s_2(t)\cos\omega_2 t\end{aligned} \tag{3-10}$$

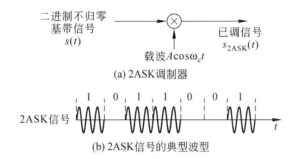

图 3-41 二进制幅度键控(2ASK)原理

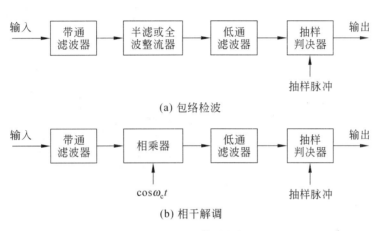

图 3-42 2ASK 信号的解调

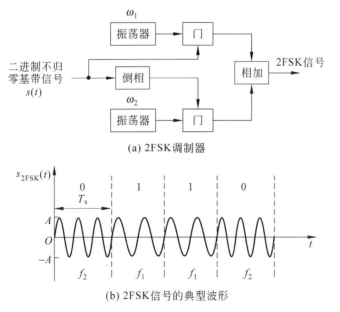

图 3-43 二进制频移键控(2FSK)原理框图

式中,假设 $g(t)$ 为单个矩形脉冲;$s_1(t)=\sum_n a_n g(t-nT_s)$;$s_2(t)=\sum_n \bar{a}_n g(t-nT_s)$;$\bar{a}_n$ 是 a_n 的反码,有

$$a_n = \begin{cases} 0, 概率为 P \\ 1, 概率为 1-P \end{cases} \quad \bar{a}_n = \begin{cases} 0, 概率为 P \\ 1, 概率为 1-P \end{cases}$$

对于相位不连续的二进制频移键控信号,可以看成两个不同载波的二进制幅度键控信号的和。

图 3-43(a)是 2FSK 调制器原理框图,采用数字键控方法。图 3-43(b)是 2FSK 信号的典型波形。二进制频移键控(2FSK)信号的解调方法主要有非相干解调法和相干解调法,如图 3-44 所示。图 3-44(a)给出了非相干解调原理,通常采用包络检波法,相干解调如图 3-44(b)所示。

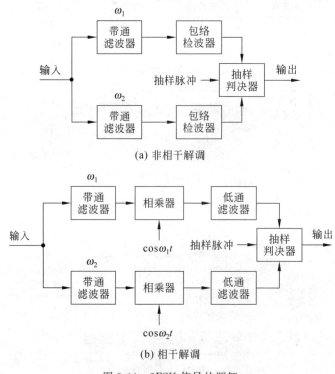

(a) 非相干解调

(b) 相干解调

图 3-44 2FSK 信号的调解

3) 二进制相移键控(2PSK)

在二进制相移键控中,载波的相位随二进制数字基带信号 1 或 0 而改变,通常用已调载波的 0°和 180°分别表示 1 或 0。二进制相移键控信号可表示为

$$s_{2\text{PSK}}(t) = \left[\sum_n a_n g(t-nT_s)\right] \cos\omega_c t \tag{3-11}$$

式中,a_n 为双极性,即 $a_n = \begin{cases} 1 & 概率为 P \\ 0 & 概率为 1-P \end{cases}$。假设 $g(t)$ 是幅度为 1,脉冲宽度为 T_s 的单个矩形脉冲,则有

$$s_{2\text{PSK}}(t) = \begin{cases} \cos\omega_c t, & 发送 1 符号时,概率为 P \\ -\cos\omega_c t, & 发送 0 符号时,概率为 1-P \end{cases} \tag{3-12}$$

若用 φ_n 表示第 n 个符号的绝对相位,则有
$$s_{2\text{PSK}}(t) = \cos(\omega_c t + \varphi_n) \tag{3-13}$$
其中,$\varphi_n = \begin{cases} 0°, & \text{发送 1 符号} \\ 180°, & \text{发送 0 符号} \end{cases}$。

图 3-45 是 2PSK 调制器原理框图,其中,图 3-45(a)采用相乘法产生 2PSK 信号,图 3-45(b)采用数字键控法产生 2PSK 信号,图 3-45(c)是 2PSK 信号的典型波形。

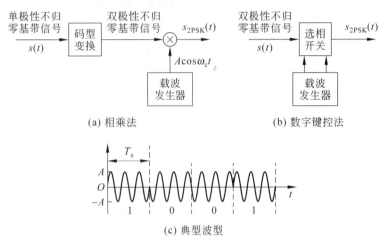

图 3-45 二进制相移键控(2PSK)原理框图

2PSK 信号的解调通常采用相干解调,如图 3-46 所示,其中,本地载波恢复产生与接收 2PSK 信号同频同相的相干载波。当恢复的相干载波产生 180°倒相时,解调输出的数字基带信号相反,解调器输出的数字基带信号全部错误。这种情况称为"倒 π"现象,这是因为在 2PSK 信号的载波恢复过程中存在着 180°的相位模糊,解决的办法是采用二进制差分相移键控(2DPSK)。

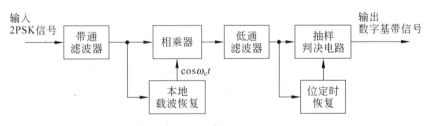

图 3-46 2PSK 信号的相干解调

5. 多进制数字调制

在实际应用中,为了提高频谱利用率,常采用多进制调制。所谓多进制,是指即在一个码元上传输多个比特信息,以降低码速率,减少信道带宽。用 M 进制数字基带信号调制载波的幅度、频率和相位,可分别产生 MASK、MFSK、MPSK 等多种多进制数字载波调制信号。四相移相键位(QPSK)调制、正交振幅(QAM)调制及残留边带(VSB)调制等都是常用的多进制调制方法。

1) 4相相移调制(QPSK)

4相绝对移相键控(4PSK,又称 QPSK)是目前微波、卫星及有线电视上行通信中最常采用的一种单载波传输方式,它具有较强的抗干扰性,电路实现也比较简单。

4进制绝对移位键控采用四种不同的载波相位表示数字信息,每个载波相位表示2比特信息。前一比特用 a 表示,后一比特用 b 表示,双比特 ab 与载波相位的关系如表 3-7 所示。

表 3-7 4PSK 信号载波相位与双比特码元关系

双比特码元		载波相位(φ_n)	
a	b	A 方式	B 方式
0	0	0°	225°
1	0	90°	315°
1	1	180°	45°
0	1	270°	135°

图 3-47(a)采用相位选择法产生 4PSK 信号。四相载波发生器产生 4 种不同相位的载波,输入二进制数字基带信号经串/并变换后产生双比特码元 ab,逻辑选相电路根据输入的双比特码元 ab,每隔一个码元时间间隔 T 选择输出其中一种相位的载波。

图 3-47(b)采用正交调制法产生 4PSK 信号,它可以看成由两个载波正交的 2PSK 调制器组成,输入二进制数字基带信号经串/并变换为两个并行的双极数字基带信号 a 和 b,然后分别对载波 $\cos\omega_2 t$ 和 $\sin\omega_2 t$ 进行调制,相加后可得到 4PSK 信号。

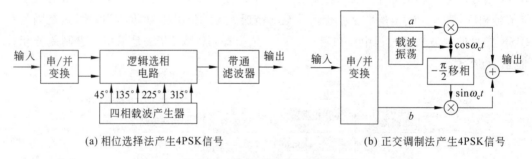

(a) 相位选择法产生4PSK信号　　　　　(b) 正交调制法产生4PSK信号

图 3-47 4PSK 信号调制原理框图

图 3-48 给出了 4PSK 信号相干解调原理图。同相支路 $\cos\omega_2 t$ 和正交支路 $\sin\omega_2 t$ 分别采用相干解调方式解调,得到 $I(t)$ 和 $Q(t)$,经抽样判决和并/串变换,将上下支路得到的并行数字信号变为串行二进制数字信号。

2) 8相相移调制(8PSK)

8PSK 也是一种常用的多进制相移键控,图 3-49 是 8PSK 信号的正交调制原理框图。输入二进制数字基带信号经串/并变换后产生一个 3 比特码组 $b_1 b_2 b_3$。在 $b_1 b_2 b_3$ 控制下,同相支路和正交支路分别产生两个 4 电平基带信号 $I(t)$ 和 $Q(t)$,其中,b_1 决定同相支路信号的极性,b_2 决定正交支路信号的极性,b_1 确定同相支路和正交支路信号的幅度。

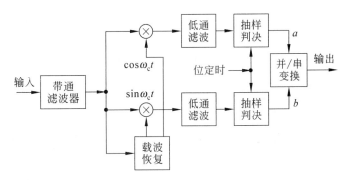

图 3-48 4PSK 信号的相干解调原理框图

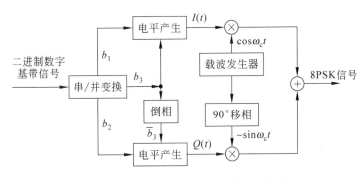

图 3-49 8PSK 信号的正交调制原理框图

图 3-50 给出了 8PSK 信号的双正交相干调解原理框图,它由两组正交相干解调器组成,其中一组的参考载波相位为 0(或 π/2),另一种参考载波相位为 $-\pi/4$(或 $\pi/4$),经四个相干解调器解调、四个二电平判决器抽样判决和逻辑运算后可恢复 $b_1 b_2 b_3$,再经串/变换可恢复二进制基带信号。

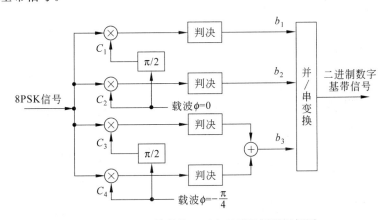

图 3-50 8PSK 信号的双正交相干解调原理框图

6. 正交幅度调制(QAM)

QAM 调制是一种幅度、相位复合调制技术,它同时利用载波的幅度和相位来传递信息比特。图 3-51 给出了 4QAM,16QAM 及 64QAM 的星座图,目前可达到 256QAM。显然,对于 4QAM 信号,当两路调制信号幅度相等时就是 QPSK。

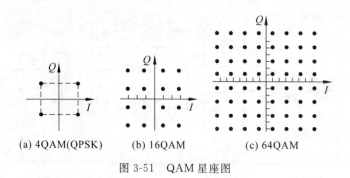

图 3-51　QAM 星座图

16QAM 星座图及其调制电平数与信号状态关系如图 3-52 所示。

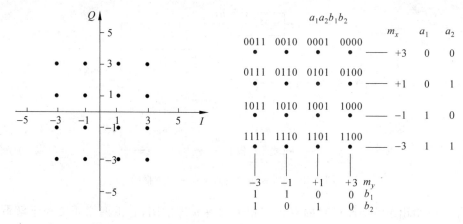

图 3-52　16QAM 星座图及其调制电平与信号状态关系图

图 3-53 给出了 16QAM 调制与解调原理框图,串并转换器将输入的速率为 R_b 的二进制序列分成两个速率为 $R_b/2$ 的两电平序列,$2-L$(此处 $L=4$)电平变换器将每个速率 $R_b/2$ 的两电平序列变成为 $R_b/\log_2 L$ 的电平信号,L(此处 $L=4$)为电平数,然后分别与两个正交的载波相乘,相加后即可得到 16QAM 信号。

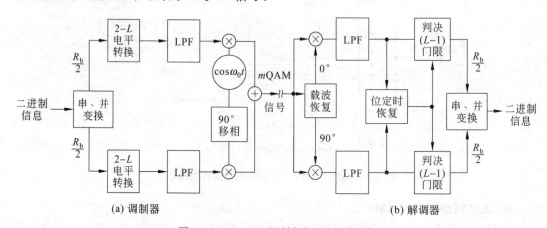

图 3-53　16QAM 调制与解调原理框图

与绝对相移键控(PSK)调制相比,QAM 可传送更多的信息比特,频带利用率也比较高;但 QAM 会受到载波幅度失真的影响,其可靠性不如绝对相移键控(PSK)。

7. 残留边带调制(VSB)

对于广播电视来说,调制载波的带宽应尽量窄,以便在规定的波段内能容纳更多的电视频道,目前模拟电视广播均采用调幅的残留边带调制方式。

常规电视图像占用 6MHz 带宽,如图 3-54(a)所示,如果采用调幅双边带传输图像信号,需传输图像信号的上边带和下边带,其带宽为 12MHz,见图 3-54(b),显然这种方式占用频带过宽,能容纳的电视频道数大大减少。另外,相对带宽太大,使给收发设备的设计也带来了困难,提高了要求。

如果采用调幅单边带,虽然可将传输频带压缩到 6MHz,但是,要得到纯净的单边带信号,需要采用频带锐截止单边带滤波器。显然,要制作实现如此幅频特性的滤波器是相当困难的,而且在截止频率附近滤波器的相频特性也会出现严重的非线性,使得图像信号低频分量产生明显的失真,图像质量大大下降。因此,模拟电视信号传输不采用单边带调制,而采用残留边带调制(Vestigial Sideband Modulation,VSB),残留边带调制器如图 3-54(c)所示。

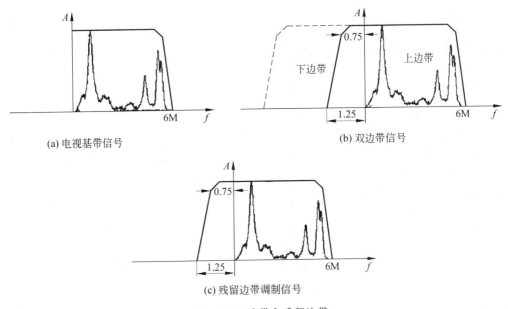

图 3-54 双边带和残留边带

采用残留边带调制,可以克服双边带调制和单边带调制的缺点。按照我国电视标准规定,残留部分为 0.75MHz,即保留下边带 0.75MHz 带宽的信号。这样,图像信号频谱中,0～0.75MHz 部分仍然是双边带传输,而 0.75～6MHz 采用单边带传输。残留边带传输具有以下的优点:

(1) 将已调制波频带压缩到小于 8MHz,增加了电视频道容量,使收发设备的设计得以简化。

(2) 接收机可用普通检波方式解调,简化了电视机的设计。在 0～0.75MHz 范围内,利用双边带传输,信号失真小。在 0.75～6MHz 范围内,用单边带传输,在此范围内,图像信号的能量较小,所以调制度值小,解调信号的总失真不大,可以忽略。残留边带滤波器采用图 3-54(c)所示的平缓下降的频率特性,即从 -0.75MHz 缓慢下降至 -1.25MHz,无须采用锐截止方式。其相频特性的非线性大为改善,这种滤波器不仅容易制作,而且图像质量也大大提高。

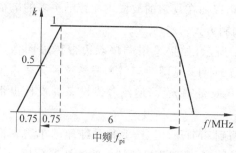

图 3-55 残留边带接收机中放幅频特性

在残留边带传输情况下,对于图像信号中 0.75~6MHz 具有单边带特性,经解调后输出信号振幅减半,在视频检波后的输出信号中,0~0.75MHz 之间的电压比 0.75~6MHz 之间的电压比高出一倍,这样,低频分量振幅较大。使图像对比度增加,高频分量较少,从而会引起接收图像的对比度增加,清晰度下降。为此,接收机应采用图 3-55 所示的幅频特性,即图像中频的相对增益为 50%,而图像中频两端的频率特性为一斜线,所占频宽为 0.75MHz,以补偿残留的不足。

8. 正交频分复用(OFDM)和编码正交频分复用(COFDM)

1) OFDM 原理

正交频分复用(OFDM)是一种高速数据传输技术,其基本原理是将高速串行数据变换成多路相对低速的并行数据,并采用不同的载波进行调制。这种并行传输体制大大扩展了符号的脉冲宽度,提高了抗多径衰落等恶劣传输条件的性能。

在传统的频分复用方法中,各个子载波的频谱是互不重叠的,如图 3-56(a)所示,需要使用大量的发送滤波器和接收滤波器,这样就大大增加了系统的复杂度和成本,同时,为了减少各个子载波间的相互串扰,各子载波间必须保持一定的频率保护间隔,这样就降低了系统的频率利用率。而 OFDM 系统采用相互正交的载波,各子载波上的频谱相互重叠,如图 3-56(b)所示,可提高频谱利用率,由于这些载波频率在整个符号周期内满足正交性,从而保证接收端能够无失真地恢复信号。

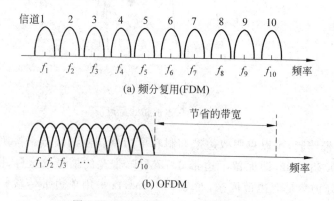

图 3-56 FDM 与 OFDM 的信道分配

OFDM 基本原理如图 3-57 所示,要发送的串行二进制数据经过数据编码器后,再经过串行并变换器变换后得到码元周期为 T_s 的 N 路并行码,码型选用不归零方波。用这 N 路并行码调制 N 个子载波以实现频分复用。在接收端正交信号组在一个码元周期内分别与发送信号进行相关运算实现解调,恢复原始信号。

在发送端,经过数字调制(例如 BPSK、QPSK、16QAM、64QAM)映射得到的串行符号

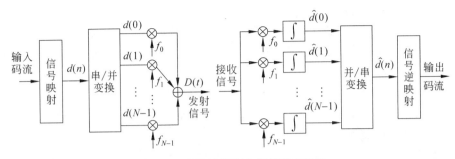

图 3-57 OFDM 调制和解调基本原理

流 $\{d(k)\}$，$k=0,1,\cdots,N-1$，取 N 个符号将其分配到 N 路子信道中，每个符号调制到 N 个子载波中的一个，然后将调制后得到的信号相加，得到 OFDM 符号，发送 N 个符号。设一个 OFDM 符号周期为 T_t，子载波间隔为 $1/T_t$，子载波频率为 $f_k = f_0 + k/T_t$，$k=0$，$1,\cdots,N-1$；f_k 为第 k 个子载波的频率，均为 $1/T_t$ 的整倍数。子载波的复指数形式可表示为

$$\Psi_k(t) = \exp(j\omega_k t), \quad k=0,1,\cdots,N-1; \tag{3-14}$$

OFDM 信号为

$$D(t) = \sum_{k=0}^{N-1} d(k)\exp\left[j2\pi\left(f_0 + \frac{k}{T}\right)t\right] \quad 0 \leqslant t \leqslant T$$

$$= \sum_{k=0}^{N-1} d(k)\exp(j\omega_k t) \quad 0 \leqslant t \leqslant T \tag{3-15}$$

其中，$\omega_k = 2\pi\left(f_0 + \frac{k}{T}\right)$。在接收端，在不考虑同步误差及信道干扰的情况下，由于载波之间相互正交，因此在一个符号周期内有

$$\frac{1}{T}\int_0^T \exp(j\omega m t)\exp(j\omega m t)dt = 1, \quad m = n \tag{3-16}$$

$$\frac{1}{T}\int_0^T \exp(j\omega m t)\exp(j\omega m t)dt = 0, \quad m \neq n \tag{3-17}$$

对第 k 个载波进行解调，在一个符号周期内进行积分，得

$$\hat{d}(i) = \frac{1}{T}\int_0^T \exp(-j\omega k t) \cdot S(t)dt$$

$$= \frac{1}{T}\int_0^T \exp(-j\omega_k t)\sum_{k=0}^{N=1} d(k)\exp(j\omega_k t)dt$$

$$= d(i) \tag{3-18}$$

2) OFDM 实现

在 OFDM 系统中，对每一路子载波都需要调制解调器，在子载波数量 N 较大时，系统将非常复杂。1971 年，Weinstein 是等人将离散傅里叶变换(DFT)应用于 OFDM，解决了这个难题，如图 3-58 所示。

图 3-58 利用快速傅里叶变换实现 OFDM 的调制与解调

3）编码正交频分复用(COFDM)

COFDM 指在进行多载波 OFDM 传输前,对传输数据进行前向纠错编码,以提高信道传输抗干扰能力,故称为编码正交频分复用。通常,OFDM 是一种多载波传输技术,而 COFDM 则是一种实用的多载波传输系统。

9. 数字电视调制方式

不同的数字电视传输系统具有不同的特点,为了获得高质量的电视接收质量,电视传输系统需要采用不同的调制方式。

数字电视卫星传输一般采用四相绝对移相键控(QPSK)调制。QPSK 调制的优点是抗干扰能力强,缺点是频谱利用率较低。

数字电视地面传输则要求采用抗干扰能力更强的调制方式。欧洲采用编码正交频分复用(COFDM)方式,美国采用多电平残留边带(MVSB)调制。

3.3.5 数字电视传输方式

1. 地面数字电视广播

地面数字电视广播就是利用架设在电视塔上的发射天线,将已调制在 VHF 和 UHF 频道上的数字电视信号辐射出去。在其覆盖区内,用户必须使用室外或室内接受天线才能将信号接收下来,送入电视机收看电视节目。简单地说,地面数字电视广播就是将目前的地面开路模拟电视广播信号换成数字电视广播信号。

地面数字电视广播的特点是:传输信道(指从电视台发射天线到用户的接收天线之间的空间)不稳定,干扰严重、频道资源紧张等。针对这种情况,目前国际上主要有两种传输制式:美国提出的 VBS(残留边带)调制方式和欧洲提出的 COFDM(编码正交频分多路)调制方式。

2. 卫星数字电视广播

卫星数字电视广播就是利用地球同步卫星作为一座超高(约 36 000km)的电视发射塔进行数字电视广播。其特点是:传输媒介单一、覆盖面积大、信号质量好、频谱资源相对富裕,用户必须使用卫星接收天线及卫星电视信号接收机接收。目前,我国的卫星数字电视广播主要供集体接收和作为有线电视台和电视台的节目源使用。卫星电视广播的发展趋势是直播到户(DTH),称为卫星直播服务。一颗大容量直播卫星可以转播 100～500 套数字电视节目,是未来多频道电视广播的主要方式。卫星数字电视的调制方式大都采用 QPSK(四相绝对移相键控)方式。

3. 有线数字电视传输

有线数字电视传输是利用目前遍布城市、农村的有线电视网络传输数字电视信号。目前,我国有线电视网络已由初期的同轴电缆网络过渡到混合光纤同轴电缆(HFC)网络。其特点是:传输条件好,信号质量高,频谱资源丰富、节目内容多,便于开展按节目收费(PPV)、节目点播(VOD)及其他双向业务,用户利用模拟电视机接收需增加机顶盒,有线数字电视的调制方式大多数采用 QAM 调制方式。

3.3.6 数字电视传输标准

如同模拟电视有 PAL、NTSC 和 SECAM 等制式一样,目前主要的数字电视传输标准也有 3 种：美国的 ATSC、欧洲的 DVB 和日本的 ISDB(见表 3-8)，其中前两种标准应用较为广泛，特别是 DVB 已逐渐成为世界数字电视传输的主要标准。

1. ATSC 标准

ATSC(Advanced Television System Committee,高级电视系统委员会)是美国数字电视标准，1995 年经美国联邦通信委员会正式批准作为美国高级电视(ATV)国家标准。按 ATSC 标准可在 6MHz 带宽内传输高质量的视频、音频和辅助数据。目前加拿大、韩国、阿根廷、墨西哥以及中国台湾省也采用 ATSC 标准，亚洲及中北美洲的许多国家也正在考虑使用 ATSC 标准。

2. DVB 标准

20 世纪 80 年代由欧洲率先提出了 DVB(Digital Video Broadcast,数字视频广播)的概念，1993 年开始实施 DVB 项目——数字视频广播系统，它包括卫星、有线电视、无线电视等多种传输方式下的普通数字电视和高清晰度数字电视。目前全球约有 30 个国家、200 多家电视台开播了 DVB 广播业务，100 多个厂家生产符合 DVB 标准的设备。

3. ISDB 标准

日本于 1993 年 9 月制定了数字电视 ISDB(Intergrated Services Digital Broadcasting,综合业务数字广播)标准。ISDB 的视频编码、音频编码、系统复用均遵循 MPEG-2 标准；传输信道以卫星为主；既可传输数字电视节目，又可传输其他数据综合业务。

表 3-8 数字电视标准比较

数字电视标准	美国标准 ATSC			欧洲标准 DVB			日本标准 ISDB		
传输媒介	地面	卫星	有线	地面	卫星	有线	地面	卫星	有线
调制方式	8VSB/16VSB	QPSK	QAM	分段COFDM	QPSK	QAM	分段COFDM	QPSK	QAM
视频编码方式	MPEG-2			MPEG-2			MPEG-2		
音频编码方式	AC-3			MPEG-2			MPEG-2		
复用方式	MPEG-2			MPEG-2			MPEG-2		
传输侧重点	地面			卫星			卫星		
图像规格	HDTV			可分级性			综合数字业务		

习 题 3

3-1 画出卫星电视广播系统基本组成框图，简述各部分的主要功能。

3-2 画出卫星电视接收系统组成框图，简述各部分的主要功能。

3-3 画出有线电视系统组成框图，简述各部分的主要功能。

3-4 简述光通信的主要优缺点。

3-5 画出光通信系统的基本组成框图，简述各部分的主要功能。

3-6 简述数字电视的主要优缺点。

第4章 数字音频基础

4.1 声学基础

4.1.1 声学的概念

声学是一种波动现象。产生声波的物体称为声源,如人的声带、乐器等。声波达到的空间范围称为声场;声场中能够传递声音的媒质称为声场媒质。要听到声音,必须具备3个基本条件:首先是要存在声源;其次是要有传播弹性媒质,即传声介质,如空气、水等;最后是人耳听觉的感觉。

1. 声源

发出声音的振动源称为"声源"。例如振动的鼓皮、琴弦等都是声源。由声源发出的声音必须通过介质才能传播到人们的耳朵。空气是最常见的介质,其他介质如水、金属、木材、塑料等也都能传播声音,其传播能力甚至比空气还要好。例如,把耳朵贴近铁轨,可以听到在空气中听不到的远处火车奔驰的声音。没有介质人们就无法听到声音,例如,在外层空间,由于真空中没有空气或其他介质,宇航员是无法直接对话的,只能通过无线电波传来传送声音。

声音有两种基本形式:机械声源(利用机械振动产生的声音)和空气振动声源(由空气柱辐射产生的声音)。

2. 声波

声音是由物体的机械振动形成的,物体振动时激励着它周围的空气质点振动,由于空气具有惯性和弹性,在空气质点的相互作用下,振动物体四周的空气交替地产生压缩和膨胀,并且逐渐向外传播形成声波。声源产生的声波,只有通过媒质中质点的相互作用,才能由近及远地使声波在媒质中向外传播,但质点并不是随波前进的,而是在各自的位置附近振动。例如,用琴弦发生振动而发声;把音频电流送入扬声器,扬声器的纸盒发生振动而发声。

如果质点的振动方向和波的传播方向相互垂直,则称为横波;如果质点的振动方向和波的传播方向相互平行,则称为纵波,例如在空气中传播的声音波。

3. 声速

声波的传播速度(简称为声速)是指在媒质中每秒传播的路程,用 C 表示,单位为 m/s。实验证明,声速主要是由媒质决定的,与声音的其他参数(如频率、强度等)无关。声波可以在气体中传播也可以在液体或固体中传播。声波在媒质中的传播速度与媒质的密度、弹性及温度有关。

空气的温度越高,声速越快。温度每增加 1℃,声速增加 0.607m/s,当媒质为空气时,声速 C 与温度 t 的关系为 $C=20.05\sqrt{273+t}$,式中,t 是摄氏温度。经计算可得 0℃时空气的声速为 331.3m/s,在室温 20℃时空气的声速为 343.2m/s,一般取值 340m/s。声音在固体中传播的速度最快,其次是液体,再次是气体。例如,声音在水中的传播速度一般是

1485m/s,而在木材和钢材中的声速分别为 3320m/s 和 5000m/s。所以耳朵贴近铁轨,能听到很远处的火车声音。

4. 声波的频率、波长和相位

1) 频率

所谓频率就是每秒钟内往复振动的次数(单位时间内的振动次数)。振动一来一往为一次,也叫一周。声波的频率也就是声音的频率,频率用 f 表示,其单位为赫兹(Hz)。

由单一频率的振动所产生的声音称纯音,由若干频率的复合振动所产生的声音称为复音。各种声音都包含着特定的频率成分,声音的频谱称为声谱。声音之间之所以有差异,主要在于声谱不同。

频率与声音音调的关系是:频率低,相应的音调就低(声音低沉);频率高,相应的音调就高(声音尖锐)。两个不同频率的声音作比较时,起决定意义的是两个频率的比值,而不是它们的差值。用来比较两个音频大小的物理量叫倍频程,定义为两个声音的频率之比以 2 为底的对数,即 $n=\log_2(f_1/f_2)$。

2) 波长

波长是声源每振动一周声波所传播的距离,也就是声波两个波峰之间的距离(即一个周期的长度),波长用希腊字母 λ 表示,其单位为米(m)。波长、频率、声速之间的关系为 $\lambda=c/f$,频率越高波长就越短,即波长同频率成反比。

3) 相位

声波的相位可描述简谐振动(正弦振动或余弦振动)在某一个瞬间的状态。相位用相位角表示。

4.1.2 声音的传播

1. 声音的传播方式

(1) 直射声。人耳接收到的从声源直接传来的声音称为直射声,它具有声源本身的特性。

(2) 反射声。声波在传播过程中遇到障碍物时一部分将被反射,称为反射声。特别当障碍物的尺寸远大于声波波长时,声波将发生明显的反射,人们听到的回声就是声波反射所引起的。

(3) 声波的绕射(衍射)。当障碍物的尺寸与声波波长在同一数量级时,声波将绕过障碍物,这种现象称为声波的绕射,也称衍射。

(4) 声波的散射。声波在传播过程中朝多个方向做不规则反射、折射或衍射,称为声波的散射。例如,一个 6 寸的扬声器,可使几十平方米范围的听众都能听到声音,这就是散射现象。因为声波可以沿扬声器的边缘曲面(不是直射)传播,听众听到的声音可能有不规则的反射、折射及衍射声。

2. 声音的传播特性

(1) 扬声器的振动体。音圈具有频率特性,通过纸盆辐射出的声波也带有频率特性。

(2) 声波的吸收。声波在传播过程中,遇到墙面、天花板或其他各种物体的表面时形成声波反射,并在这些表面产生摩擦而消耗能量从而产生声能衰减,这种现象称为障碍物对声波的吸收。在建筑物内,常利用某些特殊材料来吸收声能以减弱反射声,达到控制混响时间和消除回声的目的。

(3) 声波的叠加与干涉。几个声源产生的声波同时在空气媒质中传播,当几个声波在空间某点相遇时,相遇处空气中的分子振动将是每个波动引起的分振动的合成,而每一个声波仍将独立地保持本身原有的特性。这种声波传播过程中出现的各分振动独立地参与叠加的现象,称为声波的叠加。其中,具有实际意义的是两个频率相同、振动方向相同、相位相同或相位差恒定的声波在空间叠加。对于空间内的不同点,由于两个声波的相位差不同,因而叠加结果会使空间某些点的声波合成幅值加强,产生相干波(干涉现象的声波),相应的声源称为相干波源。

在厅堂内,管弦乐队合奏时感受到其声音要比单个乐器演奏的声强大,但人耳能够分辨出各种乐器,这就是声波的叠加。平时,我们会发现厅堂中各处的声音响度不同,这就是声波干涉现象。

在功率放大器输出端串接或并接两只扬声器时,通常要判断两个扬声器的极性。当极性相反时,扬声器内的音圈振动方向相反,由此发出的声波在空间中传播时振幅相同,但相位相差180°。根据声波的干涉现象可知,空间内某点的合成声波的振幅会减弱。虽然扬声器都在发声,可是人听到的声音响度减弱了。

4.1.3 声波的度量

1. 声压与声压级

1) 声压

声波在空气中传播时,引起介质质点振动,使空气产生疏密变化,这种由于声波振动而对介质(空气)产生的压力称为声压,单位为帕(Pa)或牛顿/米^2(N/m^2)。

人耳能听到的最低声压是 $0.002\mu bar$,称为可听阈(又称听阈)。当声压增大到(200~2000)μbar 时,人耳会产生难受的感觉,有痛感,称为痛阈。

2) 声压级

声压级是指声压与基准声压之比并以 10 为底的对数的 20 倍。对于空气声,规定基准声压为 2×10^{-5}Pa,即 $20\mu bar$。声压级的单位为贝[尔],符号为 B,通常以 dB 为单位。它描述了听觉与声功率的变化关系,即 $L_P=10\lg P^2/P_0^2=20\lg P/P_0$。其中,$P$ 为声压,P_0 为基准声压。

2. 声强及声强级

1) 声强

声强是指单位时间内通过与指定方向垂直的媒质单位面积的能量,用 I 表示。对自由平面声波或球面波,声强与声压的平方成正比,与声阻率 ρc 成反比,即 $I=P^2/\rho_c$。声强单位为 W/m^2(瓦/米^2),空气的声阻率 $\rho_c=420$kg/m^2;人耳从听阈到痛阈的声强范围是 $10^{-12}\sim 10$W/m^2。

2) 声强级

声强级是声强相对于参考声强的分贝值,用 L_1 表示,即 $L_1=10\lg I/I_t$。式中,I 是声强,I_t 是参考声强,通常取 $I_t=10^{-12}$W/m。

3. 声功率及声功率级

1) 声功率

声源在单位时间内辐射的声的总能量,被称为声源辐射功率,简称声功率,用符号 W 表示,单位为瓦(W)。如果一个点声源在自由空间辐射声波,则在与声源相同距离 r 的球面上任一点的声强 I 都相同,此时声源的声功率为 $W = I \cdot 4\pi r^2$。

2)声功率级

声功率级为某声功率 W 与基准声功率 W_0 之比,取以 10 为底的对数再乘以 10,用 L_W 表示,即 $L_W = 10 \lg W/W_0$,式中 $W_0 = 10^{-12}$ W。

4.1.4 室内声学

多数情况下,音响系统是在封闭的室间内工作的,这种听音环境称为闭室。电影院、剧场、歌舞厅、演播室、录音棚等都是闭室。在普通闭室中的声场情况与室外声场是完全不同的,室外声场的情况比较复杂,扩声质量在很大程度上取决于声场。建筑条件不合理将造成厅堂音响效果不佳,即使使用最好的音响设备也无法弥补声场的缺陷,因为音响环境达不到要求,因此很难获得好的扩声效果。最好的音响系统只有置于声学条件合适的环境中,才可能获得最好的音响效果。

1. 室内声的组成

声源在传播过程中遇到障碍物会产生反射、绕射及散射。因此当室内由一个声源发声时,室内任一点听到的声音按照到达听点的时间先后分为:直达声(又称主达声)、反射次数较少的短延迟反射声和多次反射形成的混响声。

直达声是指从声源直接传播到听点的声音,它是接收声音的主体。直达声不受空间界面的影响,其声强衰减与听点到声源之间的距离平方成反比,即距离每增加一倍,声压级下降 6dB。

短延迟反射声是指相对直达声延迟 50ms 内到达的反射声。延迟时间较短的反射声来源于声源发出的声音经室内界面(墙面、顶层或地面)的一次、二次或少数三次反射。由于哈斯(Haas)效应,延时在 50ms 内的反射声难以与直达声完全分开,不会互相干扰。故短延迟反射声会加强听点处的声强,或者说对直达声起增强作用,使听到的声音更丰满、更洪亮。在大型厅堂中,可依靠反射声使声场均匀。

混响声是指声源发出的声波经过室内界面的多次反射,时间上要迟于只经一、二次反射的短延迟反射声到达听点,由于每一次反射过程后其能量都会有所减小,混响声声级较低,分布较密,延迟时间依据房间空间的大小不等,可长达数秒,但其衰减率的大小对音质有重要的影响,影响声音的清晰度或语言的可懂性,也对声音的亲切感起主要作用。

2. 混响及混响时间

声场稳定后,若突然关闭声源停止声辐射,则室内声场的不断反射将原来稳定声场的声能全部吸收掉,室内声场才最终消失,这种声的残响现象通常称为混响。混响现象不仅是室内声场的基本特征之一,而且是影响室内音质最重要的因素之一。因此,对室内混响现象及混响时间的研究是非常有意义的。

混响时间定义为:在达到稳定声场后声源停止发声,从声源停止发声到室内声能密度(即声强)衰减到稳定声场声能密度的百分之一所经过的时间,记做 T_{60}(发声频率为 500Hz 下测量得到的)。下标 60 是用 dB 值表示声能密度衰减到百分之一(即 $10 \lg 10^6 = 60$dB)。

目前,混响时间的计算通常采用赛宾(W. C. Sabine)公式 $T_{60} = K \cdot V/A = 0.161V/S_a$。式中,$T_{60}$ 为混响时间,单位为 s;K 为与温度有关的常数,一般取 $K = 0.161$s/m;V 为闭室的

容积,单位为 m³;A 为房间吸声量,单位为 m²;S_a 为平均吸声系数,它与空气的温度、湿度及声音的频率有关。

  混响时间的长短对室内听音有较大的影响。混响时间短,直达声和短延迟反射声为主,有利于提高声音的清晰度,但过短则会使人耳感到声音干涩和响度变弱,这是因为短延迟反射声的减少,使短延迟反射声加强直达声的作用减弱。混响时间长,有利于声音丰满,但过长则会感到前后声音分辨不清,降低了声音清晰度或语言可懂性。这是因为混响时间过长,前一个声音虽然停止,但它的余音会与其后发出的声音的直达声在时间上重合,导致听点分不清两个声音。一般语言用的厅堂(如电影院、会议厅、语言录音室等),混响时间应适当短些,以提高语言可懂性;对于音乐演出用的厅堂(如音乐厅、歌剧院等),混响时间应长些,以增加声音的丰满度。不同类型厅堂的最佳混响时间如表 4-1 所示。

表 4-1 不同类型厅堂的最佳混响时间(500Hz)

厅堂用途	混响时间/s	厅堂用途	混响时间/s
电影院	1.0~1.2	同期录音	0.8~0.9
音乐厅	1.5~1.8	电视演播室	0.8~1.0
多功能厅	1.3~1.5	语音录音	0.3~0.4
演讲、戏剧	1.0~1.4	体育馆	<1.8

  通常在使用要求允许的前提下,可将厅堂自然混响时间设置得稍短一些,需要时可加入人工及电子混响设备来增加混响时间。

3. 室内声学的基本要求

  显然,听音环境对音乐欣赏是十分重要性的,不同的听音环境会使同一声源产生不同的音响效果。对听语言为主的厅堂,需要有较高的清晰度;而听音乐为主的场所,则希望声音丰满、优美动听。

4.2 人类听觉系统

4.2.1 人耳的构造

  人耳是人的听觉器官。了解人耳的构造,研究听觉的各种效应与听觉特性对音频系统的设计是非常重要的。人耳分外耳、中耳和内耳三部分,如图 4-1 所示。

1. 外耳

  外耳由耳郭(耳壳)和外耳道组成。外耳在听音过程中主要起 3 种作用:一是耳郭可以将声道进行聚焦并传至中耳;二是利用耳郭对声源进行定位;三是利用耳道对声波进行共鸣放大。外耳道是以鼓膜封闭的圆管道,直径约为 0.5cm、长约为 2.5cm,它的自然腔谐振频率为 3.4kHz 左右。声音经外耳道传到鼓膜,由于外耳道的共鸣,以及人头对声音产生反射和衍射,因此人耳对 1~5kHz 的声音特别灵敏,对 3~4kHz 声音的感觉可提高 10dB。这是耳道的共振效应。

2. 中耳

  中耳包括耳膜、鼓室(耳膜内侧的空腔部分)和通入内耳的两个开口(卵形窗和圆形窗,

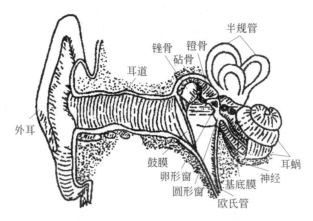

图 4-1 人耳的构造

合称为卵圆窗)。耳膜的直径约为 7mm,是向内倾斜的圆锥膜,刚性较大。鼓室内有 3 块小听骨(锤骨、砧骨和镫骨),呈关节状连接,组成一个杠杆机构,把耳膜接收到的声波压力传到卵圆窗。由于杠杆原理,卵圆窗受到的力大于耳膜受到的力,另外,卵圆窗的面积小于耳膜的面积。正是由于上述两种结构力的作用,使耳膜接收到的声波压力在听小骨传导的过程中得到放大。中耳的另一作用是对外耳的空气与内耳的淋巴液起着阻抗匹配作用。听小骨附有能对较强声起反射作用的 2 块听肌,以保护内耳。声反射是指当声压超过 85dB 时,2 块听肌会迅速收缩,让听小骨与鼓膜和卵圆窗脱离,从而起到保护内耳免受超强声波的冲击,但最多可以减少声压 20dB。且反应速度只有 30～40ms,完全起作用则需要 150ms。因此对于突发性的超强声,声反射还是无能为力的。

3. 内耳

内耳由半规管、耳蜗、前庭和连接耳蜗与大脑的神经束 4 部分组成。半规管和前庭为位置和平衡感受器,与人的听觉无关。耳蜗的外形很像蜗壳,它由螺旋形骨质小管组成,长约为 30mm,耳蜗内部充满淋巴液。耳蜗分为前庭阶和鼓阶两部分,与顶端蜗孔处相通。基底膜的外端宽度约为 0.16mm,里端宽度约为 0.52mm(即由窄变宽)。基底膜上分布有约 3 万根毛细胞,每根毛细胞都连有末梢神经。声音经镫骨传到卵形窗后,由淋巴液传到基底膜,使基底膜上与声音频率相应的部分产生弯曲振动。对应每一种频率的刺激声,基底膜上有一共振区,高频声刺激卵圆窗,低频声刺激蜗顶,从而激发相应毛细胞上的神经末梢产生听觉。目前,一般认为耳蜗毛细胞是完成机械能-电能的转换器。毛细胞顶端的表皮相当一个可变电阻,当耳蜗受到声音刺激时,毛细胞会发生弯曲,从而使耳蜗内淋巴液和毛细胞之间产生电定位差。不同方向的弯曲产生不同的电位差,这种电位差产生的生物电流通过神经束传导至大脑,从而向大脑"通报"声波信息。

内耳在听音过程中,除了起到将声波信号转换成生物电信号并传到至大脑外,还对声波进行响度、音高、音色分析。

4.2.2 听觉特性

当声波传播到人的听觉器官(人耳处)时,耳膜感受到相应的声压变化,从而对听觉神经产生刺激,该刺激沿神经系统传入大脑听觉中枢形成感觉,使人感觉到声音的存在。并非所有声波都能被人耳听觉所感知,甚至即使对人耳能感知到的声音,其感觉也各有不同,因为人的听觉是一个非常复杂的物理—生理—心理过程。人对声音的感知有响度、音调和音色三个主观听感要素。人的主观听感要素与声波的客观物理量(声压、频率和频谱成分)之间既有密不可分的联系,又存在一定的差异。

1. 响度

响度是人耳对声音强弱的主观感觉程度,对于同一强度的声波,不同的人听到的效果并不一致,因而对响度的描述有很大的主观性。一般来说,在人类听觉的动态范围内,声压级越大响度也越大,决定响度的一个重要参量是频率。

响度的定义为:1kHz 的纯音在声压为 40dB 时响度定为 1sone。

2. 音调

人耳对声音调子高低的主观感觉称为音调,频率低的调子给人以低沉、厚实、粗犷的感觉,而频率高的调子则给人以清脆、明快、亮丽的感觉。按客观物理量来度量,音调与声波基频相对应,但音调与频率之间不存在线性关系,特别是在听阈的高频端和低频端。人耳对声音主观感觉的大量实验证明,人耳对音调变化的感觉大体呈现对数关系。通常,人们可采用倍频程来表示这种频率感觉特性。即频率增加一倍,就增加一个倍频程,音乐上称提高了一个八度。

音调的单位为 mel,响度级 40phon、频率为 1000Hz 的纯音的音调定义为 1000mel。人耳对响度的感觉范围为从听阈到痛阈,人耳对频率的感觉范围从 20Hz 到 20kHz。

音调还与声音的持续时间、声压级和温度有关。人耳感觉声音的音调与声音持续时间有关,并随频率和声压而变化,感受低频声的音调需要比高频声有更长的持续时间。两个频率相同而声压级不同的纯音,常常会觉得音调不同。在低频段,频率不变而声强提高时,音调降低;在 1000~5000Hz 的频率内,频率不变而声强提高时,音调升高。音调也会随温度变化,即声音温度效应,原因是气温的变化引起声速变化。

3. 音色

人耳不但对音强和音调具有较强的分辨能力,还能准确地辨别出音色。音色又称音品,由声波的谐波频谱和包络决定。乐器发出的声音都是复音,其频率成分含有基波和高次谐波,即音色和泛音。各种乐器所发生的声音谐波分布不同,谐波分量的幅度也不同,因而音色也就不同。

4. 听觉极限

人耳能够听到的声音无论是频率或声压都有一定的界限,称为听觉极限。

1) 声压动态范围

将声压由零逐渐增大直至人耳刚好能听到声音时的声压称为听阈。再将声压逐渐增大,直到使人耳感到疼痛,此时的声压称为痛阈。听阈与痛阈随声音频率的变化而不同。2~4kHz 时听阈最低(−5dB),在此声音范围人耳最为灵敏。双耳听阈比单耳听阈低 3dB。将人耳能听到的各个频率的痛阈连成一条曲线,称为痛阈曲线,最高值为 140dB,大于 140dB 的声音会使人耳疼痛,在 150~160dB 时会使人耳发生急性损伤。一般情况下,当声音的强度超过 100dB 时,人耳的感觉会出现饱和状态。此时一个纯音在感觉上会变为一个复合音,即噪音,且将失去音色的分辨率。如果音量继续增大至 110~120dB,人耳会产生暂时失聪,即人耳的自我保护机理开始发挥作用。

2）频率范围

人耳不是所有的声波都能听见,只有频率在 20~20 000 Hz 范围内的声音人才能听到,该频率范围内的声音称为可闻声。对于可闻声频率的上限及下限,不同人的感觉有比较大的差异,而且与声音的声压级也有关系。依据对人耳的研究表明,听觉下限可低到 8 Hz,年轻人听觉上限可达 20 kHz,中老年人只能听到 12~16 kHz 以下的声音。频率超过 20 kHz 的声音称为超声波,频率低于 20 Hz 的声音称为次声波。由于超出可闻声频率范围的声波不能引起听觉,因此电声设备的工作频率范围为 20~20 000 Hz。虽然高于 20 kHz 的频率人耳听不到,但由于人的声学心理特征,仍可以感觉到它的存在。因此,国外某些音响产品的工作频率上限为 50 kHz,有的调音台的最高工作频率甚至可达到 100 kHz。

3）音差分辨阈

人耳对最小音高差异的识别能力称为"音差分辨阈"。对此 C. E. Seashore 进行了研究。他以 435 Hz 纯音为基准音,取另一纯音为比较音,然后不断改变比较音的音高,使其与基准音构成一系列由小到大的音差供受试者听辨。将 80% 受试者刚刚能分辨的音差作为最小可变音差,其结果为 3 Hz(约 12 音分,一个伴音为 100 音分),其中听觉最敏锐者可分辨的最小音差为 0.5 Hz(约为 2 音分),最迟钝者不能分别一个全音(200 音分)的音高变化。

5. 掩蔽效应

当两个或两个以上的声音同时存在时,其中的一个声音在听觉上会掩盖另一个(或其他的)声音,这种现象称为掩蔽效应。将掩蔽声音的听阈在受其他声音干扰时应提高的分贝数定义为掩蔽量(以 dB 表示)。人耳听觉的掩蔽效应是一个非常复杂的心理-生理过程。掩蔽量不仅与频率有关,也与声音的性质有关。

6. 哈斯效应

实验表明,人的听觉有先入为主的特性。当两个强度相等(其中一个经过延迟的声音)一同传到耳中时,如果延时时间不超过 17 ms,人们感觉不出是两个声音。当两个声音的方向相近,延时时间在 30 ms 以内,人们感觉到的声音来自未延时的声源。延时时间为 30~50 ms 时,听觉上可以感到延时声的存在,但感到声音仍然来自未延时的声源。在这种延时声被掩盖的情况下,延时声只是加强了未延时声音的响度,使未延时声音的音色变得更丰满。当延时时间超过 50 ms 时,延时声就不会被掩盖,听觉上会感到延时声为回声。这种现象称为哈斯效应(Hass effect),又称为延时效应。

7. 耳壳效应

对听觉定位的进一步研究发现,当声音传入人耳时,耳壳对声波有反射作用。由于耳壳是椭圆形的,垂直方向轴长,水平方向轴短,各部位离耳道的距离不同,形状也不同,因而当直达声经各个不同部位反射到耳道时,会产生不同延时的回声,且回声随直达声的方位不同而不同。研究结果表明,垂直方向的直达声、回声的延时约为 20~45 μs;水平方向的直达声、回声的延时约为 2~20 μs。人耳依据回声间的差别,可判断直达声的方位。这就是耳壳效应。实验表明,耳壳效应对 4~20 kHz 频段内的声音定位起着重要作用。

8. 双耳效应

人耳产生听觉定位的原因比较复杂,这不仅与哈斯效应、耳壳效应等有关,而且与声音传到两耳时的差别(即双耳效应)有很大关系,另外还与人的心理作用有关。

人的双耳位于头颅两侧,它们不但在空间上处于不同的位置,而且被头颅阻隔。因此,由同一声源传来的声波,到达两耳时,总会产生不同程度的差别。这些差别主要体现在:声级差、时间差、相位差、音色差等。实践证明,声级差、时间差和相位差对听觉定位影响较大。

9. 人耳听觉的非线性

人耳对音高变化的感受不是线性关系而是接近于对数关系。当声音的频率变化很大时,人耳并不觉得变化很大。人耳听觉这种对声波信号非线性的"加工",对听觉系统具有保护作用。

通常要求电声设备的非线性畸变应尽可能地小,当电声系统的非线性小到一定程度时,人耳就听不出来。

10. 听觉疲劳

人们在强声压环境里经过一段时间后会出现听阈提高的现象(即听力下降),在安静的环境中停留一段时间,听力就能恢复,这种听阈暂时提高,事后可恢复的现象称为听觉疲劳。

11. 听力损伤

如果听阈的提高(即听力下降)是永久性的、不可恢复的,则称为听力损伤。一个人的听力损伤通常用听阈较正常听阈高出的分贝数来表示。

人耳的灵敏度通常随年龄的增长而降低,尤其对高频降低得更快,而且男性对高频的灵敏度随年龄的增长而降低。随着年龄的增长,对高频声"耳聋"得越厉害。

4.2.3 立体声的听觉机理

1. 立体声

当有多个声源同时发声时,听觉能感知声音群在空间的分布特性,展现各个声音的空间位置,并由此而形成所谓的声像。自然界中的声音都是"立体"的。不过当声音经过记录、放大等处理后重放时,声音可从一个扬声器放出来,这种重放声叫做单声。如果重放系统能够在一定程度上恢复原发声的空间感,则这种重放声称为立体声。因此,立体声一词一般特指具有某种空间感(或方位感)的重放声。

2. 立体声特点

1) 声像的临场感

立体声的重放能比较真实地再现声场,使人感到声源的声像分布在空间的各个角落或某些范围,而不仅限于几个扬声器。借助于立体声声像的空间分布感及空间层次感,可再现真实立体声的原貌。

2) 清晰度和信噪比

由于具有声像空间分布感的特点,立体声声源来自各个不同方向,虽然也存在掩蔽效应,但较单声道的影响要小得多,因此具有较高的清晰度,同时立体声也可以减小噪声,提高信噪比。虽然立体声不能降低背景噪声,但当立体声重放时,这些背景噪声声像也被分散到空间的各个方位上去了。

3. 听觉定位机理

1) 双耳效应

人耳对声源的空间方位判断,主要依赖于人的双耳效应。利用"耳郭效应"单耳也有一定的空间位置判断能力,"耳郭效应"是对双耳效应的一个补充。人耳对方位的最小判断角为3°。

人的双耳位于头部的两侧,距离约为20cm,当声源不在两耳正前方的中轴线时,到达左耳右耳的距离不相同,声源到达双耳就会产生声级差、时间差和相位差,这种差异经双耳感知后传递给大脑进行分析加工,就可得到声源的方位判断。

研究表明,人类的耳朵长在头颅的两侧,它不仅在空间上有一定距离,而且受头颅阻隔,两耳听到的声音差异使得人们能够区分声源在空间的位置。

(1) 声音到达两耳的角度差。由于左耳右耳间具有一定距离,因此声音传到两耳的角度就会不同。

(2) 声音到达两耳的时间差。由于左右两耳之间存在距离,因此除了正前方和正后方来的声音外,由其他方向来的声音到达两耳的时间有先有后,从而产生时间差。声源如果越偏向一侧,时差就越大。实验表明,若人为形成两耳听音的时差,就可以产生声源偏向幻觉,当时差达到 0.6ms 左右时,就会感觉到声音完全来自于某一侧。

(3) 声音到达两耳的声级差。两耳相距虽然不远,但由于头颅对声音的阻隔作用,声音到达两耳的声压级差就可能不同,靠近声源一侧的声级较大而另一侧较小。实验表明,最大声级差可达到 25dB。

(4) 声音到达两耳的相位差。由于声音是以波的形式传播的,因此声音在空间不同位置上的相位是不同的。由于两耳在空间上存在距离,因此声波到达两耳时的相位就存在差别。耳朵鼓膜是按声波振动的,两耳鼓膜振动的相位差是判断声源方位的主要因素。实验表明,即使声音到达两耳时的声级、时间都相同,改变其相位人耳也能感觉到声源方位的差异。

(5) 声音到达两耳时的音色差。如果声波从右侧的某个方向传来,则要绕过头部才能到达左耳,波的绕射与波长/障碍物尺度之间的比例有关。人头的直径约为 20cm,相当于 1700Hz 声波在空气中的波长,因此人头对 1kHz 以上的声音分量有掩蔽作用。也就是说,同一个声音中的各个分量绕过头部的能力各不相同,频率越高的分量衰减越大,于是左耳听到的声音音色与右耳听到的音色就存在差异。只要声音不是从正前方来的,两耳听到的音色就会不同,这是人耳判别声源方位的又一因素。

(6) 直达声和连续的反射声群所产生的差异。声源发出的声音,除直达声直接到达双耳外,还会经过周围障碍物反射形成反射声群。因此直达声和反射声群的差别,也可提供声源的空间分布信息。

(7) 由耳郭造成的差别。耳郭是向前的,能区分前后声音;耳郭的结构、形状十分微妙,不同方向上传来的声音会在其中产生复杂的效应,也可以提供一定方位信息。

声级差、时间差、相位差对人的听觉定位影响最大。但在不同条件下其作用也是不同的,通常在声音的低、中频段,相位差的作用较大,在中、高频段以声级差的作用为主;对于突发声,则时间差的作用更显著;在垂直定位方面,耳郭的作用更突出。实际上双耳效应是综合性的,人类的听觉系统是根据综合效应来判断声源方位的。

2) 其他效应

人类的听觉系统除了响度、音色、方位等感觉外,还有许多其他效应。例如:

(1) 优先效应。当几个同一频率的声音从不同方向传入人耳的时间差小于 50ms 时,人耳不能明显判别出各声源的方位,而是哪个声音先传入人耳,便感觉全部声音就是从这个方向传来的,人耳这种先入为主的听觉效应称为优先效应。

(2) "鸡尾酒"效应。在鸡尾酒会中,人们可以根据自己的口味和喜爱选择所需的食品,同样人耳对不同的声源也有类似的选择功能,这是因为人的大脑能分辨出到达两耳的时间差、方位差,选择所需要的声音,这种能单独选取一个声音的现象称为"鸡尾酒"效应。

(3) 回声壁效应。由于声波在传输过程中的特殊反射作用,在某个声场中视觉看不到声源,而听觉能听到声音,这种现象称为回音壁效应。

(4) 多普勒效应。1843年多普勒发现:在声源和听者间发生距离相对减小运动时,所听到的声音比实际声源发出的声音频率升高;而两者间发生距离相对增大运动时,所听到的声音比实际声源发出的声音频率要低。这种现象叫做多普勒效应。

实验表明,当两个相同的声音(其中一个经过延时)先后到达双耳时,若延时时间在30ms之内,则人们感觉不到延时的声音存在,仅能感觉到音色和响度的变化。但如果延时时间超过60ms时,则听音者就会感到有两个声音。如果一个是原发声,另一个是反射声,则后者就是回声。

4.3 电声器件

4.3.1 传声器

传声器(microphone,MIC),是一种将声波转换成电信号的电声器件,作为音响系统的输入电声器件,其性能好坏直接关系到音响系统的声音质量,因此传声器是音响系统的一个非常关键的器件。

1. 传声器的分类

按是否有传输电缆,可分为有线传声器和无线传声器。按能量来源,可分为有源传声器和无源传声器。按声场作用力,可分为压强式、压差式、复合式、抛物线反射镜式和力区式。按指向性,可分为单项式、全指向式和可变指向式。按结构和信号的不同,传声器一般可分为动圈式、晶体式、炭粒式、铝带式和电容式等,目前使用最广泛的是动圈式传声器和电容式传声器,前者耐用、便宜,后者价高易损坏,但电声特性优良。

2. 电容式传声器

通常,电容式传声器(condenser microphone)有直流极化式和驻极体式两种。与动圈式传声器不同,它的振膜本身是换能结构的主要部分。由于振膜又薄又轻,使电容式传声器具有优良的频率特性和瞬态特性,而且振动噪声低。从性能指标上看,电容式传声器是电声特性中最好的一种传声器,在很宽的频率范围内具有平直的响应曲线,输出信号质量高,失真小,瞬态响应好,在广播电台、电视台、电视制片厂和要求高的厅堂扩音及专业录音中得到了广泛使用。

电容式传声器是一种依靠电容量变化来实现换能作用的传声器,它主要由极头、前置放大器、极化电源等组成。电容传声器的极头,实际上是一只平板电容器,只不过其中的一个电极是固定的,另一个是可动的。通常两个电极相隔很近,可动电极就是极薄的振膜。当声波到来时,振膜便会产生相应振动,从而改变电容器两极板间的电压,当声波使其容量发生变化时,电容上的电荷发生变化,电荷量随时间的变化形成交变电流,在负载电阻上产生一个对应变化的交流输出电压。但该电路输出阻抗很高,不能直接输出,否则信号电压非常微弱,且极易受到干扰。因此,需要采用前置放大器(也称为预放大器)进行阻抗变换,将高阻变换成低阻输出。

3. 动圈式传声器

动圈式传声器也称为电动式传声器(dynamic microphone),它是根据电磁原理制成的,当传声器感受到声波时,处在磁场中的线圈运动产生电动势,从而把声波变为电信号。动圈式传声器广泛用于家庭和歌舞厅等场所,既适于人声演唱,也适于大多数的乐器扩声,是目前使用最多的传声器。

动圈式传声器的主要特点是使用简单方便。与电容式传声器相比,它不需要前置放大器,没有极化电压,因而也就不需要馈送电源,牢固可靠,寿命长,性能稳定,价格便宜,但噪音性能、瞬态响应和高频特性不及电容式传声器。

4. 无线传声器

无线传声器安装有小型发射机,无线传声器不仅可自由行动(当然有一定的范围),而且方位不受限制,因此它在广播电视、录音、音乐会、文艺演出、会议发言和课堂教学中得到广泛的应用。

无线传声器主要由传声器、发射器和接收器组成。传声器将声波变成电信号,加到发射器去调制射频信号(载波)以电磁波的形式从天线发射出去,接收机接收并解调出原来的声频电信号,其基本原理如图 4-2 所示。

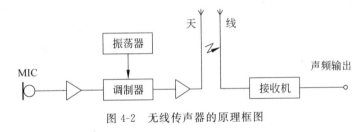

图 4-2 无线传声器的原理框图

5. 数字传声器

所谓数字传声器,是指将模拟传声器得到的模拟声频信号经过 A/D 转换得到数字声频信号后,再送给数字传输电路,如图 4-3 所示。

图 4-3 数字传声器的原理框图

4.3.2 扬声器

扬声器(俗称喇叭)是将音频电信号转换成声信号并向周围媒质辐射的电声换能器件,扬声器可包含两层含义:一个是指扬声器单元,另一个是指扬声器系统。

1. 扬声器分类

扬声器按工作原理可分为电动式、静电式、电磁式和离子式等。按其工作频段可分为低频(音)扬声器、中频(音)扬声器和高频(音)扬声器,其中电动式扬声器应用最广。按结构可分为纸盘式、球顶式和号筒式。纸盘式扬声器的发声振膜一般是纸质圆锥形,通常作为音响系统的低频或中频音单元。球顶式的振膜呈球顶型,重放频带宽,高频特性好,但效率较低,通常作为音响系统的高频和中频单元。号筒式通过号筒向空间介质辐射声波,效率较高,但重放频带宽较窄,通常作为音响系统放音的高频单元。

电动式扬声器又可分为纸盘扬声器和号筒扬声器。纸盘扬声器的口径为20～500mm不等，有效频率范围约在20Hz～16kHz，额定功率在0.05～100W之间，频响较宽，但发声效率较低，约为0.5%～8%；号筒扬声器的额定功率在5～50W之间，发声效率可达5%～25%。其中折叠式号筒扬声器的高频响应较差，高频号筒式扬声器的高频响应较好，可达15kHz以上，但这种扬声器不适合于800Hz以下的低频声音，如输入低频信号时，将因振幅过大而损坏扬声器，因此高频号筒扬声器不能单独使用，必须通过分频器与低频扬声器联用。

2. 耳机

耳机(earphone或headphone)与扬声器的功能一样，都是用来重放声音的。扬声器是在空间形成声场重放声音，耳机则是将小型电声换能器通过耳垫与人耳直接耦合来重放声音，广泛应用于随身听（磁带或CD）、个人高保真音响(Hi-Fi)系统及同声传译音响系统中。耳机有如下特点：

(1) 所需的激励功率很小，一般只有几十至几百毫瓦。因此，电声换能器可以使用效率很低但音质良好的静电式、驻极体式、压电式、电动式等，使用最多的仍是电动式。

(2) 由于耳机直接与人耳耦合，能很好地保持两声道间原有的声级差、相位差、时间差和音色差，可得到很好的立体声效果。

(3) 耳机基本上不受听音环境（噪声）的影响，也不影响其周围环境。

(4) 耳机的频率响应宽，谐波失真小，高质量的立体声耳机的频响可达10～30kHz，谐波失真可达0.02%以下，瞬态响应好。

(5) 耳机体积小，重量轻，价格相对便宜，使用方便，耗电也小。

(6) 立体声声像自然感不及扬声器放声系统。

(7) 耳机对人的头部有压迫感，感觉不那么舒服。

(8) 听音者不易感觉周围的声音。

耳机可以分为封闭式、开放式、半开放式和耳塞式四种。目前高档耳机多采用低频谐振管配以高级材料制作的振膜强力磁路以及无损耗导线等，使低频厚重有力，高频纤细流畅，音质可达到高保真音响(Hi-Fi)的要求。

4.3.3 音频放大器

放大器(amplifier)是音响系统中的重要设备之一，主要作用是将微弱音频信号加以放大后送至各用户设备，从而驱动扬声器发声。由于放大器的输入、输出都是电信号，技术比较成熟，其组成如图4-4所示。

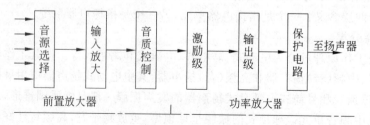

图4-4 音频放大器组成

根据在音响系统中所处的位置和分工的不同,放大器可分为前置放大器和功率放大器两大类。前置放大器的主要作用是把各种信号源(传声器、唱机、CD 唱机等)输入的信号进行选择和放大,这种放大器是对微弱音频信号进行初步放大,使输出信号能满足功率放大器对输入电平的要求,并提供各种控制功能(如均衡控制、音量控制、响度控制、平衡控制、音调控制和带宽控制等)。前置放大器的输出电平一般为 0dB(即 0.755V,或略高一些),只能驱动耳机放声,因此必须经过功率放大器进一步放大才能驱动扬声器发出洪亮的声音。功率放大器的主要作用是将来自前置放大器(在专业音响系统中则来自调音台)的信号进行功率放大,并驱动扬声器发音。功率放大器的输出功率可从几瓦到几千瓦,功率放大器的输出形式有固定电阻式输出和固定电压式输出两种。

4.4 音质评价

4.4.1 客观评价与主观评价

声音质量评价包括客观技术测量(客观评价)与主观听音评价。客观技术测量就是利用相关仪器来测量已规范的相关技术参数;音质的主观评价,就是通过人耳的听音感觉,对声音质量作出评价。

对声音进行音质评价时,仅仅依靠客观测量的技术指标来衡量音质的优劣是远远不够的。通常需要采取主观评价与客观评价相结合的方法。在某种意义上来说,主观评价更为重要。因为声音最终是给人听的,因此主观评价是对音质的最终评价。然而,影响人耳听音优劣的因素很多,不仅有节目质量,还包括声音传输系统的指标,以及人的生理—心理特性。人们对声音的感受是一个复杂的生理—心理过程,受民族、地区、时代、文化程度等诸多因素影响。

声音质量评价包括三个方面的内容:一是对电声设备在传输和处理声音信号的过程中质量变化进行评价;二是对声音节目(如碟片、音带、广播剧及电视节目等)的声音质量进行评价;三是对声音工作环境的音质效果进行评价。在进行音质评价时,主要从以下几方面来讨论:

(1) 确定统一的主观评价用语(即音质评价术语)。
(2) 构建合适的声场环境。
(3) 采用高指标的放声系统及设备。
(4) 运用科学的统计方法,组织专业的人员队伍。
(5) 选择典型的节目源。

4.4.2 主观评价的基本方法

1. 组成专业评定小组

进行主观评价需组成评定小组,评定小组成员的确定既要注意性别的比例,又要考虑年龄层次(通常年轻人听力优于年老者)。还应包含录音工作者、调音技术人员、乐队指挥及演员等,应具有一定音乐素养及音乐理解力、高保真及临场听音的经验。

此外,评定人员的双耳对 1kHz 单频信号,应能感知约 3dB 声压级差和 1% 的音调变化,且具有准确判断声像位置的能力。对厅堂音质的主观评价,评定人员的审听位置应分布在厅堂的各个区域。

2. 评价项目

音乐或戏曲节目的评定项目有清晰度、平衡度、丰满度、圆润度、明亮度、真实度、柔和度以及总体音质和立体声效果。语音节目的评定项目有清晰度、丰满度、圆润度、明亮度、真实度、平衡度以及立体声效果。

3. 评分方法

评分方法有成对比较法、记分法和等级法。

成对比较法要求评定人员对呈现的两个信号作出相对判断,这也是心理学上常用的方法。优点是判断准确,重复性好,但对声音节目质量进行评价时,因为各个节目不同,无法相互比较或与参考节目进行比较,故无法采用成对比较法。

记分法要求直接进行数字评判,由于利用细节记忆的评判过程很复杂,故更为困难。

等级法要求用评价术语进行判断,它建立在听音人对术语和定级标准的理解和统计的基础上,但事实上对术语和标准的理解因人而异,即使同一人,对音质印象的记忆也很难持久。但该方法可在短时间内获得大量数据。因此一般采用等级法。

采用等级法进行评价,通常设五个等级。

(1) 5 分(优)质量良好,十分满意。
(2) 4 分(良)质量好,比较满意。
(3) 3 分(中)质量一般,尚可接受。
(4) 2 分(差)质量差,勉强能听。
(5) 1 分(劣)质量低劣,无法忍受。

4. 数据处理

按表 4-2 和表 4-3 内容填写评价结果统计表。统计计算后,得出综合性评价结论。

表 4-2 评价结果统计表(一)

评价项目		评语单项总分	评语单项平均分	标准偏差	总项平均	计权百分率	计权分数
音质评语总项	清晰					50%	
	平衡						
	丰满						
	圆滑						
	明亮						
	柔和						
	真实						
立体声效果						20%	
总体音质						30%	
计权总分			应扣分数		实得分数		

表 4-3 评价结果统计表(二)

评价项目	评语单项总分	评语单项平均分	标准偏差	总平均分
清晰				
丰满				
圆滑				
明亮				
真实				
平衡				
应扣分数			实得分数	

4.5 音频节目源

4.5.1 概述

1. 记录声音的主要方法

目前记录声音的主要方法有机械录音、磁性录音和光学录音等,各种录音方法的主要技术指标见表 4-4 所示。

表 4-4 各种录音方法的比较

录音方法	技术表标	频率特性/Hz	谐波失真/%	信噪比/dB
机械录音	电唱片	100~7000	3	45~50
	激光唱片	20~20 000	0.05~1	55~65
磁性录音	专业用	20~20 000	1~2	50~65
	家用	50~10 000	3	45~50
光学录音		40~15 000	3	50~55

2. 常用的声源设备

目前音响系统常用的声源设备有传声器、调谐器(收音头)、电唱机、CD 唱机、磁光盘录音机(MD)、磁带录音机(DCC)、硬盘录音机(HDR)和数字音频工作站(DAW)等。另外还有音视频信号源设备,如磁带录像机、摄像机、LD、VCD、DVD 以及数字录像机、数字电视机等也属于音像节目源。

4.5.2 调谐器

调谐器(也称为收音头)是用来接收调幅和调频广播信号的设备,常分为调幅/调频(AM/FM)调谐器,属于接收调幅和调频广播信号的节目源,使用它既方便又经济,而且能聆听到很多广播节目。目前,调幅广播电台多,播音时间长,虽然够不上高保真节目源,但可提供大量各种各样的信息，可供收听。调频广播(特别是调频立体声广播)质量较高，内容丰富，可以说是取之不尽用之不竭的高保真节目源。

4.5.3 电唱机

在光盘等记录媒体诞生前，唱片是家庭放音的主要节目源，许多历史珍贵作品都是以唱片形式保存下来的。唱片是把机械振动的声波，直接刻录下来，因此称之为机械录音。电唱盘配上放大器和扬声器即可组成唱片重放系统。

4.5.4 模拟磁带录音机

磁带录音机的工作原理是声电转换和电磁转换。它能将声音信号变成音频电信号，再产生磁场把它们记录在磁带上，并根据需要可以随时通过磁电转换和电声转换重放声音。录制在磁带上的声音信号可保存比较长的时间，不需要时还可抹掉重新录制新的声音信号，可反复使用。

与电唱机、CD、VCD、DVD等相比，模拟式磁带录音机综合电声指标较差，噪声大，高频特性不理想，操作也不方便(特别是选曲困难)，磁带难保存，寿命短。但它有无法替代的优点，如方便自行录制或复制节目，并能重复使用，因此，磁带录音机仍是广播音响系统常配的基本节目源之一。

4.5.5 CD唱机

CD是compact disc的缩写(意为小型唱片)，也称为激光唱机或镭射唱机。CD唱机的各项指标都明显优于模拟式电唱机和磁带录音机，尤其是信噪比、动态范围和立体声分离度三项指标都在90dB以上(常称为"3个90dB")。而且CD经过多次重放或转录，其声音质量不会劣化。另外，由于CD唱机放音时采用激光读取CD内容，没有直接的机械接触，因此从理论上讲CD是永不磨损的。CD唱机可采用数字技术(如大规模电路集成)，从而使整机性能非常稳定，可靠性高，体积小巧。

4.5.6 数字磁带录音机

数字磁带录音机(digital audio tape, DAT)，它采用脉冲编码调制(PCM)录制方式，由模/数(A/D)转换器、数/模(D/A)转换器、数据记录装置等组成，输入、输出既可以是模拟信号，也可以是数字信号。

DAT的动态范围宽(超过96dB)，信噪比高，没有磁带自滞现象，没有调制噪声；可以纠错和补偿，抖动小，在5~22 000Hz范围内频响相当平滑。

常见的DAT数字式录音机有两种类型：旋转磁头方式(rotary head-DAT, R-DAT)和固定磁头方式(stationary head-DAT, S-DAT)。

4.5.7 MP3

MP3是MPEG-1 Layer3的缩写，是一种音频压缩与解压缩方式，用来处理高压缩比率的声音信息。它所生成的声音文件音质接近CD，而文件大小却只有CD的1/12。

4.5.8 磁光碟

1991年日本索尼（SONY）公司推出了一种称为"新时代小型音响系统"的数字音频产品，称为Mini Disc系统（简称MD）。它包括MD唱片和MD唱机两部分。MD系统是在CD系统的基础上发展起来的，它不仅能放音还能录音，并且具有极好的抗震性能。

MD系统是集磁、光、电、机于一体的高科技产品，它既有CD唱片的优点（如节目可长期保存），又具有磁带的易录写特性。

4.5.9 数码录音笔

数码录音笔是一种新型的数字录音器，造型如笔，携带方便，同时拥有多种功能，如激光笔功能、MP3播放等。与传统录音机相比，数码录音笔是通过数字存储的方式来记录音频的。

数码录音笔记录是通过对模拟信号的采样、量化和编码，将模拟信号变为数字信号，并进行一定的压缩后进行储存，通常存储载体为集成芯片。

4.5.10 激光视唱机

1. LD

激光视唱机（laser disc，LD即激光唱片）也称激光视盘或镭射视盘。由于LD机既能播放出声音，又能播放出图像，因此称之为激光视唱机，俗称激光影碟机或简称影碟机。

2. VCD

VCD（video compact disc，即视频小光盘）也称为CD视盘（或小影碟）。VCD使用MPEG-1标准对数字视频、音频进行压缩，然后记录在12cm的小型光盘上。一张普通的光盘可记录长达74min的活动图像及高质量的立体声，图像质量相当于VHS录像机水平，声音音质与CD相当。VCD可用来记录卡拉OK音乐、故事片、卡通片、风光片及教育片。它有1.1、2.0、3.0等三种版本。

3. DVD

DVD（digital video disc，数字视盘）是新一代视音频记录媒体，它采用MPEG-2标准。MPEG-2的传送速率比MPEG-1高，视频和音频质量好。DVD作为一种高品质的数字视盘，是当今音像的主流技术。

习 题 4

4-1 简述要听到声音必须具备的基本条件。
4-2 简述声音的主要传播方式及其特点。
4-3 简述人耳的组成和各部分的主要功能。
4-4 简述人耳立体声的听觉机理。
4-5 画出无线传声器的原理框图，简述各部分的主要功能。

第 5 章 数字音频处理

5.1 数字音频技术

5.1.1 音频信号数字化

1. 原理

信号的数字化就是将连续的模拟信号转换成离散的数字信号,一般包括抽样、量化和编码三个步骤,如图 5-1 所示。抽样是指用每隔一定时间间隔的信号样值序列来代替原来在时间上连续的信号。量化是用有限个幅度来近似表示原来在时间上连续变化的幅度值,将模拟信号的连续幅度变为有限数量、有一定时间间隔的离散值。编码则是按照一定的编码规则将量化后的离散值用二进制数码表示。数字化过程称为脉冲编码调制(pulse code modulation,PCM),通常由 A/D 转换器来实现。

图 5-1 音频信号数字化

数字音频信号经过处理、记录或传输后,当需要重现声音时,还必须还原为连续变化的模拟音频信号,将数字信号转换成模拟信号称为 D/A 变换。数字音频的质量取决于抽样频率和量化位数。抽样频率越高,量化位数越多,数字音频的质量就越高。

2. 音频信号抽样

抽样就是将一个时间上连续变化的模拟信号变为样本序列(抽样值序列),来取代该连续变化的模拟信号。对于时间和幅值都连续的模拟音频信号 $x(t)$,抽样的过程就是在时间上将 $x(t)$ 离散化的过程。通常抽样是按均匀时间间隔进行的。设该时间间隔为 T,则抽样后的信号为 $x(nT)$,n 为整数。

根据奈奎斯特抽样定理,如果要从抽样值序列完全恢复原始模拟信号的波形,抽样频率必须大于或等于原始信号最高频率的 2 倍。设连续信号 $x(t)$ 的频谱为 $X(f)$,以抽样间隔时间 T 抽样得到离散信号 $X(nT)$,如果满足 $|f| \leqslant f_H$ 时,其中 f_H 是信号的最高频率,即当 $T \leqslant 1/2f_H$ 时,则可以由 $X(nT)$ 完全确定(恢复)连续信号 $x(t)$。

当抽样频率为 $1/2T$ 时,称为奈奎斯特抽样频率。在实际应用中,为了防止出现抽样频谱混叠,通常抽样频率 f_s 大于信号最高频率 f_H 的 2.2 倍。

3. 音频量化

抽样将模拟信号变成了时间上离散的样值序列,但每个样值的幅度仍然是一个连续的模拟量,因此还必须对其进行离散化处理,将其转换为有限个离散值,才能用数码表示其幅值。量化过程是将抽样值在幅度上再进行离散化处理的过程。将抽样值可能出现的范围被划分成有限个量化阶的集合,把凡是落入某个量化阶内的抽样值都赋予相同的值,即量化值。通常该量化值用二进制来表示,用 N 位二进制码字可以表示 2^N 个不同的量化电平。

存储数字音频信号的比特率为 Nf_s，其中 f_s 为抽样频率，N 是每个抽样值的比特数。表示抽样值的二进制位数为量化位数，它反映了抽样值的精度，如 3 位能表示抽样值的 8 个等级，8 位能表示 256 个等级。量化位数越多，量化值越接近于抽样值，其精度越高，但要求存储的数据量就越大。

在 f_s 已经确定的情况下，要减小比特率，只能减少 N 的值，N 值减小会导致量化的精度降低；而 N 值的增加，却会导致数据存储量的增大。因此，编码时就需要合理地选择 N 的值。

均匀量化也称为线性量化，它采用相等的量化间隔对信号进行量化。用均匀量化来量化输入信号时，无论是大信号还是小信号都采用相同的量化间隔。

非均匀量化的基本思想是对大信号采用大量化间隔，小信号采用小量化间隔，这样就可以在满足精度要求的情况下使用较少的位数来表示。

采用的量化方法不同，量化后的数据量也就不同。因此，说量化也是一种数据压缩方法。

4. 音频编码

抽样、量化后的信号还不是数字信号，需要把它转换成数字脉冲，该过程称为编码。最简单的编码方式是二进制编码。具体而言，就是用二进制编码来表示已经量化的样值，每个二进制数对应一个量化电平，然后把它们排列，得到由二值脉冲串组成的数字信息流。用这样方式组成的二值脉冲的频率等于抽样频率与量化比特数的乘积，称为数字信号的数码率。抽样频率越高，量化比特数越大，数码率就越高，所需要的传输带宽就越宽。

5.1.2 数字音频格式

1. WAV

WAV 格式是微软（Microsoft）公司开发的一种声音文件格式，也是最早的数字音频格式之一，广泛应用于 Windows 平台及其应用程序。WAV 格式支持许多压缩算法，支持多种音频位数、抽样频率和声道。采用 44.1kHz 抽样频率、16 位量化位数的 WAV 音质与 CD 相差无几。但 WAV 格式对存储空间需求太大，不便于交流和传播。

2. MIDI

MIDI（Musical Instrument Digital Interface）称为乐器数字接口，是数字音乐/电子合成乐器的国际标准。它定义了计算机音乐程序、数字合成器及其电子设备交换音乐信号的方式，可模拟多种乐器的声音。

3. CD

CD 音频文件的扩展名为 CDA，取样频率为 44.1kHz，采用 16 位量化位数。CD 存储采用了音轨形式，也称为"红皮书"格式，记录的是波形流，是一种近似无损编码的格式。

4. MP3

MP3 的全称是 MPEG-1 Audio a Layer 3，1992 年合并到 MPEG 规范。MP3 能够以高音质、低取样率对数字音频文件进行压缩。

5. MP3 Pro

MP3 Pro 由瑞典 Coding 科技公司开发，采用了来自于 Coding 科技公司所特有的解码技术。MP3 Pro 能在基本不改变文件大小的情况下改善 MP3 音乐音质，最大限度地保持压缩前的音质。

6. WMA

WMA(Windows Media Audio)由微软公司开发,以适应互联网音频、视频的快速发展。WMA 格式是以减少数据流量但保持音质的目标来达到更高压缩率的,其压缩率一般可以达到 1∶18。此外,WMA 还可以通过 DRM(Digital Rights Management)来防止拷贝,或限制播放时间和播放次数,甚至对播放机进行限制,从而防止盗版、保护知识产权。

7. MP4

MP4 美国网络科技公司(GMO)及 RIAA 联合公布的一种新的音乐格式,它采用美国电话电报公司(AT & T)的 a2b 音频压缩技术。a2b 是一种高效的"知觉编码"方法。由于 MP4 文件中采用了保护版权的编码技术,只有特定的用户才可以播放,从而有效地保证了音乐版权的合法性。另外 MP4 的压缩比可达到了 1∶15,体积较 MP3 更小,但音质却没有下降。不过由于只有特定的用户才能播放这种文件,因此其流行远没有 MP3 那样广泛。

8. SACD

SACD 由索尼(SONY)公司开发,其抽样频率为 CD 格式的 64 倍(即 28 224MHz)。SACD 重放频率宽带达 100kHz(为 CD 格式的 5 倍),24 位量化位数,其性能远远超过 CD,声音的细节表现更为丰富、清晰。

9. QuickTime

QuickTime 由苹果公司开发,从某种意义上 QuickTime 是一种数字流媒体平台,具有音视频编辑、Web 网站创建和媒体技术支持等功能,几乎支持所有主流的个人计算机平台,可以通过互联网提供实时数字音视频流、工作流与文件回放功能。QuickTime 版本有 1.0、2.0、4.0、5.0、6.0 及 7.0,特别是在 5.0 版本之后,还融合了支持最高 A/V 播放质量的播放器等多项新技术。

10. VQF

VQF 格式由 YAMAHA 和 Nippon Telegraph and Telephone (NTT)共同开发的一种音频压缩技术,其压缩率能达到 1∶18,因此在相同的情况下压缩后的 VQF 文件比 MP3 小 30%~50%,更便利于网上传播,同时音质极佳(接近 CD 的音质,即 16 位 44.1kHz 立体声)。但因 VQF 未公开技术标准,所以至今还不流行。

11. DVD Audio

DVD Audio 是新一代高品质的数字音频格式,取样频率可选择 48kHz/96.48kHz/1924.8kHz 和 44.148kHz/88.248kHz/176.448kHz,量化位数可以是 16、20、24。

12. RealAudio

RealAudio 由 Real Networks 公司开发,最大的特点是能实时传输音频信息,特别是在网速较慢的情况下,它仍然能较为流畅地传送数据,因此 RealAudio 主要适用于网络在线播放。RealAudio 文件格式主要有 RA(Real Audio)、RM(Real Media)、RMX(Real Audio Secured)三种。其共性在于可随网络带宽的不同而改变声音的质量,带宽较宽的听众能获得更好的音质。

5.1.3 数字音频接口

1. AES/EBU

AES/EBU 是美国和欧洲录音师协会制定的一种高级专业数字音频数据格式。目前主要用于高级专业音响设备,如专业 DAT、大型数字调音台、专业音频工作站等。

2. S/PDIF

S/PDIF 是 SONY 和 PHILIPS 公司制定的一种音频数据格式,主要用于家用和普通专业领域,插口硬件使用的是光缆接口或同轴电缆接口。目前 DAT、CD 机、MD 机和计算机声卡音频数字输入输出接口都普遍采用 A/PDIF 格式。

3. ADAT

ADAT 是美国 ALRSTS 公司开发的一种数字音频信号格式,主要用于该公司的 ADAT 8 轨机。该格式使用一条光缆传送 8 个声道的数字音频信号。由于连接方便、稳定可靠,现在已经成为一种事实上的多声道数字音频接口,例如 FRONTIER 公司的系列产品都采用 ADAT 接口。

4. TDIF

TDIF 是日本 TASCAM 公司开发的一种多声道数字音频格式,使用 25 针类串行线缆来传送 8 声道数字音频信号。目前 TDIF 的应用很少。

5. R-BUS

R-BUS 是 ROLAND 公司推出的一种 8 声道数字音频格式,也称为 RMDBⅡ。其插口和线缆与 TDIF 相同,传输的也是 8 声道数字音频信号,但它有两个新增的功能:(1)R-BUS 端口可以供电,小型音频设备可以不用插电;(2)除传送数字音频信号外,还可同时传送控制和同步信号。

5.1.4 数字音频存储

1. SCSI(Small Computer System Interface)硬盘

SCSI 硬盘接口具有读写速度快、数据缓存大、寻道时间短、CPU 占用率低、拥有自己独立的 I/O 加速器等特性,这使得 SCSI 硬盘一直是专业音频制作系统的首选存储设备。

2. IDE 磁盘阵列

由于 SCSI 硬盘价格昂贵,音频工作站也可以采用 IDE 磁盘阵列作为存储设备。所谓磁盘阵列就是利用多个硬盘来提高存储速度,并通过 RAID 纠错技术将硬盘发生故障的概率降到最低。为了防止数据意外丢失,RAID 采用了镜像技术(即在 2 个或多个硬盘驱动器上存储数据的多个拷贝);为了保证数据的可靠性,RAID 采用了奇偶校验技术;为了提高数据传输性能,RAID 采用了延展技术(即进行并行处理,把数据分布到阵列的所有驱动器上)。目前在中低端的音频制作领域,IDE 的磁盘阵列具有较强的竞争力。

3. 刻录光盘(CD-R)

CD-R 光盘是在塑料底板上涂一层感光染料,利用强弱不同的激光来记录数据。强的激光会使染料融化分解,并在塑料底板上留下一个凹洞,使反射率降低,而弱的激光不会使染料层融化分解,因此仍维持较高的反射率,CD-R 盘就是利用高低反射率的差异来记录数据的。根据所采用的感光染料,CD-R 光盘分为金盘、绿盘和蓝盘。通常,CD-R 金盘的使用寿命最长,可超过 100 年,适用于长期可靠保存数据。而 CD-R 标准是基于绿盘制定的,具有较低的写入光功率和较宽的光功率范围,可降低对刻录机写入激光功率的要求,提高刻录机的兼容性。

(1)绿盘,是最早使用的 CD-R 光盘,它采用日本太阳邮电公司发明的花青染料。由于

CD-R 标准是基于花青染料的，根据记录灵敏度、记录阈值和反射率等特性制定，所有的刻录机均按照橙皮书规格进行设计生产，因此绿盘对各种刻录机具有较强的兼容性。

由于绿盘使用的是花青染料，记录灵敏度很高，各种刻录机都能在记录层快速形成可靠的信息凹坑。但问题是绿盘对强光比较敏感，例如在夏日中午阳光的曝晒下，花青染料会发生物理及化学变化而使光盘报废。为了降低绿盘对强光的敏感性，一些 CD-R 绿盘生产厂家，在花青染料中加入了不易感光的材料，结果使花青染料的颜色变淡，盘的颜色与金盘接近，这种 CD-R 光盘也称为金绿盘。

（2）金盘，为了克服花青染料对强光的敏感，三井公司又开发出了酞花青染料。酞花青染料呈淡黄色，光盘的记录面呈黄金色，故称为金盘。酞花青染料具有较高的稳定性，对室内外强光均不敏感。但金盘的写入激光功率要求较高（6.5 ± 0.5 mW），而绿盘的写入激光功率要求为 5.5 ± 1.0 mW。

（3）蓝盘，为了降低 CD-R 绿盘和金盘的成本，三菱化学公司开发了 AZO 有机染料，并使用成本较低的银作反射层材料。AZO 为深蓝色，与反射层的银白色混合后，使 CD-R 光盘的记录面呈蓝色，故称为蓝盘。

4. 可擦写光盘（CD-RW）

CD-RW 是 Ricoh（理光）、Philips（菲利普）、Sony（索尼）、Yamaha（雅马哈）、Hewlett-Packard 以及 Mitsubishi 公司推出的 CD-RW 格式标准。

CD-RW 与 CD-R 盘片完全兼容，CD-RW 光盘的刻录方式与 CD-R 光盘也相同，区别在于可擦除并能多次重写刻录。CD-RW 盘既可做软盘，也可以进行文件复制、删除等操作，方便灵活。

5.2 数字音频编码

5.2.1 音频压缩编码的必要性

尽管数字音频没有数字视频的数据量那么大，但考虑到传输效率和存储容量，音频数据压缩仍然是非常重要的。

音频的质量与音频的频率范围密切相关，表 5-1 给出了声音质量等级的划分。

表 5-1 声音质量等级的划分

质 量	频率范围/Hz	典型取样频率/kHz	常用压缩标准
CD-DA	10～20 000	44.1，48	MPEG
调频（FM）广播	30～15 000	32	MPEG
调幅（AM）广播	50～7000	16	G722
电话	300～3400	8	G711、G721

显然，音频的频率范围越宽，声音质量就越高，要求的取样频率和量化精度也就越高，数据率（或数据量）就越大。例如，G711 建议规定的电话 PCM 编码方法，电话信号的频率范围为 300～3400Hz，抽样频率为 8kHz，每一取样值按 A 律压扩编码成 8 位，数据率为 64kb/

s。调频(FM)广播的频率范围为 30～15 000Hz,声音质量比电话质量要好得多,抽样频率为 32kHz,如果每一取样值编码成 16 位,则数据率为 512kb/s。

5.2.2 数字音频编码的基本方法

数字音频编码可分为有损编码和无损编码,如图 5-2 所示。无损编码又可分为熵编码(如霍夫曼编码)和游程编码等;有损编码可分为波形编码、参数编码和混合编码等。波形编码的特点是尽量保持输入音频信号的波形不变,主要用于高质量的音频编码;参数编码要求重建的音频信号听起来与输入音频一样,但其波形可以不同,主要用于低速音频编码;混合编码综合了波形编码的高质量和音频编码的高效率,主要用于中高质量的音频编码。

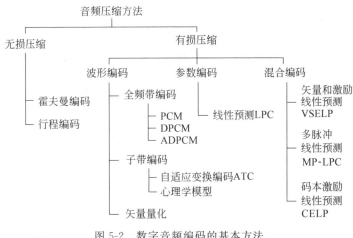

图 5-2 数字音频编码的基本方法

5.2.3 数字音频编码的基本原理

数字音频数据压缩的基本依据是音频信号的冗余度和人类的听觉感知机理。信息论表明,信息冗余是数据压缩的基础。音频信号分析表明,音频信号中存在着很多冗余。人类听觉特性(例如听觉掩蔽效应)也可以用于音频信号压缩。音频压缩可利用的人类听觉特性主要有:

(1) 掩蔽特性,听觉的掩蔽特性是指一定频率范围内的两个相邻声音信号,其中一个声音信号的声压级远大于另一个声音信号,则听觉觉察不到弱音的存在。听觉掩蔽效应反映了人耳对声音的一种主观感觉,可分为频谱掩蔽和时间掩蔽。频谱掩蔽是指当几个强弱不同的声音同时出现时,强声掩盖了弱声。时间掩蔽是指多个声音先后发生时,由于大脑处理音频信息的延迟性,强声使其先后的弱声难以听见。

(2) 频率特性,人耳对不同频率的声音敏感程度不同,即使是相同声压级的声音,人耳实际感觉到的声强也是随频率而变化的。

(3) 相位特性,人耳对音频信号的相位变化不敏感,人耳听不到或感知极不灵敏的声音分量就是冗余信息。

5.2.4 常用的音频编码方法

1. 变换编码

变换编码先将时域音频信号变换到频域,然后在频域进行压缩编码。常用的变换方法是离散傅里叶变换(DFT)或改进的离散余弦变换(Modified Discrete Cosine Transform, MDCT)。根据心理声学模型对变换系数进行量化和编码。例如 MP3 系统就是采用 MDCT 编码。

2. 子带编码

子带编码 SBC(Sub-Band Coding)是一种将时间域和频率域编码组合的编码技术。输入音频信号通过带通滤波器组分成多个频带子带,通过分析每个子带的频谱特性,利用心理声学模型来编码。

子带编码的基本思想是采用带通滤波器先将输入信号分割成 n 个不同的频带分量(子带),然后分别对每个子带进行抽样、量化和编码。子带编码也是一种频域编码,即将信号分解成不同频带分量以去除音频信号的相关性,从而得到一组互不相关的信号,如图 5-3 所示。

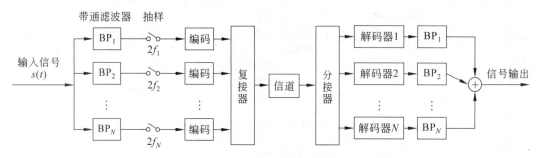

图 5-3 子带编码原理

3. 联合立体声编码

立体声信号的数据量至少是单声道数据量的 2 倍,联合立体声编码(Joint Stereo Coding)是一种空间编码技术,利用了多声道间的信息冗余来压缩数据,其目的是去掉空间的冗余信息。

1) M/S 编码

由于 M/S 编码使用矩阵运算,因此也称为矩阵立体声编码(Matrixed Stereo Coding)。M/S 编码不传送左右声道信号,而是使用和信号(L+R)与差信号(L−R),L+R 用于 M(Middle)声道,L−R 用于 S(Side)声道,因此 M/S 编码也称为和-差编码(Sum-difference Coding)。

2) 声强立体声(IS)编码

声强立体声编码(Intensity Stereo Coding)也称为声道耦合编码(Channel Coupling Coding),解决声道间的不相关性问题。在相同的码率下,声强立体声编码可显著提高声音的质量(或在相同音质的情况下降低码率,通常可节省约 10~30kb/s 的码率)。

5.2.5 MPEG-1 音频标准

1. 简介

MPEG-1 音频压缩标准按编码器的复杂程度和压缩比分别制定了 3 个编码层次 (Layer)，简称层次Ⅰ、层次Ⅱ和层次Ⅲ。其中层次Ⅰ是掩蔽型自适应子带编码和复用 (MUSICAM) 编码方案，适用于家庭数字磁带录音、CD-DA 光盘等。自适应比特分配采用心理声学模型Ⅰ，子带系数的量化精度为 4b，比例因子为 6b，单声道编码速率为 192kb/s，立体声编码速率为 384kb/s。

层次Ⅱ是层次Ⅰ的发展，在比例因子、去除冗余和不相关等方面改进了压缩算法，并使用更精细的量化。除帧头外，复用与 MUSICAM 几乎相同。层次Ⅱ在声音广播、电视、录音、通信、多媒体和音频专业领域等领域中得到了广泛的应用。自适应比特分配同样采用心理声学模型Ⅰ，子带系数的量化精度可选用 4b(低频段)、3b(中间频段)和 2b(高频段)，比例因子为 6b；每声道码率为 32~192kb/s，高保真度质量时每声道码率为 128kb/s(立体声为 256kb/s)。

层次Ⅲ综合了 MUSICAM 算法及 ASPEC(Adaptive Spectral Perceptual Entropy Coding，自适应频谱心理声学熵编码)算法的优点，采用掩蔽型编码算法、混合带通滤波器来提高频率分辨率，增加了非均匀量化及自适应分段和量化值熵编码技术，提高了编码效率；采用霍夫曼编码及基于 DCT 的信号分析代替了使用在层次Ⅰ及层次Ⅱ中的子带编码。在相同的声音质量下，层次Ⅲ的压缩率是层次Ⅱ的 2 倍，高保真度质量时每通道只有 64kb/s 的码率(立体声 128kb/s)。层次Ⅲ主要应用在低比特率的音频应用。

MPEG-1 音频编码的特点是：3 个编码层次只涉及单声道和立体声；层次越高编码越复杂度，压缩比越大，音质越好；压缩方式向下兼容，即层次Ⅲ解码器可以解码层次Ⅱ和层次Ⅰ，层次Ⅱ解码器可以解码层次Ⅰ。

表 5-2 MPEG-1 音频 3 个编码层次的主要技术特点

层 次	层次Ⅰ	层次Ⅱ	层次Ⅲ
在相同音频质量下每声道的数码率/kb/s	192	128	64
压缩比	1:3.6	1:5.6	1:11
编码方法	子带编码	子带编码	子带编码+编码编码
子带数	32 个子带	32 个子带	32 个子带
编码特点	基本算法	最佳编码	滤波器组和熵编码的联合应用
主要应用	VCD	DAB(数字音频广播) DVB-C(有线数字视频广播) DVB-S(卫星数字视频广播) 计算机多媒体	互联网音频等

2. 编码

图 5-4 给出了 MPEG-1 音频编码原理框图，左右声道的 PCM 数字音频信号输入到子带滤波器组，分割成 32 个子带。同时，进行 FFT 运算对信号进行频谱分析，根据心理声学

模型,不同子带分配不同的量化比特数,对 32 个子带进行动态量化编码,经比特流形成及 CRC 校验,打包成帧后形成 MPEG 音频码流。

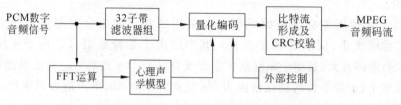

图 5-4　MPEG-1 音频信号压缩编码原理

3. 解码

在接收端,解码过程是发送端编码的逆过程。首先进行解帧,进而进行反量化和解码,经过频/时映射,最后输出 PCM 数字音频信号(见图 5-5)。

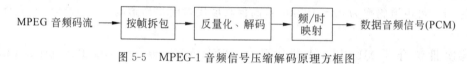

图 5-5　MPEG-1 音频信号压缩解码原理方框图

5.2.6　MPEG-2 音频标准

MPEG-2 音频编码是 MPEG 为多声道声音开发的低码率编码方案,是 MPEG-1 标准的继承和发展,扩充了许多新功能。

1. 扩充的新功能

(1) 增加了声道数,支持 5.1 声道和 7.1 声道(在 5.1 声道的基础上增加了中左、中右两个声道)环绕声,支持 8 种语言广播。MPEG-2 多声道声音编码标准与 MPEG-1 标准保持后向兼容(环绕声道采用新的编码方法和语法)。多声道编码主要应用于 HDTV 伴音、CATV、DVD、视频会议系统及家庭剧场等。

(2) 支持线性 PCM(Linear PCM)和 Dolby AC-3 编码。

(3) 增加了 16kHz、22.05kHz 和 24kHz 抽样频率,以提高低于 64kb/s 时的声音质量。扩展了编码器的输出码率范围,由 32～384kb/s 扩展到 8～640kb/s。

(4) 利用 MPEG-1 音频编码同步帧中的附加数据 AUX 传送 MPEG-2 声音标准多声道的中心声道 C、左右环绕声道 Ls、Rs 及低音效果增强声道等多声道扩展(MC-Extension)信息,其同步帧结构如图 5-6 所示。

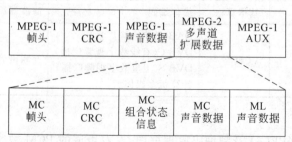

图 5-6　MPEG-2 数字音频信号的帧结构

(5) 定义了两种声音数据压缩格式:MPEG-2 Audio(或称为 MPEG-2 多通道声音);MPEG-2 AAC(Advanced Audio Coding)。MPEG-2 Audio 与 MPEG-1 Audio 兼容(又称为后向兼容);MPEG-2 AAC 与 MPEG-1 声音格式不兼容。

2. MPEG-2 和 MPEG-1 音频参数比较

表 5-3 为 MPEG-2 和 MPEG-1 音频参数比较。

表 5-3 MPEG-2 和 MPEG-1 音频参数比较

系统标准参数		MPEG-2 ISO/IEC 13818-3	MPEG-1 ISO/IEC 11172-3	Linear PCM	Dolby AC-3
抽样频率/kHz		16 22.05 24	32 44.1 48	48/96kHz	32/44.1/48kHz
音频带宽/kHz		7.5 10.3 11.25	15 20 20		
压缩码率/(kb/s)	Layer I	32～256	32(单声道)384(双声道)	—	—
	Layer II	8～160	32(单声道)384(双声道)	—	—
	Layer III	8～160	32(单声道)384(双声道)	—	—
样本精度(每个样本的比特数)		压缩(16b/s)	16	16/20/24	压缩(16b/s)
最大数据传输率		8～640kb/s	32～448kb/s	6.144Mb/s	448kb/s
最大声道数		5.1～7.1	2	8	5.1
应用领域		DVD,DVB,HDTV	CD-ROM、VC、DAB、VOD、LDTV	—	—

3. MPEG-2 编解码原理

图 5-7 给出了 MPEG-2 编解码器原理框图。在发送端,5.1 声道音频信号经过矩阵变换后,L_0 和 R_0 送给 MPEG-1 编码器进行编码,T_2、T_3、T_4、LEF 送给 MPEG-2 扩展编码器进行编码,将两路数据进行合并成帧后传输。在接收端,MPEG-1 解码器和 MPEG-2 扩展解码器分别对音频码流进行解码,再经矩阵变换输出 5.1 声道音频信号。图 5-8 给出了 5.1 声道立体环绕扬声器的摆放位置。

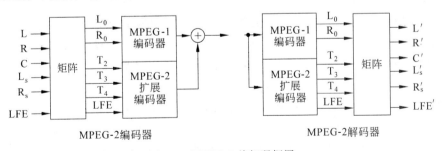

图 5-7 MPEG-2 编解码框图

4. MPEG-2 AAC

MPEG-2 AAC 采用声音感知编码,主要利用听觉系统的掩蔽特性来减少声音的数据量。通过把量化噪声分散到各个子带中,用全局信号来掩蔽掉噪声。

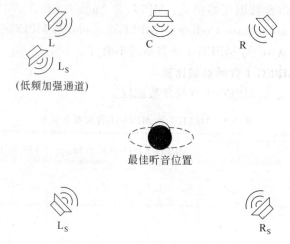

图 5-8 声道立体环绕声扬声器摆放位置

MPEG-2 AAC 的主要参数如表 5-4 所示。抽样频率为 8～96kHz，编码器的音源可以是单声道、立体声或多声道，可支持 48 个主声道、16 个低频音效加强通道 LFE、16 个配音声道（多语言声道）和 16 个数据流；MPEG-2 压缩比为 11∶1。与 MPEG-1 中的层次Ⅱ相比可提高 1 倍，质量更高。与 MPEG-1 中的层次Ⅲ相比，在质量相同条件下数据率下降 30%。

表 5-4 MPEG-2 AAC 主要参数

抽样频率/kHz	8	11.025	12	16	22.05	24	32	44.1	48	64	88.2	96
最高码率/kb/s	48	66.15	72	96	132.3	144	192	264.6	288	384	529.2	576
数据精度	16 比特											

5.2.7 AC-3 环绕立体声编码

1. 简介

AC-3 环绕立体声是一种高品质、多声道的数字音频压缩编码技术，它不仅能提供 CD 质量的音频，而且具有高压缩比，符合 ISO 对编码算法提出的要求。AC 是 Audio Coding（音频编码）的缩写。AC-3 是在 AC-2 的基础上开发的，由美国 DOLBY（杜比）实验室和日本先锋公司合作开发。1993 年 10 月，美国 HDTV 大联盟（GA）建议采用 AC-3。1993 年 10 月，高级电视咨询委员会（A-CATS）正式批准 GA-CATV 系统采用 AC-3 声音方案。1994 年美国高级电视制式委员会（ATSC）建议草案的声音部分采用 AC-3 算法，美国联邦通信委员会（FCC）在 1995 年最后确定其为标准。

AC-3 将 20Hz～20kHz 的全频带声音分为 5 个声道：前方的左(L)、中(C)、右(R)3 个声道，后方的左后(LS)、右后(RS)2 个独立的环绕声道。除此之外，AC-3 还同时提供一个 120Hz 以下的超低音声道 LFE（俗称 0.1 声道）供用户选用，以弥补低音的不足。即 5.1 声道。

2. AC-3 的主要技术参数

AC-3 的抽样频率为 48kHz，量化比特数为 16～24b；基带音频信号的输入可以为中心声道,左、右、左环绕、右环绕声道及低频增强(LFE)声道共 6 个,LFE 声道的宽带限于 120Hz,主声道的带宽限于 20kHz,动态范围可达 100dB。

音频业务分为主要业务和辅助业务。主要业务的码率≤384kb/s,主要业务及机辅助业务的组合码率≤572kb/s;5.1 声道的 PCM 音频码率约为 5.184Mb/s(6 声道×48kHz×18b),经 AC-3 编码压缩后的码率为 384kb/s。

3. 编码原理

图 5-9 给出了 AC-3 编码器原理框图,5.1 声道的 PCM 音频数据经过时间窗和分析滤波器处理,把时域内的 PCM 样值变换为频域内成块系数。每块包含 512 个样值点,其中 256 个样值在连续两块中是重叠的。即每一个输入样值出现在前后连续两个变换块内。因此,变换后的变换系数可以去掉一半而变成每块包含 256 个单值变换系数。每个变换系数以二进制指数形式表示,每个变换系数对应一个二进制指数和一个尾数。指数集合反映了信号的频谱包络信息,对其进行编码后可以粗略表示信号的频谱。核心比特分配决定每个尾数用多少比特进行编码。若信道传输码率低于 AC-3 编码码率而导致溢出时,编码器自动采用高频系数耦合技术,以进一步降低码率。最后把连续 6 块频谱包络编码、量化尾数以及其他数据格式化后组成 AC-3 数据帧。

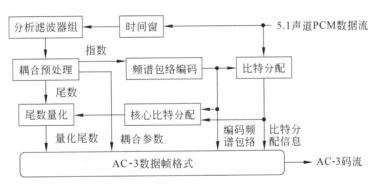

图 5-9 AC-3 编码原理框图

对多声道音频节目进行编码时,利用信道组合技术可进一步降低码率。这是因为人耳对高频区域的声音信号的相位不敏感,因此可以将几个信道的高频部分的频域系数加以平均,从而降低码率。

对于具有高相关性的声道,如左右声道,AC-3 并不对原始声道本身进行编码,而是对它们的和与差进行编码。显然,若两声道很相近,则它们的和信号较大,而差信号近似为零。这样可以用较少的比特对声音进行编码,而对声道编码时增加量化精度,从而可提高音频质量。

AC-3 解码器的工作原理如图 5-10 所示,AC-3 解码器首先与压缩编码的 AC-3 数据流同步,经纠错后对码流进行解格式化处理,分离出各类数据,如控制参数、系数配置参数、编码频谱包络以及量化尾数等。然后根据声音的频谱包络产生比特分配信息,对尾数部分进行反量比,恢复变换系数的指数和尾数,再经过合成滤波器组将频域表示变换为时域表示,最后输出重建的 5.1 声道的 PCM 样值信号。

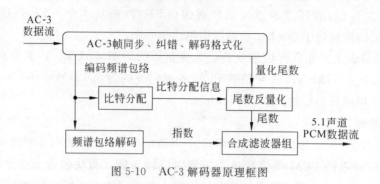

图 5-10　AC-3 解码器原理框图

5.3　音频信号处理与控制

5.3.1　滤波器

滤波器可分为有源滤波器和无源滤波器，无源滤波器的特点是电路简单，无放大作用，滤波性能差；而有源滤波器的特点是有放大作用，滤波性能好。

低通滤波器可以滤除高频噪声，高通滤波器可以滤除低频噪声，而带通滤波器可以同时滤除高、低频噪声，保留带内信号。

5.3.2　分频器

在电声系统中，分频就是将音频输入信号分成两个或两个以上的频段，并把不同频段的信号分别馈送给相应的扬声器或电路进行处理，它能使扬声器系统工作于最佳频率范围，从而实现高保真还原声音的目的。

实现分频任务的电路称为分频器。分频器实质上也是一种滤波器，音响系统中的分频器按其所处的位置不同，可分为功率分频器和电子分频器两种。

1. 功率分频器

功率分频器是在功放输出和组合扬声器之间接入的分频网络。通过高通滤波器、带通滤波器及低通滤波器，将高、中、低音信号分别馈送至相应的扬声器，使各扬声器工作在最佳的频段范围内，在听音空间合成完整的声音信号。由于功率分频器结构简单、造价低、且可独立安装在音箱体内，因而在非专业和家用场合中得到了广泛的应用（见图 5-11）。

图 5-11　功率分频器

2. 电子分频器

电子分频器又称前置分频器，它设置在功率放大器之前，以高通滤波器、带通滤波器及低通滤波器的形式进行分频，将高频、中频及低频信号对应输入至各自功效，再由各自功放推动相应的扬声器,如图 5-12 所示。电子分频方式的优点是:降低了失真,提高了功放对扬声器的阻尼系数,容易调整分频点和控制分频精度。

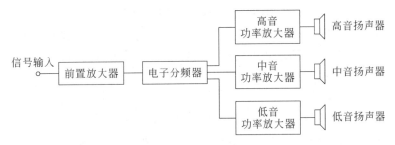

图 5-12 电子分频器

5.3.3 频率均衡器

滤波的作用是对频带进行控制,但不能进行幅度控制。频率均衡可对某些频率进行幅度控制(提升或衰减)。

1. 斜波均衡器

在专业音响系统中,通常需要使用斜波均衡器来提升某些频段幅度或降低某些频段幅度。

2. 图示均衡器

图示均衡器能提供与均衡器频率响应相对应的图形,它包含以倍频程或分数倍频程为中心频率的一组滤波器。

3. 参数均衡器

参数均衡器的作用是对基本滤波器单元的所有参数进行独立控制,是目前使用最为灵活的均衡器。

5.3.4 调音台

1. 调音台分类

调音台又称为调音控制台或前级增音机,它实际是一个音频信号控制装置,是专业音响系统的指挥中心。例如在一些专业音响应用场合,输入信号源多,其输出信号除功率放大器外,还要分送录音、场外转播和特殊音质效果处理设备等,要完成这些功能就需要使用调音台设备。调音台能将多路输入信号进行放大、混合、分配、音质改善和音响效果加工。目前调音台在电台广播、舞台调音、卡拉 OK、音响节目制作等音响系统中得到了广泛的应用。

(1) 按输出方式,调音台可分为单声道调音台、双声道立体声调音台、四声道立体调音台、多声道调音台、多路编组输出调音台等。

(2) 按信号处理方式,调音台可分为模拟式调音台、数字式调音台等。

(3) 按节目之类,调音台可分为音乐调音台、语言调音台、混合调音台等。

(4) 按使用场所,调音台可分为便携式调音台、固定式调音台、半固定式调音台等。

(5) 按用途,调音台可分为录音调音台、扩音调音台、舞厅调音台等。

(6) 按自动化程度,调音台可分为自动调音台、非自动调音台等。

2. 调音台的主要功能

1) 放大

在录音或扩音系统中,话筒、唱机、卡座等输出的音频信号电平较低,需要加以放大,在放大过程中又必须对信号进行调节和平衡。为此,输入信号通常经过放大后要适当地加以衰减,然后再次放大,最后达到录音机或扩音器功率放大器所需电平,故调音台的首要功能是按要求放大不同节目的音频信号。

2) 混音

调音台输入的声源种类很多,其中传声器的数量有时可多达十几只甚至几十只。此外,磁带录音机、激光唱机、收音机、各种辅助设备(如混响器)和放大器的输出都能输入到调音台。调音台首先要对这些音频信号分别进行加工和处理,然后混合成一路或二路、四路立体声输出,这是调音台的基本功能,因此调音台也称为"混音台"。

3) 分配

音频信号输入到调音台后,要根据不同的要求将信号分配给不同的电路或设备。例如,要检查各路传声器输入信号是否符合要求,就需要将信号分开进行检测,并馈送给"预听"(PEL)或"独听"(Solo)电路,以及输出给监听(Monitor)设备,实现对某些信号的鉴别和聆听。

4) 音量控制

音量控制是调音台的基本功能,例如监听信号等都需要进行音量控制,以达到音量平衡。

5) 均衡及滤波

由于传声器的拾音环境(如演播室或厅堂)可能出现"声缺陷",演员或乐器也有可能音声部不同而对录(扩)音的要求各异,再加上音响元件或整机的电声指标不完善,而现代音响都要求高保真度(Hi-Fi)和高度艺术效果,因此调音台必须具有均衡和滤波功能,以尽可能提高音频信号的质量,达到高保真度(Hi-Fi)和高度艺术效果。

6) 压缩与限幅

调音台的音频输入信号因声源的电平和动态范围不一致导致电声器件产生各种非线性失真,故除了在放大电路上采取相应措施(如扩展、压缩、限幅和放大等)外,有些调音台还需要为实现平衡动态范围的目的而专门设置"压缩和限幅器"。

7) 声像定位

两路或四路主输出的调音台都设有"声像定位"电位器。在录制立体声节目,特别是采用"多声道方式"时,因声源并没有明确指定其所在的位置,因此需要按照该声源的习惯方位或依据乐曲的艺术要求来分配"声像方位"。即使是用"主传声器方式"现场录音或放音,声源位置基本上已确定,但也常用多个"辅助"传声器进行拾音,这时也需使用"声像定位"电位器来加以修正。

8) 监听

在对信号加工处理等诸多环节上调音台必须聆听信号的质量,以便鉴别和调节。监听的对象是经过调音台技术处理和艺术加工后调音输出的混合信号,通常在调音台上设置耳机插孔,用耳机监听,也可以外接"监听机(Monitor)"用扬声器来监听。

9) 测试

调音台上设置的音量(VU)表能协同听觉监听,利用音量表结合音量控制器的衰减位置也可以判断调音台的各个部件是否正常工作,并观察按艺术要求对信号进行动态压缩的情况。

音量指示一般都用准平均值音量(VU)表,也可采用准峰值(PPM)表,高档调音台还设置有转换开关,以分别观察显示两种数值。大型调音台通常采用数字化光柱和音量表示,给监测带来更直观的视觉效果。

为了测试组件的技术指标及工作状态,高档调音台往往特别设置了振荡组件,输出全部或部分的音频信号和噪声等,供试机使用。

10) 通信及对讲

在分设的播音(演播)室及调音(控制)室进行录音或播音时,两者之间需要通信和相互对讲联络以方便工作。通信对讲设备的控制装置常附设在调音台内。

5.3.5 其他音频信号处理设备

1. 压限器

压限器包括压缩器与限幅器,通常,音频系统的动态范围远小于乐队音乐信号的动态范围。压限器的主要作用是:

(1) 压缩或限制节目的动态范围,防止过载削波失真,保护功率放大器和扬声器系统等设备;

(2) 产生声场特殊音响效果;

(3) 降噪,提高输出信号的信噪比。

2. 延时器

延时器是对音频信号进行时间延时的音频设备。常用的延时器有机械延时器和电子式延时器。电子式延时器又分为模拟式和数字式。数字式延时器利用数字技术来产生延时,具有音质好、体积小、功能多、使用方便的优点,目前在电声设备中普遍采用。

3. 混响器

混响器主要是指电子混响器,混响功能是通过在延时器的基础上混叠大量多种延时而实现的。与机械混响器(如弹簧混响器,钢板混响器和箔式混响器等)相比,电子混响器具有电声特性好、音色效果多、体积小、防共振性能好等优点,目前在各种电声系统中得到广泛的应用。

4. 降噪器

在音响系统中各种电路设备都会产生噪声。如磁带的固有基底噪声(录制过程中伴有消音后磁带上的剩磁噪声以及偏磁噪声等)、电子元器件的本征噪声、电路的热噪声等。由于噪声的存在,系统信噪比就会下降,声音质量下降,音乐信号的动态范围缩小。为了提高信噪比,可采用降噪器来加以抑制。

杜比降噪系统(Dolby-NR)由杜比实验室开发,降噪原理是人耳的掩蔽效应。当信号较弱时,人耳对噪声十分敏感;当信号较强时,由于掩蔽效应,人耳是听不出噪声的。杜比降噪器通过压缩和扩张技术来提高信号的信噪比,从而降低人耳听觉感受噪声电平,动态范围也得到了相应扩大。

杜比降噪系统分有 A 型、B 型和 C 型。A 型降噪系统多用于专业盘式录音机中,它将整个可听频带（20Hz～20 000Hz）划分成几段，对每一频段（独立通道）分别进行降噪处理；B型降噪系统多用于盒式录音机，它主要是抑制磁带的高频噪声，降噪效果比较明显；C型降噪系统是B型降噪系统的改进型，它对1kHz以上信号有约20dB的降噪效果。

5. 听感激励器

听感激励器（Aural Exciter）的基本原理是：依据心理声学原理，在音频信号中频区域加入适当的谐波成分，从而改变其泛音结构，恢复自然鲜明的现场感、细腻感、明晰感，增强穿透力。

在录音或扩音系统中，传声器、信号处理单元、录音头和扬声器等各个环节都会产生失真。失真积累会导致扬声器重放声音与声源声音丢失不少成分，特别是丰富细腻的中频和高频谐波成分，使人耳的感觉缺少现场感、穿透力、细腻感、明晰感和"色彩"感等。采用听感激励器可在一定程度上解决这个问题。

6. 反馈抑制器

使用反馈抑制器可有效地消除回音（即声音反馈），又不会对重放音质造成影响。例如在扩音系统中，由于环境或布置的原因，如果大大提高话筒音量，音箱发出的声音就会反馈到话筒而引起啸叫，称为声反馈。声反馈的存在，不仅降低了音质，限制了话筒声音的音量扩展，话筒拾音性能不能充分体现；深度声反馈还会使系统信号过强而烧毁功放或音箱，造成损失。因此扩音系统一旦出现声反馈现象，最好及时关掉话筒电源。

习 题 5

5-1 画出音频信号数字化的原理框图，简述各部分的主要功能。
5-2 简述数字音频编码的基本原理。
5-3 画出子带编码原理框图，简述各部分的主要功能。
5-4 画出音频信号压缩编码原理框图，简述各部分的主要功能。
5-5 画出 MPEG-2 编解码器原理框图，简述各部分的主要功能。

第6章 数字音频系统

6.1 扩声音响系统

6.1.1 概述

自然声源发出的声音能量(声强)通常是很有限的,其声压级由于受大气等传播媒质的影响(如衰减、反射、折射等),随传播距离的增大声音将迅速衰减,加上物体对声音能量的吸收及环境噪声的影响,导致声音传播距离至更短。因此,要提高听众区的声压,需要使用电声系统进行扩声,来放大声源音频信号,以确保听众都能获得适当的声压级和满意听觉效果。

扩声音响系统作为一种专业音响系统,其音响效果不仅与电声系统的综合性能有关,而且与声音的传播环境和现场调音设备的使用密切相关。

扩声音响系统分为室内扩声音响系统和室外扩声音响系统。室内扩声音响系统(如音乐厅、剧场、歌剧院、会议厅、演讲厅等)的专业性比较强。有的扩声音响系统仅用于语言扩声,对音质的要求不高;有的扩声音响系统主要用于音乐扩声,还有扩声音响系统既需要提供语言扩声又需要供各类文艺演出使用,对音质的要求比较高。室外扩声音响系统主要用于体育场、车站、公园、广场和音乐喷泉等。

6.1.2 扩声音响系统的基本组成

典型的扩声音响系统由调音台、音频处理设备、扬声器系统、传声器、音源设备等组成。最简单的扩声音响系统如图 6-1 所示,它由传声器、音源设备、调音台、功放、扬声器等组成。

针对不同的应用和工作环境,扩声音响系统可以在基本扩声音响系统的基础上增加不同的设备,例如对于歌舞厅、剧院以及文艺演出所用扩声音响系统,通常要考虑配备混响/效果器、激励器等声音处理设备,可能还需要配备舞台返听系统、监听系统等。同时还要考虑扬声器的辐射覆盖范围和听音效果。

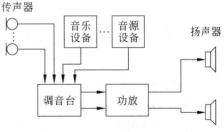

图 6-1 扩声音响系统的基本组成

6.1.3 扩声音响系统的分类

(1) 扩声音响系统可分为室内扩音音响系统和室外扩声音响系统,室内扩声音响系统要求较高,扩声音质受房间的建筑声学条件的影响较大。室外扩声音响系统具有反射声少、存在回声干扰、扩声区域大、条件复杂、干扰声音强、音质受气候条件影响大等特点。

(2) 按声源的性质扩声音响系统可分为语言扩声音响系统、音乐扩声音响系统、综合(音乐与语言兼用)扩声音响系统。语言扩声音响系统的主要特点是对清晰度、可懂度有一定要求，通常频响为 250～4000Hz，声压级≥70dB。音乐扩声音响系统相对语言扩声音响系统而言，对声压级、频响、传声增益、声场非均匀度、噪声、失真度等有较高性能指标要求。音乐与语言兼用的扩声音响系统通常按照音乐扩声音响系统进行设计。

（3）按声道扩声音响系统可分为单声道扩声音响系统、双声道扩声音响系统、多声道扩声音响系统和环绕扩声音响系统。单声道扩声音响系统多用于会场、厅堂（大教室、多功能厅）的语言广播、背景音乐、有线广播等场合，有些俱乐部、歌舞厅等场合也采用这种形式。双声道系统（立体声系统）广泛应用于多媒体计算机和立体声广播。多声道扩声音响系统主要应用于音乐厅、影剧院等场合。环绕声道扩声音响系统除立体声系统原有左右主要声道外，增加了中置声道（重放语言对白）、效果声道（环绕声道），提高了临场感觉和听觉效果。目前环绕声道扩声音响系统在电影放映系统和家庭剧场等场合得到了广泛的应用。

（4）按扩音用途扩声音响系统可分为舞台扩声音响系统、有线广播系统等。舞台扩声音响系统（如礼堂、多功能厅、舞厅、会场、体育馆等扩声音响系统）是一种非常专业的扩声音响系统，注重欣赏与享受，对音质、扩音效果等要求比较高。有线广播系统也称为公共广播系统，例如机场、码头、商场、宾馆等场合的扩声音响系统。有线广播系统的特点是：终端多，覆盖范围大，通常采用恒定电压输送，注重于信息传送高音质欣赏。

（5）按功放的输出形式扩声音响系统可分为定压输出扩声音响系统和定阻输出扩声音响系统。在定压输出扩声音响系统中，功率放大器通过中继输送变压器向负载传送功率，功放和音箱主要是功率匹配，定压输出扩声音响系统的优点是传输距离远、走线方便、造价低。在定阻式输出扩声音响系统中，功放的输出功率大小取决于负载的阻抗，只有当负载的额定阻抗值等于功放的额定输出阻抗时，功放才能输出额定功率。

6.1.4 典型扩声音响系统

1. 语言扩声音响系统

由于语言频谱主要集中 200～4000Hz，因此实现语言扩音比较容易，通常频响范围为 200～6300Hz，不过提升到 6300～8000Hz，有利于提高语言的可懂度。

通常语言系统大都采用单声道模式扩音，要求声场均匀、严格控制噪声、最大声压级在 80dB 左右。根据输出形式语言扩声音响系统一般可分为定压输出和定阻输出。

2. 卡拉 OK 扩声音响系统

通常，卡拉 OK 扩声音响系统采用专用功放和具备卡拉 OK 功能的影碟机，如图 6-2 所示，音箱应尽量选用听感较"软"、口径适中的扬声器。

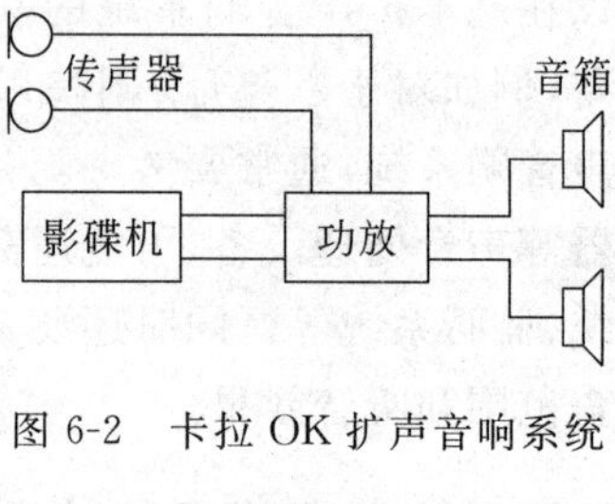

图 6-2 卡拉 OK 扩声音响系统

3. 多功能厅（剧场、礼堂）扩声音响系统

顾名思义，多功能扩声音响系统就是要兼顾各种类型的扩音需求（如语言，音乐等）。通常要求配有会议音箱（剧场、礼堂一般采用声柱，装在厅堂两侧）、主音箱（安装在舞台台口两侧）、环绕音箱（播放效果片）、多台功放、均衡器等（见图 6-3）。

4. 迪斯科舞厅扩声音响系统

由于迪斯科舞厅需要扩音节奏感强、功率大的音乐，因此迪斯科舞厅扩声音响系统通常是封闭式的，即通常不使用话筒，不考虑回输问题。迪斯科舞厅扩声音响系统的特点有：功

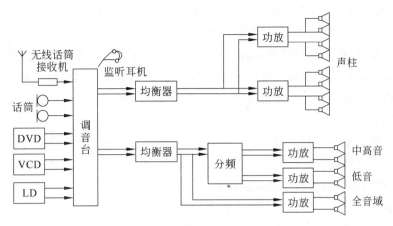

图 6-3　多功能厅、剧场、礼堂扩声音响系统

率放大器的总功率比较大(如千瓦数量级),需要配置数台限压器来保护功放和音箱;配备一定数量的大功率超低频率音箱、中高频音箱;舞池内的最大声压级要求达到110dB,使人能在舞池内感受到强烈的震感。

5. 体育馆扩声音响系统

除了保证比赛用途外,体育馆扩声音响系统还需具备举行大型演唱演出会的功能,通常要配备语言广播系统和音乐扩声音响系统。由于体育馆的观众席较剧场多,空间也比剧场大,因此体育馆扩声音响系统需要考虑:

(1) 功放数量多,总功率大。
(2) 音箱种类多,数量大。
(3) 混响时间长,要适当增加直达声比率。
(4) 体育馆不同区域(如观众席、休息廊、运动员休息室等)可能需要不同的广播内容。为此,可采用编组输出的调音台。同时,体育馆的休息廊、走道、门厅、办公室等可采用定压式传输的功放和吸顶(或挂壁)音箱。

6. 体育场扩声音响系统

体育场(广场)的特点是:场地大,观众多,噪声大,没有反射声,功率要求比较大。通常可采用分散方式来布置音箱,需在场地中央设置一套活动式直达声设备(如用于团体操等)。同时为使场内各区域观众能同时听清声音,必须适当增加话筒和高频扬声器的数量,并使用大量的延时器。

通常体育场扩声音响系统需要为观众和运动员单独提供服务,前者扩音的主要任务是向观众台和运动场附近的观众报道信息,在比赛休息时播送音乐。后者的主要任务是在练习时播送消息和指令,在团体操表演时播放音乐伴奏。

6.2　立体声系统

6.2.1　双声道立体声系统

1. 双耳效应

人们在听声音时可根据声音的方向大致确定声源的位置。人之所以能够分辨声音的方向,原因是人有两只耳朵。比如说,在人的右前方有一个声源,由于右耳离声源较近,声音首先传到右耳,然后才传到左耳,并且右耳听到的声音比左耳听到的声音稍强些。如果声源发出的声音频率很高,传向左耳的声音有一部分会被人头反射回去,因而左耳就不容易听到这个声音。人的两只耳朵对声音感觉的这种微小差别,传到大脑神经后经过处理使人能够判断声音是来自右前方。这就是通常所说的"双耳效应"。

2. 双声道立体声

通常录音都是单声道的。例如,在音乐会现场录音过程,从舞台不同位置传来的各种乐器的声音被一个话筒拾取后,转换为电信号记录保存;在放音时,由于声音是由一个扬声器发出来的,人们只能听到多种乐器的混合声,不能分辨出某种乐器声音的方向,也就没法获得音乐会现场的立体感。如果录音时能够把不同声源的空间位置反映出来,则放音时就能使人产生身临其境的空间感。这种具有立体感的声音,称为立体声。

为了表现声源的位置信息,在录音时可在不同位置放置两个话筒,同时记录两个话筒拾取到的声音。放音时可在录音话筒对应的位置放置两个扬声器,各自播放对应的声音,这样就能听到具有立体感的声音,这就是双声道立体声录音。

与单声道相比,立体声的优点有:

(1) 具有各声源的方位感和分布感;

(2) 提高了音频的清晰度和可懂度;

(3) 增加了声音的临场感、层次感和透明度。

3. 双声道立体声系统

双通路立体声可分为分离式和编码式。分离式立体声系统的优点是简单直观,对于双通路立体声,录音时可用两个传声器接收声音信号,用两条独立的通路进行记录或传输,声音重发时可用两只分立放置的扬声器。分离式立体声系统的缺点是双声道立体声与单通路声的兼容性比较差。

编码立体声系统(如调频立体声系统)解决了立体声的兼容性问题,并简化了放声设备,编码制双通路立体声系统输出一路主信号和一路辅助信号。录音时用两只传声器接收左(L)信号和右(R)信号后,经过编码变为(L+R)信号和(L-R)信号。其中,(L+R)信号为主信号,它与单通路声具有较好的兼容性,也可用于单声道放声系统。而重放立体声时需要解码(L+R)和(L-R)信号来还原为L信号和R信号,L信号和R信号分别送给放置在左前方和右前方的两只扬声器,如图6-4所示。

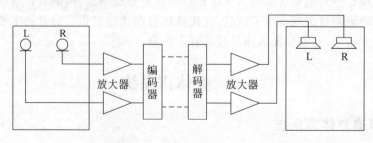

图 6-4 编码立体声系统

6.2.2 多声道环绕声系统

1. 多声道环绕声

双通路立体声系统部分地再现了原来声场中各个声源的大致方位和空间分布,要不失真地传输原声场更多的空间信息,就需要使用更多通路的立体声系统。

在音乐厅内聆听实况演出时,听众除了听到直接来自于乐队的直达声外,还能听到由各个墙面和天花板反射而来的许多反射声(称为环境声),它反映了音乐厅的音质。所谓环绕声,就是指在前置通路方向感不变的情况下,给聆听者带来环绕效果音质感觉的声音。环绕声感觉与心理声学的优先效应和掩蔽效应有关。

2. 4 声道环绕声系统

4 声道立体声系统由 4 个声源、若干传输通路和 4 套重放设备(包括功率放大器和扬声器等)组成。所配备的 4 组音箱分布在听音者周围,如图 6-5 所示,以产生空间环绕声。其中,后声道通常使用两个扬声器(S_1、S_2),把它们串联起来接到 S(Surround)声道上。4 声道立体声系统的缺点是记录和传输比较复杂(见图 6-5)。

3. 5.1 声道环绕声系统

为了克服 4 声道立体声系统的不足,杜比实验室和先锋公司合作开发了杜比数字(Dolby Digital)音响系统,即 AC-3 家庭影院系统,它采用高效压缩编码技术,将 6 个现场独立录制的音频信号压缩到 1 个伴音通道内,重放时进行解码恢复 6 个独立声道(5.1 声道,即 5 个全频带声道,1 个超低音声道),分别于左、右、中、左后、右后和超低音 6 声道重放,从而再现卓越的空间感和临场感。MPEG 编码标准更是将 5.1 声道扩大到 7.1 声道(见图 6-6 和图 6-7)。

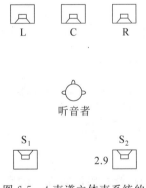

图 6-5 4 声道立体声系统的音箱配置

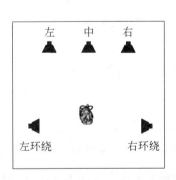

图 6-6 5.1 声道环绕声系统音箱位置

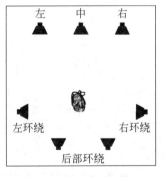

图 6-7 7.1 声道环绕声系统音箱位置

6.2.3 家庭影院系统

近年来家庭影院系统得到了广泛的应用,家庭影院系统的特点有:声道多(5.1 声道或 7.1 声道)、具有杜比环绕声解码器和声场处理器(数字信号处理器)、配备了大功率超低音系统(如有源超低频音箱),能充分再现逼真的环绕声,产生置身于现场的听觉感受。

家庭影院系统由音频和视频两部分组成,如图 6-8 所示,音频部分包括 AV 综合功放、卡拉 OK 混响器和扬声器系统;视频部分有大屏幕电视(或投影电视机)、影碟机(如 LD、

CVD、VCD 及 DVD 等)和高保真立体声录像机等。

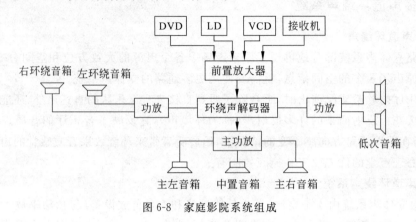

图 6-8　家庭影院系统组成

6.3　无线音频传输系统

借助于无线电波,无线传输不需要使用任何导线,就能传到很远的地方,"开放自由",这是有线传输所无法比拟的。无线传输覆盖面大、接收方便、听众容量大。

1. 无线音频传输的基本原理

无线音频传输的基本原理如图 6-9 所示。首先由一个声电转换装置把这种机械振动转换为相应的音频电信号(音频电压或电流)。经过处理输送到发送天线上以及电磁波辐射到空间去。接收端通过天线将信号耦合到接收电路,经处理后发送出音频电信号,或去放大并还原成电波(即扩音),或供给录音设备。

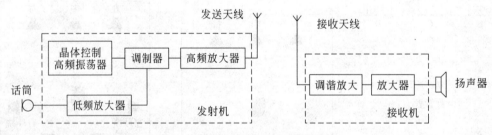

图 6-9　无线音频传输的基本原理

无线音频传输需要采用调制技术来发送高频电磁波,所谓调制,就是用低频音频信号去控制高频振荡的某一参数(振幅、频率和相位)来实现。控制高频振荡的幅度称为调幅。控制高频振荡的频率称为调频。调频广播具有频带宽、保真度高、噪声小和传播稳定等优点。常用的无线传声器大多采用调频方式。

在发送设备中,天线的作用是将已调制的高频电流转换为相应的电磁波向周围空间辐射。

无线音频通过空气等媒质向远处传播时,接收天线获取无线音频信号,经过解调还原出音频电信号,再通过电声转换设备(扬声器或耳机)就可以还原为声音。

2. 无线电波

无线电波一般按其波长分为如下几个不同的波段。

(1) 超长波段：波长 104m～105m、频率 3kHz～30kHz，用于无线电导航和通信。

(2) 长波段：波长 103m～104m、频率 30kHz～300kHz，用于无线电导航、通信和广播。

(3) 中波段：波长 102m～103m、频率 300kHz～3000kHz，用于无线电广播、导航和通信，其中 535kHz～1650kHz 是国际规定的广播波段。

(4) 短波段：波长 10m～100m、频率 3MHz～30MHz，用于无线电通信广播。

(5) 超短波段：波长 1m～10m、频率 30MHz～300MHz，用于无线电广播、电视、导航和移动通信。

(6) 微波段：波长小于 1m 微波段，用于微波中继通信、电视、雷达、导航、无线电天文学等，工业和医学也用微波进行加热干燥等。

3. 无线传声器

无线传声器(Wireless MIC 或 Radio MIC)又称无线话筒，它实际上是一个小型无线电调频发射机。在接收端用调频接收机接收后再由扩音机放大。

发射时无线传声器将音频信号调制为甚高频(VHF)或超高频(UHF)调频信号，接收时解调为原来的音频信号。由于无线传声器不需要传送电缆，因而特别适用于移动声源(如歌剧、话剧、小品、歌舞厅、电教课堂等)的拾音。

6.4 会议系统

6.4.1 概述

对现代会议系统的基本要求有传声器管理、代表认证与登记、电子表决、资料分配与显示、多语言同声传译、实时监控、高品质的声音和数据安全保密可靠等。

会议系统一般包括发言设备、中央控制设备、同声传译设备、语言分配设备、扩声设备、显示设备、专用软件、个人电脑接口、监听器和打印机等。

通常，会议系统可分为会议讨论系统、会议表决系统和会议同声传译系统。

6.4.2 会议同声传译系统

同声传译系统(Conference Simultaneous Interpretation System)是指在使用不同国家或不同民族语言的会议场合，将发言者的语言(原语)同时由译员翻译成多种语言，并传送给听众，且听众可以自行选择听取自己所需语言的会议设备系统。

1. 同声传译系统的分类

(1) 按译语的传输方式，同声传译系统可分为有线式和无线式，而无线式又可分为感应天线式和红外线式。

(2) 按翻译过程，同声传译系统可分为直线翻译和二次翻译。同声传译直接翻译系统如图 6-10 所示，直接翻译要求译员懂多种语言，这样的要求往往很难达到。二次翻译的同声传译系统将会议发言人的讲话先经第一译员翻译成各个译音员（二次译音员）都熟悉的一种语言，然后由二次译音员再分别转译成另一种语言，供听者选择，由此可见，二次翻译的同声传译系统对译音员的要求低些，仅需要懂两种语言即可，但是，它与直接翻译相比，因为经过两次翻译，所以译出时间稍迟，并且翻译质量会有所下降。

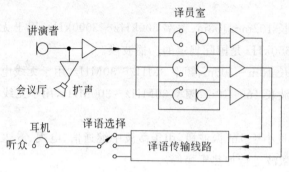

图 6-10　直接翻译同声传译系统

2. 同声传译系统的组成

通常同声传译系统包括传声器、扬声器（或扬声器系统）、耳机、控制台以及联系各部分的辅助系统等。多种语言的同声传译系统可配置分配网络、音量调节器和语言选择开关或多个耳机插孔等。

6.4.3　会议讨论系统

会议讨论系统（Conference Discussion System）是一种可供主席和代表分别自动或手动控制传声器的单通路扩声音响系统。通常，所有参加讨论的人员都能在其座位上方便使用传声器。通常会议讨论系统采用分散扩声方式，由一些小功率的扬声器组成，安置在距离代表小于 1m 处，也可以使用集中扩声，同时可为旁听者提供扩声（见图 6-11）。

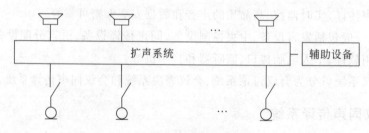

图 6-11　会议讨论系统

在会议讨论系统中，通常还设有主席优先权控制功能，主席通过优先权（开关控制），可将与会者的传声器全部关闭，以便会议主席控制发言次序，掌握会议进度，并有利于减少噪声以及声反馈引起的啸叫干扰。与会者经过主席的允许，可在自己的座位上通过传声器发言。同时还应具有供录音和接入扩声音响系统的输出功能。会议讨论系统有手动控制、半自动控制和自动控制。

（1）手动控制，主席单元和代表单元通过系统总线连接起来，当某一代表需要发言时，可将转换开关置于"发言"位置，其传声器便进入工作状态，同时切断扬声器，以减少声反馈干扰。发言者的声音经过放大器发送,其他代表单元的扬声器都能发出声音。代表发言结束后,自己将转换器置于"接听位置",关闭传声器,同时打开扬声器,可听其他人发言。

(2) 半自动控制。半自动控制方式也称为声音控制方式。当与会者讲话时,该代表单元的接收通路(包括接收放大器和扬声器)自动关断,以避免声反馈引起啸叫干扰;讲话停止后,该单元的发言通路(包括传声器及其放大器)自动关断。这种半自动工作方式同样具有主席优先的控制功能,主席发言时,其他单元的发言通路自动关断(也可由主席手动关断)。由于半自动控制方式操作简单方便,故适用于中、小型会议室使用。

(3) 全自动控制。全自动控制的自动化程度最高,而且往往兼有同声传译和表决功能。发言者可采取即席提出"请求",经主席允许后发言;也可以采取先申请"排队",然后由计算机控制,按"先入先出"的原则逐个等候发言,并可设置控制发言时间等,此时整个会议的程序都可交由计算机控制。

6.4.4 会议表决系统

在会议表决系统(Conference Voting System)中,每个表决终端至少设有三种可能选择的按钮:同意、反对和弃权,如图 6-12 所示。中心控制台可供主席或工作人员用来选择和开启表决程序。在表决结束时,统计结果显示给主席、工作人员和代表。可以预先确定表决的持续时间,例如时间限定在 30s、60s、90s 等,或者不予限定,也可由主席决定终止表决。通常,会议表决系统还应配置大型显示器、视频显示器、打印机等。

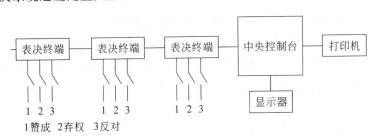

图 6-12 会议表决系统

6.5 公共广播系统

公共广播是设于公共场所的音响系统,平时播放背景音乐,发生火灾等紧急情况时兼作紧急广播和指挥疏散。下面介绍公共广播系统的分类。

1. 按性质和功能分

按使用性质和功能分,公共广播系统可分为:

(1) 业务性广播系统,是以业务及行政管理为主的语言广播,用于办公楼、商业楼、机关、院校、车站、码头、机场等场所,业务性广播通常都由主管部门管理。

(2) 服务性系统广播,是以欣赏音乐或背景音乐为主,并带有服务性质的广播系统,常用于宾馆、酒店、银行、证券、公园、广场及大型公共活动等场所。

（3）紧急广播系统，主要用于在火灾等紧急事件时引导人员疏散。

2. 按传输方式分

按传输方式分，公共广播系统可分为音频传输方式和载波传输方式，常用的是音频传输方式。音频传输方式又分为：

（1）定电压式，如图6-13所示。其原理是功率放大器用定电压（升压）小电流输出方式进行传输，每个终端由变压器减压并与扬声器匹配后进行播音。由于定电压式技术成熟、布线简单、传输损耗小、音质较好，设备器材配套容易、造价较低，因此得到非常广泛的应用。

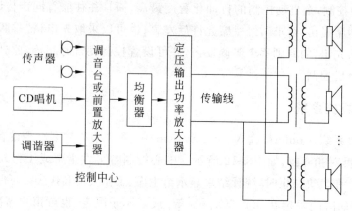

图6-13 定电压式音频广播系统

（2）有源终端式，如图6-14所示。其原理是将控制中心的功放分成多个小功放，并分散到各个终端（即每个终端都带有功率放大器）以低阻小电流传输音频信号。特点是：控制中心功耗小，传输电流也较小，布线简单，音质好，终端放大器的功率不受限制，可根据不同要求进行设置，缺点是终端较复杂，造价较高，使用不多。

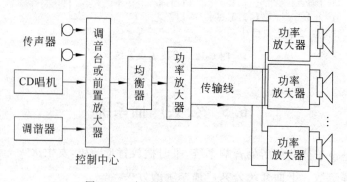

图6-14 有源终端式音频广播系统

（3）载波传输方式，如图6-15所示。其原理是音频信号经调制器变换成高音频载波信号，可利用CATV（有线电视）系统传送至用户终端，解调器解调成声音信号进行放音。特点是可与CATV系统共用，终端需要采用解调器，初期工程造价较高，维修要求高，使用也不多。

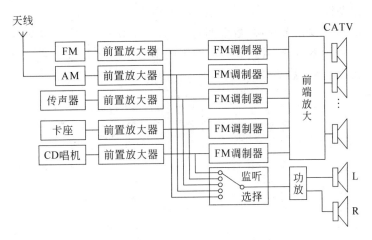

图 6-15 载波传输式音频广播系统

6.6 音频节目制作播出系统

6.6.1 节目信号录制系统

图 6-16 给出了节目信号录制系统的一般组成,由传声器、调音台、音频处理设备、记录设备、监听设备和功率放大器等组成,将传声器拾取的声音信号经调音控制后送至记录设备,进行录制。

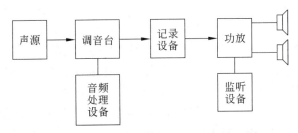

图 6-16 节目信号录制系统

6.6.2 节目信号播出系统

1. 模拟播出系统

节目信号播出系统主要由节目源、播出调音台、交换矩阵、传送设备和发射机等组成,如图 6-17 所示。来自节目源(传声器、CD 机、磁带等)的节目信号送至调音台和传送设备(光缆、数字微波、卫星等),发射机发射节目信号。

图 6-17 节目信号播出系统

2. 数字播出系统

数字播出系统，主要由节目源、数字调音台、音频工作站、数字交换矩阵、数字传输设备和发射机等组成，如图 6-18 所示。节目源输出的节目信号送往数字调音台处理，经数字矩阵交换和数字传送（光缆、数字微波、卫星等）后，由发射机发送节目信号。

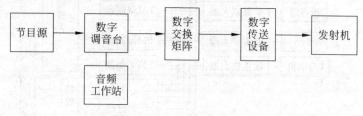

图 6-18 数字播出系统

6.6.3 数字音频工作站

1. 概述

通常，数字音频工作站是一台音频处理计算机，完成声音节目的录制、编辑、播出和管理等功能。数字音频工作站由硬件和软件构成，硬件包括主机、声音采集设备、音频接口、数据存储设备和其他外设设备；软件包括操作系统、音频处理软件、音效插件和其他相关软件（参见图 6-19）。

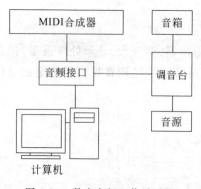

图 6-19 数字音频工作站系统

2. 主机

通常，主机最低配置包括 CPU 主频高于 2.6GHz、内存大于 1G 和硬盘 160GB 以上，如果使用软件乐器程序进行 MIDI 编曲或进行大量的实时效果处理，则需要更高的主频、更大的内存和硬盘容量。

3. 声音信号采集设备

目前，数字音频工作站系统都能同时支持音频信号和 MIDI 信号的记录和编辑，MIDI 设备包括 MIDI 键盘和合成器等，采集音频信号的传声器有动圈式和电容式。动圈式传声器的特点是使用方便，无需加极化电压，但灵敏度较差；电容式传声器的特点是灵敏度高，音色好，但需加极化电压。

4. 音频接口

音频接口是指为计算机提供外部信号（音频信号和 MIDI 信号）输入输出能力的设备。通常，音频接口需要提供多路模拟、数字以及 MIDI 信号的输入输出端口，此外专业音频接口还应具有 DSP 处理、A/D 与 D/A 转换、信号放大和晶体振荡器（用于提供时钟频率）等功能。

5. 数据存储设备

硬盘的容量及吞吐速度直接影响音频工作站的性能。目前，常用的存储设备有 SCSI 硬盘、IDE 磁盘阵列和 IEEE 1394"火线"硬盘。

6. 软件

著名的音频工作站软件有 Adobe Audition，Samplitude 2496，Cakewalk Sonar，Steinberg

Cubase/Nuendo 等。

6.7 数字音频广播系统

6.7.1 概述

目前，人们每天收听的调幅广播和调频广播，传送的都是模拟信号，属于模拟广播。模拟广播受调制方式和带宽限制，存在很多缺点。例如传输过程中会产生噪声和失真的积累、电波多径传播会产生衰落，严重影响传输质量。

数字声音广播（Digital Audio Broadcasting，DAB）作为新一代的数字音频广播系统，具有抗干扰性能好、可消除噪声和失真的积累、声音质量高、频谱利用率高、发射功率小、节约能源、降低电磁污染的优点，代表广播技术的发展方向。

数字音频广播系统既可以传送声音广播节目，也可以传送数据业务、静止和活动图像等；既可以固定便携接收，也可以移动接收。

数字声音广播是 20 世纪 80 年代由欧洲共同体开始研究的。目前数字广播制式主要有四种方案：Eurcka-147DAB（即 DAB）、World Space（世广卫星多媒体广播系统）、DRM（数字调幅广播）和美国的 IBOC-DAB。

6.7.2 Eurcka-147 DAB

1. 简介

Eurcka-147 DAB 是欧洲共同体研究开发的宽带数字声音广播系统，占用带宽为 1.5MHz，利用同一载波传送多套节目，音频编码采用 MPEG-1 Layer2，音频信号码率可以有多种选择，声音质量可达到 CD 级音质；采用 OFDM 调制和频率时间交织，可保证移动、便携和固定条件下的接收质量；信道编码采用可删除卷积编码，可实现不同级别数据的保护；系统既可以传送音频，也可以传送高速率数据；可利用同一载波频率组成广播网（即单频网），从而大大节省频率资源。

2. 音频编码

DAB 采用 MUSICAM（Masking pattern adapted Universal Subband Integrated Coding And Multiplexing，掩蔽型自适应通用子频带集成编码复用）音频编码方法，MUSICAM 属于子频带编码，将宽带声音信号的频谱分割为 750Hz 的 32 个子频带，每个子频带独立进行数据压缩。MUSICAM 可以把一套立体声节目的数据码率由 2×768kb/s 压缩到 2×96kb/s，可达到 CD 音质水平。

3. 信道编码与调制

在传输过程中，DAB 信道编码与调制采用了编码正交频分复用（COFDM）技术，提高了信息传输的可靠性。

4. 广播方式

DAB 覆盖主要有地面无线广播、电缆或光缆有线传输和卫星广播。DAB 信号可以用不同的覆盖手段传送到用户的接收机。

5. 使用频段

DAB 可使用 VHF（375MHz 以下）、UHF（750MHz 以下）、1.5GHz 和 3GHz 四个频

段。前两者用于地面较大范围的覆盖,1.5GHz 用于地面小范围覆盖及地面与卫星的混合覆盖,3GHz 主要用于卫星覆盖。

地面广播的最佳工作频段是 FM 广播占用的 87~108MHz。等模拟 FM 广播退役后,DAB 电台就可搬迁到 87~108MHz 频段。

6. 系统组成

图 6-20 给出了 DAB 系统组成,在发送端,输入 PCM 数字音频信号,经 MUSICAM 信源编码压缩后,再经信道编码和交织,最后进行数字调制变为射频信号并发射。在接收端,已调射频信号经 COFDM 解调、解复用、频率与时间解交织、卷积解码、解扰和 MUSICAM 解码后,可复原声音信号。

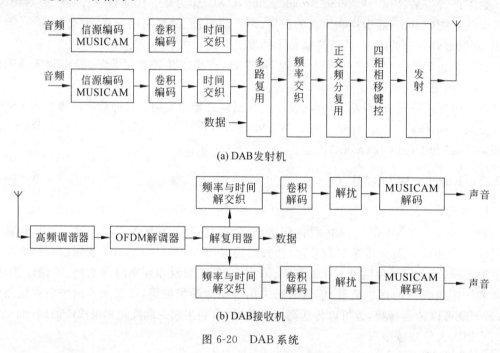

图 6-20　DAB 系统

6.7.3　IBOC DAB

IBOC DAB 是由美国研究开发的带内同频(In Band On Channel, IBOC)数字声音广播系统,它利用目前使用的调幅或调频广播电台,将数字信号放在与模拟信号相同频带内或相邻频带内,实现中波 AM 和超短波 FM 的数字化,一个载波频率只传送一套节目。

目前,IBOC DAB 有三种方案,其中两种方案的音频编码采用 MPEG AAC,另外一种采用 Lucent 公司开发的 EPAC,传输采用 OFDM 技术。

6.7.4　世广卫星多媒体广播系统

世广卫星多媒体广播系统(World Space)由美国世广卫星集团(World Space)开发。World Space 的目标是建立非洲、南美和亚洲的卫星广播系统,采用 QPSK 调制、卷积编码与块编码结合的信道编码,音频数据压缩采用专门为 World Space 开发的 MPEG 2.5-Layer3 标准,提高了低比特率时声音信号的主观感觉质量。世广卫星数字声音广播系统的优点是覆盖范围大、费用低(比现有模拟广播系统及地面数字音频广播系统低得多)、每套节目可以有独立的上行线路(不需要多套节目复用)。

习 题 6

6-1 画出扩声音响系统的基本组成框图,简述各部分的主要功能。
6-2 画出编码立体声系统的基本组成框图,简述各部分的主要功能。
6-3 画出 5.1 声道立体声系统的音箱配置图,简述各部分的主要功能。
6-4 画出家庭影院系统组成的基本组成框图,简述各部分的主要功能。
6-5 画出数字播出系统的基本组成框图,简述各部分的主要功能。

参 考 文 献

[1] 全子一等. 数字视频图像处理. 北京:电子工业出版社,2005.
[2] Yao Wang, Jorn Ostermann, Ya-Qin Zhang. Video Processing and Communications. 北京:电子工业出版社,2003.
[3] 张飞碧,项珏. 数字音视频及其网络传输技术. 北京:机械工业出版社,2010.
[4] 刘富强,王新红,宋春林等. 数字视频图像处理与通信. 北京:机械工业出版社,2010.
[5] 谈新权,邓天平. 视频技术基础. 武汉:华中科技大学出版社,2004.
[6] 孙圣和,陆哲明. 矢量量化技术及应用. 北京:科学出版社,2002.
[7] 黎洪松. 数字视频处理. 北京:邮电大学出版社,2006.
[8] 黎洪松. 数字通信原理. 西安:电子科技大学出版社,2005.
[9] 俞斯乐,侯正信等. 电视原理(第五版). 北京:国防工业出版社,2000.
[10] 韩纪庆,冯涛,郑贵滨,马翼平. 音频信息处理技术. 北京:清华大学出版社,2007.
[11] Douglas Self(郭琳,薛国雄译). 音频功率放大器设计手册(第4版). 北京:人民邮电出版社,2009.
[12] Tomlinson Holman(王珏译). 多声道环绕声技术(第2版). 北京:人民邮电出版社,2011.
[13] 韩纪庆,郑铁然,郑贵滨. 音频信息检索理论与技术. 北京:科学出版社,2011.
[14] 朱伟,胡泽,王鑫. 扩声技术概论. 北京:中国传媒大学出版社,2010.
[15] 倪其育. 音频技术教程. 北京:国防工业出版社,2006.
[16] 陈光军. 数字音视频技术及应用. 北京:北京邮电大学出版社,2011.
[17] 楼程伟. 多媒体技术与应用. 合肥:中国科学技术出版社,2006.
[18] 杨大全. 多媒体计算机技术. 北京:机械工业出版社,2007.
[19] 严立中. 现代声像技术(第2版). 北京:电子工业出版社,2009.
[20] 周遐. 音像技术及应用(第2版). 北京:机械工业出版社,2008.